准噶尔盆地东部石炭系火山岩喷发环境及储层成因机制

陈　俊　纪友亮　王　剑　周　勇　连丽霞　等著

石油工業出版社

内容提要

本书以火山岩岩石学基础理论和前人研究成果为指导，充分利用野外露头、地震、测井、录井、岩心、分析测试等资料，对准噶尔盆地东部石炭系火山岩进行了研究。系统地分析了准东地区石炭系火山岩喷发环境、岩性、岩相特征及分布规律，建立了火山岩喷发模式，阐明了不同喷发环境下火山岩储层储集空间类型与控制因素，有效预测了不同喷发环境火山岩储层的分布，为整个准噶尔盆地的火山岩油气勘探和生产提供了重要的理论依据，也丰富了火山岩储层地质理论。

本书适合从事火山岩油气勘探开发的科研人员及高等院校相关师生参考阅读。

图书在版编目（CIP）数据

准噶尔盆地东部石炭系火山岩喷发环境及储层成因机制 / 陈俊等著 . —北京：石油工业出版社，2023.1

ISBN 978-7-5183-5911-0

Ⅰ. ① 准… Ⅱ. ① 陈… Ⅲ. ① 准噶尔盆地 – 火山岩 – 岩性油气藏 – 储集层 – 预测 Ⅳ. ① P618.130.2

中国国家版本馆 CIP 数据核字（2023）第 032697 号

出版发行：石油工业出版社
（北京安定门外安华里 2 区 1 号　100011）
网　址：www.petropub.com
编辑部：（010）64523594　　图书营销中心：（010）64523633
经　　销：全国新华书店
印　　刷：北京中石油彩色印刷有限责任公司

2023 年 1 月第 1 版　2023 年 1 月第 1 次印刷
787×1092 毫米　开本：1/16　印张：12
字数：310 千字

定价：130.00 元
（如出现印装质量问题，我社图书营销中心负责调换）

《准噶尔盆地东部石炭系火山岩喷发环境及储层成因机制》

编写人员

陈　俊　纪友亮　王　剑　周　勇　连丽霞　刘向军
周基贤　周　妮　杨　召　师天明　雷海艳　李二庭
罗正江　刘　明　孟　颖　齐　婧　马　聪　刘　金
鲁　锋　米巨磊　尚　玲　张锡新　赵祥宇　陈锐兵
卢轶伦　张　娟　武　哲　何　丹　王俊森

PREFACE

前 言

随着国内外对石油天然气资源需求的不断攀升，作为非常规油气资源的火山岩油气藏已经成为勘探开发的重点领域和实现高产稳产的研究对象。近年来，准噶尔盆地东部石炭系勘探取得明显进展，勘探形势明朗。其中，克拉美丽石炭系千亿吨大气田的开发充分突显出石炭系的巨大勘探价值。同时，理论认为水下喷发火山岩距离烃源岩近，容易成藏。但由于准噶尔盆地构造背景复杂，前人对石炭系的研究工作相对薄弱，且盆地东部石炭系储层研究主要集中在成岩作用、储集空间类型、储层发育控制因素等方面。缺乏岩相形成环境的系统研究，基础资料的缺乏抑制了对盆地深层油气资源有利勘探区带的预测和勘探前景的评价。因此，准确系统地认识和研究准东地区石炭系的形成环境和岩相的分布，特别是深入研究该地区火山岩喷发环境、岩性、岩相特征及分布规律，建立火山岩喷发模式，阐明不同喷发环境下火山岩储层储集空间类型，预测不同喷发环境火山岩储层的分布，对于准东地区甚至整个准噶尔盆地的火山岩油气勘探和生产具有重要的理论和现实意义。

本书以火山岩喷发环境为主线，以岩石类型划分和岩性识别为基础，以火山岩相标志为依据，建立了不同喷发环境岩石学及地球化学判别标志；根据岩心、录井等可靠资料分析陆上喷发的火山岩、深水/浅水喷发火山岩、淡水/咸水喷发火山岩及正常沉积岩在地层中所占比重；通过建立不同火山岩相成岩环境与各项地质资料的对应关系，探究不同环境形成的岩相的平面展布规律，建立准东地区石炭系不同喷发环境火山岩喷发模式。在火山岩储层储集空间类型、孔隙结构、物性特征表征研究的基础上，重点分析不同喷发环境对火山岩储层原始储集空间、孔隙结构和物性特征的影响，明确不同环境岩相对储层物性的控制作用。

本书共分八章。前言由纪友亮编写；第一章由纪友亮、周勇、陈俊编写；第二章由王剑、连丽霞、周勇、杨召编写；第三章由杨召、王剑、刘向军、周基贤、周妮编写；第四章由王剑、师天明、雷海艳、李二庭、赵祥宇、卢轶伦、刘明编写；第五章由纪友亮、杨召、刘明、孟颖、齐婧、马聪、罗正江编写；第六章由陈俊、周勇、杨召、刘金、卢铁伦、鲁锋、米巨磊、武哲、尚玲编写；第七章由周勇、张锡新、赵祥宇、陈锐兵编写；第八章由周勇、杨召、张娟、王俊森、何丹编写。结束语由纪友亮编写。本书是在前期中国石油新疆油田分公司与中国石油大学（北京）的校企合作项目“准噶尔盆地东部石炭系岩相分析及其对储层的控制作用”的基础上，经进一步加工整理提升完成的，除上述作者外，卢铁伦、赵祥宇、武哲和王俊森也参加并完成了很多重要的工作。此外，梁涛、任红燕、计璐璐、郭姗姗、高晨曦、马铮涛、刘笑语、郭瑞婧、庞传梦、孙佳、杨栋吉等做了大量的图件编绘及文字整理与校对方面工作。纪友亮和周勇对全书进行了统稿和审核。

由于笔者水平有限，书中难免存在不足，敬请广大读者批评指正。

CONTENTS

目录

第一章　火山岩研究现状 …… 1

第一节　国内外火山岩研究现状 …… 1

第二节　准东地区火山岩研究现状 …… 8

第二章　区域地质概况 …… 13

第一节　区域构造位置 …… 13

第二节　准东地区构造演化 …… 14

第三节　准东地区地层发育特征 …… 15

第四节　准东地区火山岩油气勘探历程 …… 17

第三章　准东地区石炭系火山岩岩性特征 …… 19

第一节　野外剖面宏观分析 …… 19

第二节　火山岩岩石学特征 …… 33

第三节　火山岩化学成分特征 …… 49

第四节　火山岩岩性识别 …… 50

第四章　准东石炭系火山岩岩相特征 …… 55

第一节　区域沉积背景 …… 55

第二节　火山岩相识别标志 …… 57

第三节　岩相类型及相模式 …… 66

第四节　火山岩相组合特征及相序 …… 74

第五节　火山岩相分布特征 …… 82

第五章　准东石炭系火山岩喷发环境识别 …… 86

第一节　喷发环境的含义 …… 86

第二节　不同喷发环境识别标志 …… 86

第三节　不同喷发环境特征 …………………………………………………… 92

第六章　准东石炭系火山岩喷发模式及分布规律……………………………… 111

第一节　准东火山岩喷发模式 ……………………………………………… 111

第二节　准东火山岩喷发环境分布规律 …………………………………… 113

第七章　准东石炭系不同喷发环境火山岩储层特征…………………………… 121

第一节　储集空间类型及特征 ……………………………………………… 121

第二节　不同喷发环境储集空间组合特征 ………………………………… 134

第三节　不同喷发环境火山岩储层物性特征 ……………………………… 137

第八章　不同喷发环境火山岩储层物性控制因素及有利储层分布预测…… 151

第一节　岩性对储层的控制 ………………………………………………… 151

第二节　成岩作用对储层的控制 …………………………………………… 152

第三节　构造作用对火山岩储层的控制 …………………………………… 163

第四节　准东石炭系火山岩有利储层预测 ………………………………… 165

结束语………………………………………………………………………… 169

参考文献……………………………………………………………………… 170

附图…………………………………………………………………………… 175

第一章　火山岩研究现状

火山岩是油气的重要储集岩类之一，可形成火山岩油气藏。世界上对火山岩油气藏的研究已有100多年的历史，第一个火山岩油气藏于1887年在美国加利福尼亚州圣华金盆地发现。目前在全世界范围内，与火山岩有关的油气藏数量庞大（图1-1）。我国火山岩油气藏勘探始于20世纪50年代，比其他国家晚。

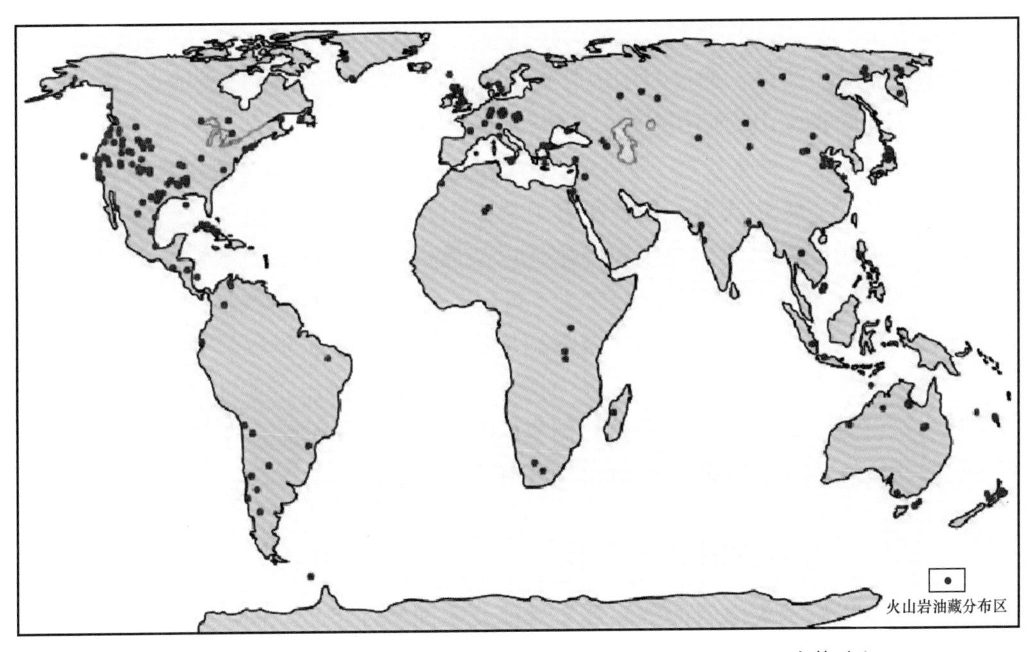

图1-1　全球与火成岩有关的油气分布（据Schutler，2003，有修改）

第一节　国内外火山岩研究现状

盆地形成演化及其含油气性与火山作用密切相关，在大陆裂谷、大陆边缘、沟—弧体系及弧后前陆等盆地中，火山岩是盆地早期充填的重要组成部分（约占体积的25%，Einsele，2000），是未来全球油气勘探的重要新领域（刘嘉麒等，2010）。

中国沉积盆地内火山岩分布广泛，自1957年首次在准噶尔盆地西北缘石炭系火山岩中获得工业油流以来，目前已在松辽、渤海湾、海拉尔、二连、苏北、三塘湖及四川等诸多盆地中发现了火山岩油气藏，逐步形成了东部和北疆两大火山岩油气区（冯志强等，2007；匡立春等，2007；邹才能，2008；赵文智等，2009）。截至2006年底，累计火山岩探明油气当量约为 8.2×10^{8}t，显示出巨大的勘探前景，火山岩油气藏已逐渐成为油气勘探的重要新领域和油气储量的增长点。

与沉积岩相比，火山岩岩石成分、结构构造复杂，岩石类型多，喷发环境判定、岩性识别与预测难度大。近年来，国内外许多学者对不同地区的火山岩储层进行了深入研究，目前已经在火山岩储层类型、火山岩储层岩性岩相特征、火山岩储层储集空间特征、火山岩储层成岩作用及储层发育控制因素等方面取得了一定进展。

一、划分了火山岩储层岩石类型

陈庆春等（2003）根据成因特征，将火山岩储层划分为火山熔岩型储层、火山碎屑岩型储层、潜火山岩型储层 3 种类型。喻高明等（1998）、李军等（2008）根据火山岩储集空间的组合方式，将火山岩储层划分为孔隙型、孔隙—裂缝型、裂缝—孔隙型、裂缝型 4 种类型。高斌（2013）通过对国内外火山岩储层实例调研，从形成地点、喷发方式、储层成因三个方面将火山岩储层分为 22 种类型。其中，火山岩储层按储集空间类型和储层控制因素，常见有 3 种主要类型：原生孔隙型、风化淋滤型和构造裂缝型储层。

石磊等（2009）研究认为，几乎所有类型火山岩都有可能形成油气储层。就各时代而言，古生代以中基性火山岩为主；中生代以酸性火山岩为主，中基性火山岩次之；新生代以基性火山岩为主、中性火山岩次之（黄玉龙，2010）。在一些地区，浅层侵入的辉绿岩及其接触变质的围岩经后期风化淋滤和构造运动的改造，可以具备较好的储集空间并形成油气藏，如在渤海湾盆地新生界中侵入的辉绿岩中产出工业油气流。此外，火山碎屑沉积岩和沉火山碎屑岩也是重要的储集岩类，如海拉尔盆地凝灰质砂岩和沉凝灰岩油藏、二连盆地阿南油田沉凝灰岩和凝灰质砂砾岩油藏等。

二、统一了火山岩相划分方案

火山岩相可以揭示火山岩的空间展布规律及不同岩性组合之间的成因联系，是影响火山岩储层的重要因素，不同岩相中具有不同的孔隙类型，而同一岩相的不同亚相由于岩石结构构造具有较大的差别，因此其储层物性也可能存在较大差异（邹才能等，2008）。

国内外对火山岩岩相的划分不统一，不同学者给出了不同的划分方案。李石等（1980）将火山岩划分为 3 相 8 亚相，包括喷发相、火山通道相和火山管道相；陶奎元等（1994）划分了 11 种火山岩相，分别为喷溢相、空落相、火山碎屑流相、涌流相、火山泥流相、崩塌相、侵出相、火山口—火山颈相、火山通道相、隐爆角砾岩相和火山喷发沉积相；刘文灿（1997）将火山碎屑岩分为 4 种岩相，包括火山喷发空中降落堆积物、火山碎屑流状堆积物、火山泥流堆积物、火山基浪堆积物相；刘文灿（1997）把大别山火山岩划分为爆发相、喷溢相、喷发—沉积相、潜火山相；谢家莹等（2000）划分出 13 种岩相，包括喷溢相、爆发空落相、火山碎屑流相、爆溢相、基底涌流相、火山泥石流相、喷发沉积相、火山颈相、侵出相、潜火山相、隐爆角砾岩相、侵入相和火山湖相。

目前公认的火山岩岩相划分方案为王璞珺等（2003）在松辽盆地酸性火山岩研究中

总结的岩相分类系统。该方案考虑了岩性，结合松辽盆地火山岩特点和油气勘探需要，从“岩性—组构—成因”的角度出发，主要基于岩性和岩石组构等用岩心或岩屑可以观测和标准标识的基本地质属性，注重岩相与储层物性的关系，将火山岩相分为5种：火山通道相、爆发相、喷溢相、火山沉积岩相和侵出相（图1–2）。

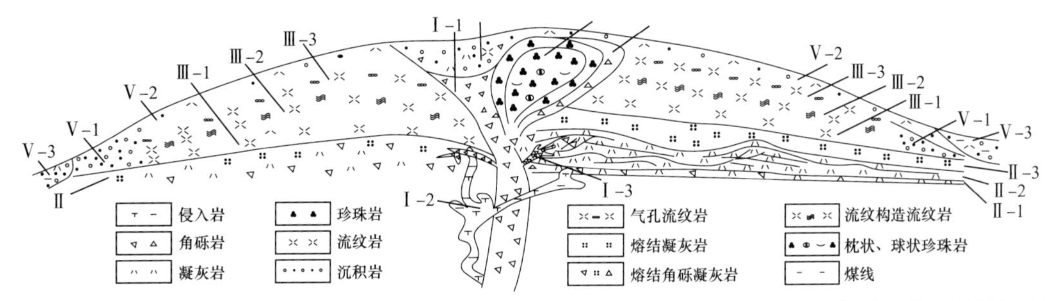

Ⅰ. 火山通道相：Ⅰ–1. 隐爆角砾熔岩相，Ⅰ–2. 次火山岩亚相，Ⅰ–3. 火山颈亚相；Ⅱ. 爆发相：Ⅱ–1. 空落亚相，Ⅱ–2. 热基浪亚相，Ⅱ–3. 热碎屑流亚相；Ⅲ. 喷溢相：Ⅲ–1. 下部亚相，Ⅲ–2. 中部亚相，Ⅲ–3. 上部亚相；Ⅳ. 侵出相：Ⅳ–1. 内带亚相，Ⅳ–2. 中带亚相，Ⅳ–3. 外带亚相；Ⅴ. 火山沉积岩相：Ⅴ–1. 含外碎屑火山沉积岩亚相，Ⅴ–2. 再搬运火山碎屑沉积岩亚相，Ⅴ–3. 凝灰岩夹煤沉积

图1–2 火山岩相模式图（据王璞珺等，2003）

三、总结了火山岩地层测井响应特征

不同类型的火山岩具有不同的矿物组合特征，同时也表现出不同的测井数值及不同的测井曲线形态组合。由于火山岩岩性复杂，种类繁多，使其对应的测井响应特征也复杂多样，有时同一类型岩石在不同的地区所表现的测井响应也各不相同。

A Khatchikian（1982）对阿根廷的玄武岩、火山凝灰岩和辉绿岩的测井响应进行了系统的研究，并且给出了各种凝灰岩的和值交会图。从安山凝灰岩、流纹质凝灰岩到玻璃质凝灰岩，和值逐渐增大。O Serra（1985）对未蚀变火成岩的测井响应进行了总结，给出了主要火成岩的测井响应特征；卞德智（1987）总结了克拉玛依油田一区火成岩的测井响应值；刘英俊（1984）总结了四大火成岩类的放射性U、Th、K含量；匡立春（1990）总结了克拉玛依油田某区火成岩的测井响应特征，给出了准噶尔盆地火成岩测井响应特值；邵维志（2006）总结了黄骅凹陷各类火成岩的测井响应特征值。张日供（2008）、孙玉凯（2009）、刘俊田（2009）总结了三塘湖盆地马朗凹陷牛东区块石炭系火山岩层测井响应特征；杨申谷（2007）通过对大庆油田汪深1井区、达深3井区、辽河油田龙湾筒凹陷、辽河大洼油田及吐哈油田三塘湖汉水泉凹陷汉1井区的火山岩油气藏的研究，总结了常见钙碱性火山岩测井识别标准及粗安岩、安山岩测井识别标准（图1–3）；张美玲（2009）总结了海拉尔盆地铜钵庙组凝灰岩、沉凝灰岩和熔结凝灰岩各测井曲线变化范围及布达特组闪玢岩、安山岩、玄武岩及碎裂花岗岩各自测井曲线平均值。

通过对上述不同区域火山岩地层测井响应特征的对比分析可以看出，不同地区相同岩性的火山岩测井参数存在差异，但从整体来说，不同类型的火山岩测井响应特征存在一定的规律。

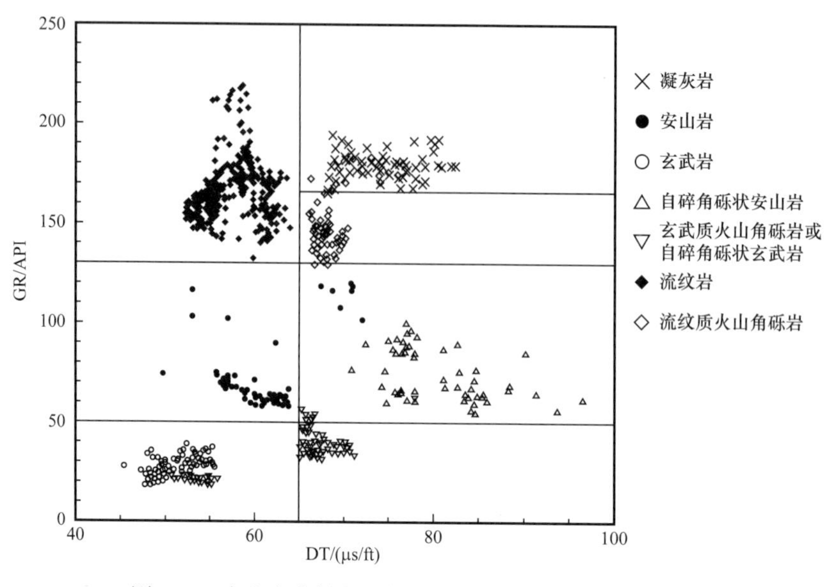

图 1-3　火山岩岩性的测井识别图版（据杨申谷，2007）

（1）电阻率曲线：一般火山碎屑岩类的电阻率值普遍低于致密的火山熔岩类，但熔岩蚀变后也会导致电阻率降低。

（2）自然伽马曲线：自然伽马曲线对火山岩岩性的变化非常敏感，火山岩从基性经中性至酸性，随着放射性矿物含量的增加，自然伽马值也逐渐升高。从岩石结构角度来讲，火山熔岩类的自然伽马值比火山碎屑岩类低。

（3）自然伽马能谱曲线：火山岩从基性经中性至酸性，Th、U、K 含量逐渐增加，自然伽马能谱值逐渐升高。

（4）中子孔隙度曲线：一般情况下火山岩从基性经中性至酸性，中子孔隙度逐渐降低，当岩石发生蚀变中子孔隙度变高。

（5）密度曲线：火山岩从基性经中性至酸性，密度值由大到小变化，火山碎屑岩的密度值低于火山熔岩类，岩石蚀变也会造成火山岩密度值降低。

（6）声波时差曲线：火山碎屑岩类的声波时差高于火山熔岩类，在岩石蚀变的情况下，声波时差值也略有上升。

四、明确了火山岩储层储集空间及物性特征

火山岩作为一个复杂而特殊的油气储层，储集性能的研究是储层特征研究的重要组成部分，其重点是要正确认识火山岩的储集空间类型及其特征。前人对火山岩储层的储集空间分类方案多样。归纳起来有以下 4 种：（1）原生孔隙、次生孔隙、裂缝 3 大类；（2）原生储集空间、次生储集空间 2 大类；（3）孔隙、洞穴、裂缝 3 大类；（4）宏观缝洞系统、基块孔缝系统 2 大类（王璞珺等，2003；刘为付等，2005；李兰斌等，2014）。综合前人研究成果，将火山岩的储集空间分为原生储集空间和次生储集空间，进一步分为原生孔隙、原生裂缝、次生孔隙、次生裂缝 4 大类 13 小类。

火山岩储层非均质性强，物性变化差异大，孔渗相关性差，通常孔隙度小于30%、渗透率小于10mD，总体上属于中—低孔、中—低渗储层（黄玉龙等，2010；毛治国等，2015）。火山岩原生孔隙一般随埋深变化不大，还可因地层流体、构造等作用形成次生孔隙发育带，储层物性基本不受埋深影响（毛治国等，2015），因此在盆地深层火山岩储层的物性可优于碎屑岩而成为主力储层，如松辽盆地埋深大于3000m的深层，87%的天然气赋存在火山岩中（王璞珺等，2007）。

五、探讨了火山岩储层成岩作用特征及孔隙演化规律

与碎屑岩相比，火山岩的成岩作用具有其特殊性，即熔浆从喷出地表便开始成岩，火山岩成岩到最后形成储层经历了复杂的成岩作用过程。在盆地火山岩储层研究中，成岩作用按阶段可划分为早期和晚期成岩作用（高有峰等，2007）（图1–4）。早期成岩作用主要有挥发分逸出、溶蚀、冷凝收缩作用等，晚期成岩作用主要有脱玻化、机械压实压溶、胶结作用等。早期成岩作用主要决定了原生孔隙的形成及分布范围，而晚期成岩作用对原生孔隙的改造和次生孔隙的发育具有控制作用（黄玉龙等，2010）。根据成岩作用对储层储集性的影响，可将其划分为建设作用的成岩作用和破坏作用的成岩作用，前者包括挥发分逸出、溶蚀和构造改造作用等；后者以重结晶、压实、胶结、充填作用为主（张云峰等，2005；罗静兰等，2013）。

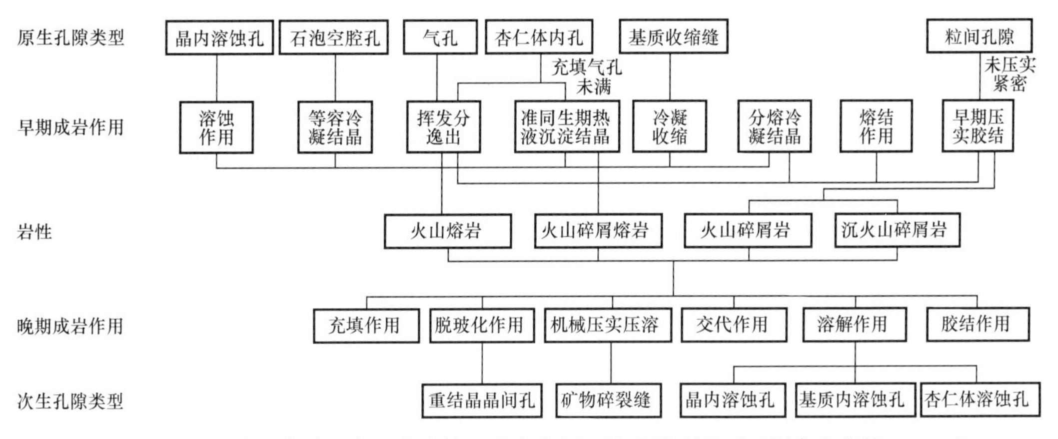

图1–4 松辽盆地营城组火山岩岩性、成岩作用、孔隙类型关系（据高有峰等，2007）

挥发分逸出、冷凝收缩和压实胶结作用与原生孔隙的形成相关，其中原生气孔的发育与熔浆挥发分关系密切（Gaonach et al.，2005）；冷凝收缩作用主要表现为熔岩流表面形成的裂缝或自碎屑角砾间孔缝及内部形成的节理（徐松年，1986；衣健等，2016）；火山碎屑压实胶结成岩的过程中形成粒间孔，粒间孔的孔隙度与颗粒的大小、形态、分选及接触关系密切相关（Sruoga et al.，2004）。

脱玻化、溶蚀和构造作用与次生孔隙的形成关系密切。岩石中的玻璃质成分在温度和压力增加的情况下，在合适的环境中可发生脱玻化作用，产生脱玻化孔（赵海玲等，2009）。刘万洙等（2010）将中基性火山玻璃蚀变过程总结为四个阶段，并指出火山玻璃

脱玻化过程增加了7%～10%的孔隙度。高有峰等（2013）认为由重结晶、溶蚀作用形成晶间微孔的火山岩可作为天然气的有利储层。构造作用可形成裂缝，同时可促进表生成岩作用或深埋藏溶蚀作用的发生（邹才能等，2011）。

研究表明，火山岩储集空间的形成与演化具有阶段性，但由于各个研究区的火山岩构造演化史的不同，其储集空间的形成和演化也不尽相同。石磊等（2009）综合前人成果将火山岩储层孔隙演化分为如下5个阶段：（1）原生储集空间形成阶段：火山物质喷溢至地表形成气孔、冷凝收缩缝和火山角砾间孔等；（2）风化淋滤阶段：由于表生成岩作用和大气淡水的淋滤、溶蚀，产生大量溶蚀孔、洞、缝，增加了溶解作用；（3）浅埋成岩阶段：火山岩体浅埋于地下，受到埋藏作用和成岩作用的改造，产生方解石、白云石等矿物充填破坏孔隙；（4）构造断裂阶段：构造应力的作用使火山岩体发育了较大规模的断裂作用，由此产生与大规模断层相伴生的大量构造裂缝，大大提高了岩体的渗透性；（5）深埋溶蚀阶段：地层进入晚成岩阶段，在酸性流体作用下，火山岩中的部分物质发生溶解，形成一些深部溶蚀孔、洞、缝，同时一些化学物质也可能发生沉淀充填作用。

六、探讨了火山岩优质储层发育的主控因素

研究表明，火山岩储集空间的形成、发展、堵塞、再形成等不同阶段的演化过程是非常复杂的，受内外两种因素的控制，内因主要为火山作用（岩性岩相、喷发环境），外因主要包括构造作用、成岩作用等（黄亮等，2009）。

1. 岩性岩相从根本上决定了储集空间的发育程度与规模

火山岩的岩性决定了原生孔隙的类型，岩性是影响火山岩储集性能的直接因素，从基性、中性到酸性熔岩，岩石的黏度、脆性逐渐升高（王仁冲等，2008）。流纹岩、安山岩的孔缝相对较多，以气孔为主，火山角砾岩以砾内、砾间孔为主，而凝灰岩以微裂缝为主。不同岩相、亚相具有不同的孔隙类型，同岩相的不同亚相储层物性可能差别很大，因为各相和各亚相之间岩石结构和构造存在较大差别，它们控制着原生和次生孔缝的组合与分布（邹才能等，2008）（表1-1）。火山通道相储集空间主要为孤立的气孔及火山碎屑间孔；爆发相中火山角砾间孔、气孔、溶蚀孔洞缝发育；喷溢相熔岩原生气孔、收缩缝发育，次生孔隙主要为构造裂缝；侵出相中心带亚相储集空间主要为裂缝、溶孔、晶间孔等微孔隙（黄亮等，2009）。

2. 喷发环境决定火山岩储层原生储集空间的发育程度

火山岩在水体深部喷发，由于深水静水压力大，溶解于岩浆中的挥发分不容易逃逸，难以形成气孔，故原生气孔极不发育，加之水体的共同作用，火山岩发生明显的蚀变和充填作用，使本来就少的原生孔隙减少，杏仁体内溶蚀孔、炸裂缝、岩球岩枕间孔、粒间孔、基质、斑晶蚀变孔缝、后期构造缝是主要储集空间。在浅水环境或陆上喷发的，

特别是喷发时遇大气降水，一方面溶解于熔浆中的挥发分可以大量逃逸形成原生气孔，另一方面由于炽热岩浆突遇水体产生淬火作用形成大量原生微裂隙并将原生气孔很好地连通起来，构成良好的原生储集空间，主要储集空间为原生孔隙和冷凝收缩节理缝、次生溶蚀孔、矿物解理缝和构造裂缝（余淳梅等，2004；张艳等，2007；邹才能等，2008）。

表 1-1 中国含油气盆地火山岩储层特征（据邹才能等，2008）

界	系	群、组、段	盆地、凹陷	岩性	孔隙度 /%	渗透率 /mD
新生界	新近系	盐城群	高邮凹陷	灰黑、灰绿、灰紫色玄武岩	20	37
		馆陶组底	东营凹陷	橄榄玄武岩	25	80
			惠民凹陷	橄榄玄武岩	25	80
	古近系	三垛组	高邮凹陷	玄武岩	22	19
		沙一段	东营凹陷	玄武岩、安山玄武岩、火山角砾岩	25.5	7.4
		沙三段	惠民凹陷	橄榄玄武岩	10.1	13.2
			辽河东部凹陷	玄武岩、安山玄武岩	20.3～24.9	1～16
		沙四段	沾化凹陷	玄武岩、安山玄武岩、火山角砾岩	25.2	18.7
		新沟咀组	江陵凹陷	灰黑、灰绿、灰紫色玄武岩	18～22.6	3.7～8.4
		孔店组	潍北凹陷	玄武岩、凝灰岩	20.8	90
中生界	白垩系	营城组	松辽盆地	玄武岩、安山岩、英安岩、流纹岩、凝灰岩、火山角砾岩	1.9～10.8	0.01～0.87
		青山口组	齐家—古龙凹陷	中酸性火山角砾岩、凝灰岩	22.1	136
		苏红图组	银根盆地	玄武岩、安山岩、火山角砾岩、凝灰岩	17.9	111
	侏罗系	兴安岭群	二连盆地	玄武岩、安山岩	3.57～12.7	1～214
			海拉尔盆地	火山碎屑岩、流纹斑岩、粗面岩、凝灰岩、安山岩、安山玄武岩、玄武岩	13.68	6.6
古生界	石炭系—二叠系		准噶尔盆地	安山岩、玄武岩、凝灰岩、火山角砾岩	4.15～16.8	0.03～153
			塔里木盆地	英安岩、玄武岩、火山角砾岩、凝灰岩	0.8～19.4	0.01～10.5
	二叠系		三塘湖盆地	安山岩、玄武岩	2.71～13.3	0.01～17
			四川盆地	玄武岩	5.9～20	

3. 成岩作用控制着火山岩储层原生孔隙的保存和次生孔隙的发育与分布

成岩作用对火山岩储集性能的影响主要表现在两方面：一方面加剧了火山岩原生孔隙的次生充填，降低了储渗性能；另一方面加剧了溶蚀孔、缝的形成，改善了储集性能（蒙启安等，2002）。火山岩成岩作用阶段分为早期和晚期，早期成岩作用主要影响原生孔隙的发育，晚期成岩作用影响次生孔隙的发育（黄玉龙等，2010）。破坏作用的成岩作用主要有热液沉淀结晶、压实胶结、充填、压实压溶、熔结等；建设作用的成岩作用主要有冷凝收缩、脱玻化、挥发分的逸散、溶蚀、构造、风化淋滤等（Surdam R C，et al.，1987）。

风化淋滤作用主要表现在：（1）在大套火山岩段内和顶部发育风化壳或火山沉积岩；（2）在风化壳下部火山岩中发育风化裂缝；（3）风化过程中伴随淋滤溶蚀作用改造储集空间（冯子辉等，2008）。溶蚀作用包括有机质成烃过程中生成有机酸的溶蚀作用（Surdam R C，et al.，1987）、无机酸的溶蚀作用以及与长石的钠长石化相伴随的热液流体对矿物的溶蚀作用（赵海玲等，2004）。流体活动对火山岩储集性的改造具有双重作用：一方面新矿物的胶结和充填使得储集性能下降；另一方面，蚀变和溶解作用又可使孔隙度增加。火山岩储层溶蚀孔隙的成因：内因是火山岩中易溶组分的种类和含量，外因包括溶解液、溶解通道、温度、压力及保存条件（闫林等，2007）。

4. 构造作用明显改善火山岩储层的储渗性能

构造作用对火山岩储层的控制主要表现在以下 3 点：

（1）构造运动引发多期次、多火山口火山喷发，使火山岩大面积分布，成为形成火山岩储层的基础；

（2）构造运动使得火山岩岩体处于地表或近地表环境，经历各种风化淋滤作用，使岩石中原生孔缝进一步溶蚀扩大，孔缝间的连通性进一步提高，从而形成优质储层；

（3）构造运动使得非常致密的火山岩形成大量裂缝，这些裂缝不但使孤立的原生气孔得以连通，而且还增大了火山岩的储集空间，同时也是地下水和有机酸的重要通道，对溶解作用的发生起了重要作用，是形成次生溶蚀孔隙，改善储层储渗能力的关键（罗垚，2007；闫林等，2007；杨立民等，2007；潘建国等，2007）。多次的构造运动导致了裂缝的多期性，常常可以见到早期裂缝被晚期裂缝所切割。火山岩裂缝的多期性，为油气的运移及储集提供了良好的条件。

第二节　准东地区火山岩研究现状

目前火山岩油气藏已逐渐成为勘探的新领域和油气储量的增长点，前景十分广阔。准噶尔盆地石炭系火山岩主要分布于西部隆起、陆梁隆起、中央隆起及东部隆起的广大地区（图 1-5），石炭系火山岩预测石油资源量 22×10^{8}t，天然气资源量 $1.2\times10^{8}m^{3}$。近年来，准噶尔盆地东部石炭系勘探取得明显进展，勘探形势明朗，其中，克拉美丽石炭系千亿吨大气田的开发充分突显出石炭系的巨大勘探价值。前人对准东地区石炭系火山岩及其气藏特征开展了研究，包括火山岩岩性岩相、火山岩形成环境、火山岩储层及主控因素等方面，取得了如下几个方面的进展。

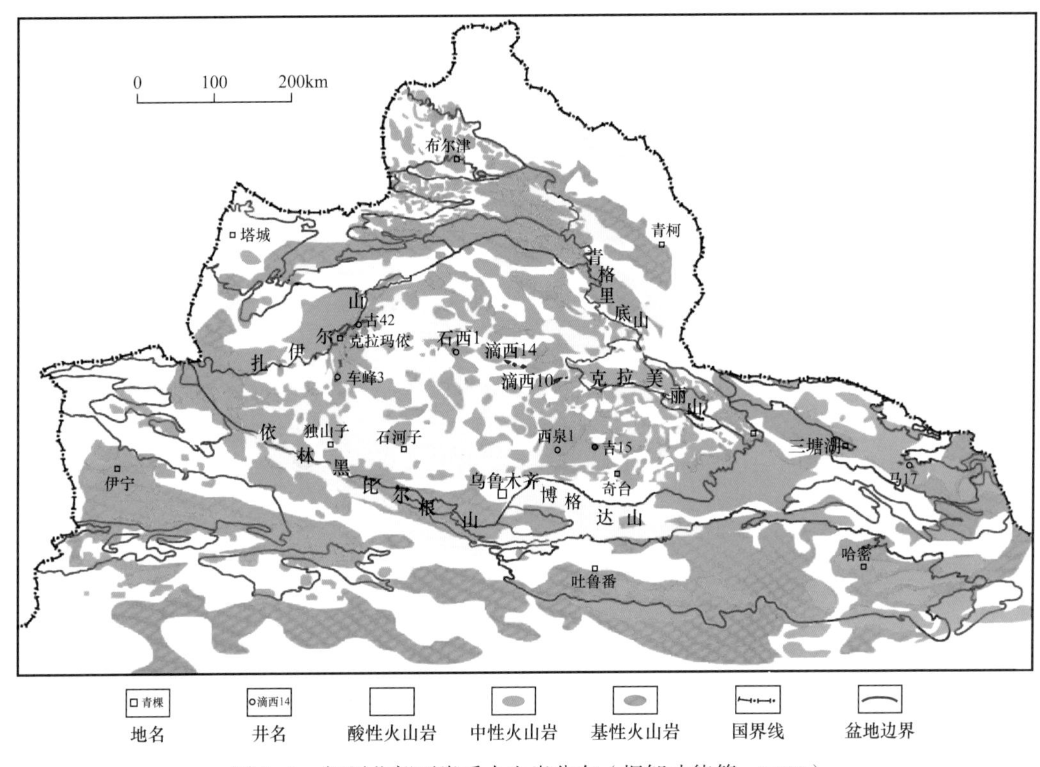

图 1-5　新疆北部石炭系火山岩分布（据邹才能等，2008）

一、明确了准噶尔盆地基底火山岩形成于岛弧增生环境，基底由岛弧火山岩地体拼合而成

2008—2010 年，中国石油勘探开发研究院在“新疆北疆石炭系火山岩储层特征及其分布规律”研究中对准噶尔盆地石炭系构造背景、岩相古地理与火山岩分布等进行了研究，火山岩构造环境为：陆东地区火山岩样品几乎均落在板内玄武岩区；石西地区火山岩全部落在钙碱性玄武岩区域；陆东、莫索湾和准西三个地区的火山岩没有落在区域范围内，从它们的低 Ti 含量上看可能形成于与陆内环境有关的构造背景下，抑或形成于岛弧靠近大陆一侧。何登发（2015）根据 Hf 同位素值认为，大部分火山岩的 Hf 同位素值为正值，表明其基底主要为新生地壳，不具有规模性的前寒武纪结晶基底，它可能具有拼合基底的性质，并可能受到了后期的改造作用。何登发（2015）根据同位素年代学、生物地层学、地震地层学与岩石地层学方法，建立了北疆地区石炭系的精细年代—地层格架，识别出北疆石炭纪 5 期火山活动。

何登发（2015）研究认为早石炭世经历一个较完整的海退—海侵—海退的演化过程。早石炭世末的构造运动，使准噶尔地区北部隆起，并与阿尔泰拼贴，海水向南退却，晚石炭世形成北陆南海的格局。火山活动自早石炭世早期—晚期，有从强向弱发展演化的总趋势，且火山活动具有带状分布的特点，准噶尔地区多具中心式喷发活动特点。晚石炭世早期，因受早石炭世末构造运动的影响，特别是受构造—热事件的影响，出现大规模的火山喷发。晚石炭世中期火山活动强，而晚期火山活动强度明显减弱，分散分布，其强度、规模均小。

二、明确了准噶尔盆地火山岩喷发环境及分布特征

王绪龙（2013）认为新疆北部早石炭世总体上为海相环境，晚石炭世具有北陆南海的特征。余淳梅等（2004）以五彩湾凹陷为例，认为石炭系火山岩与沉积岩互层发育，沉积岩中含海相化石，安山岩、玄武岩呈大陆间歇性火山喷发特征，表明五彩湾凹陷基底火山岩属陆表海火山—沉积环境。高斌等（2013）将西泉 103 井区火山喷发模式主要分为 2 类：裂隙式和中心式。孔垂显等（2017）认为西泉 3 井北断裂为近东西走向的主干逆断层，其断距大，延伸较长，纵向切割石炭系、二叠系和白垩系，为石炭系火山喷发提供了有利通道。地下岩浆沿应力薄弱的断裂带向上喷发，形成裂隙式火山喷发模式。研究区北部和南部存在大型裂隙式火山通道，内部存在小型中心喷发式火山通道。

张艳等（2007）认为陆上火山岩和下伏地层角度不整合，且火山地层顶部发育风化壳；而水下火山岩受到水作用影响常与下伏地层整合或假整合，且由于不与空气直接接触，故不发育风化壳。朱卡等（2012）从分布范围、岩性组合、岩石颜色、共生岩石及化石组合、结构、构造、脱玻化、节理特征、蚀变特征以及与下伏地层接触关系等几个方面系统总结了三塘湖盆地石炭系陆上喷发火山岩和水下喷发火山岩的识别特征。贺凯等（2009）总结了水下喷发火山岩的特征：（1）水下喷发火山岩气孔多数不发育；（2）迅速冷凝导致整体的玻璃质含量比陆上火山岩要高，熔岩常具玻璃质结构或玻屑；（3）由于遇水后的熔岩含有的挥发分无法及时释放，即便发育气孔也多数被杏仁体或石泡占据空间，因此水下形成的流纹岩多具备石泡构造及气孔构造；（4）由于受水的阻力、压力及温度冷却作用，水下火山熔岩极易发育枕状构造、变形流纹构造及球状构造；（5）微观上，水下喷发熔岩多为少斑或无斑结构；（6）水下火山岩蚀变更强，以钠长石化为特征。

李明连等（2014）提出火山氧化系数的定义和计算方式，用 Fe 的不同价态氧化物质量分数来计算火山氧化系数（Ox），即 $Ox=Fe_2O_3/(Fe_2O_3+FeO)$。由于水体中含氧量远远低于陆上的空气，因此水下喷发（并沉积于水下）成因的火山岩中铁氧化物一般以 $FeO>Fe_2O_3$ 为特征。随着水体深度增加，水中含氧量快速降低。因此，水深越大还原性便越强，火山岩的氧化系数值便越低。Dyar 等（1987）对美国标准玄武岩 BCR−1 的重融喷发实验结果也印证了这一结论。

三、建立了不同岩性、岩相识别标志

贺凯（2009）、卢志远等（2017）认为准东地区火山岩岩性分为熔岩和火山碎屑岩，其中熔岩包括安山岩、玄武岩、英安岩和流纹岩等，研究区熔岩以安山岩为主，玄武岩次之；火山碎屑岩包括角粒安山岩、火山角砾岩、凝灰岩、凝灰质砂岩和碳质泥岩，火山碎屑岩以凝灰岩和火山角砾岩为主。

准东地区石炭系火山岩共发育两个火山岩岩相：爆发相和溢流相。爆发相的主要岩

性是凝灰岩和火山角砾岩；溢流相主要由安山岩组成。纵向上岩性呈现火山角砾岩—安山岩—凝灰岩旋回，岩相垂向演化模式则为爆发相—溢流相交替；平面上爆发相—溢流相沿北西—南东方向分布（卢志远等，2017；杨永恒，2010）。

贺凯（2009）以五彩湾凹陷为例，认为五彩湾凹陷东部地区以火山沉积相为主；中部爆发相为主夹火山沉积相；西部溢流相为主的火山岩相。北三台凸起南部地区以爆发相为主，北三台秃顶部分主要为过渡相。

四、探讨了火山岩储层特征、成岩演化及发育控制因素

准噶尔盆地东部火山岩储层的储集空间类型有原生孔隙、次生孔隙和裂缝三类。原生孔隙主要为气孔、杏仁体内孔、晶内孔和基质孔。次生孔隙主要有溶蚀孔和晶间微孔。裂缝主要发育在安山岩和角粒安山岩中，其中网状缝主要发育在安山岩中，低角度斜交缝在各岩性中均有发育。溶蚀孔在火山角砾岩中最发育，气孔和裂缝在安山岩中较发育。总的来说，火山角砾岩和安山岩为有利岩性（图 1-6）。贺凯等（2009）认为准东地区东部火山岩储层以次生溶孔为主，主要是表生成岩作用和大气水的淋滤作用溶蚀形成。杨永恒（2010）认为准噶尔盆地东部石炭系火山岩储层以熔岩、火山角砾岩和凝灰岩为主，储集性能整体较差，储集空间以次生孔、裂缝为主。熔岩主要为安山岩—玄武岩组合，安山岩多具斑状结构，少数可见气孔及杏仁构造；玄武岩多具斑状结构，主要为块状构造。熔岩基质孔隙不发育，但局部裂缝发育。

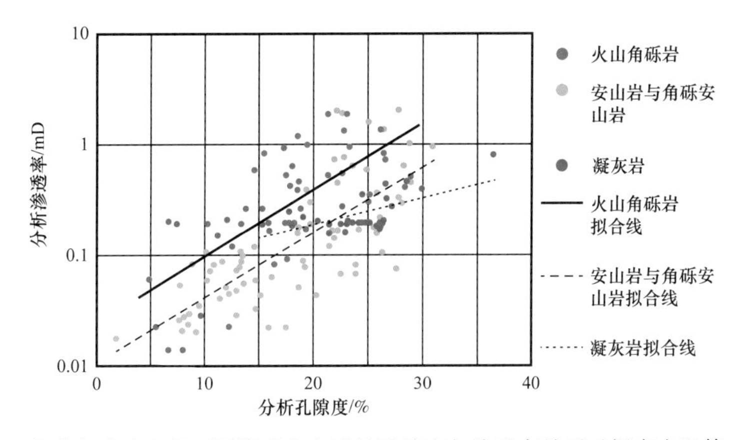

图 1-6 准噶尔盆地东部不同类型火山岩的孔隙度与渗透率关系（据卢志远等，2017）

准东地区石炭系火山岩储层发育主要受岩性岩相、构造活动、后期改造次生作用控制。

（1）岩性岩相：从基性—中性—酸性熔岩，岩石的黏度、脆性是逐渐升高的，火山爆发相中近火山口相发育火山角砾岩、火山集块岩，物性最好，而远离火山口相的凝灰岩一般难以形成规模厚度，且物性较差。准噶尔盆地基底火山岩油气优质储层主要是气孔安山质角砾熔岩，尤其后来又经构造运动和溶蚀作用，强烈溶蚀作用形成的孔、洞、缝更加增大了储集空间，大量的构造缝连接的气孔和溶孔，可进一步增加储集空间，从

而在火山岩储层内部形成良好的储集空间。准东地区蚀变后的角砾熔岩和爆发相中的火山角砾岩是储集物性最好的岩性岩相带（裂缝的发育也大大改善了储集条件）。喷溢相、爆发相储集岩物性好于火山沉积相及沉积相，其中火山碎屑岩（爆发相）物性好于火山熔岩（喷溢相），火山熔岩、火山碎屑岩及沉积岩储集物性变化较大，均存在高孔隙度储层。不同的岩相，孔隙度和渗透率有很大的差别，根据实测结果分析，高的孔隙度和渗透率主要分布在火山爆发相和喷溢相中，在火山通道相、侵出相和火山沉积相不多。

（2）后期改造：构造运动，断裂改造，断层和古隆起共同控制的地下水的溶蚀淋滤、渗透以及沉淀充填作用均对储集物性有影响。

（3）次生作用：① 风化淋滤作用（有利）、② 绿泥石化作用（不利）、③ 方解石化作用（后期溶蚀，有利于酸化改造）、④ 沸石化作用（改善）、⑤ 构造断裂作用。

第二章　区域地质概况

准噶尔盆地位于新疆维吾尔自治区北部，地处古亚洲洋构造域的南部，是中亚造山带的重要组成部分，三面被古生代的缝合线和褶皱带围限。盆地南宽北窄略呈三角形，北部略高，地势向西倾斜，东西长约 700km，南北宽约 370km，面积约 1.3×10^5km^2，海拔 500～1000m，是中国第二大的内陆盆地，同时也是我国西部含油气区中的一个大型复合叠加盆地。自 2005 年在准噶尔盆地东部陆东—五彩湾地区石炭系火山岩中获得高产工业气流后，实现了准噶尔盆地东部石炭系火山岩勘探的突破（李涤，2016）。依据盆地内部二叠系构造特征及后期构造改造特点，准噶尔盆地划分为西部隆起、东部隆起、陆梁隆起、北天山山前冲断带、中央坳陷和乌伦古坳陷等 6 个一级构造单元和 44 个二级构造单元，展现出凹凸相间的棋盘式格局特征。

第一节　区域构造位置

研究区地理位置位于准噶尔盆地东部克拉美丽山前陆东—五彩湾地区，地面覆盖灌木，地势平坦，G216 国道、省道及油田公路横贯，交通便利。二级构造单元主要包括了滴南凸起、滴水泉凹陷、五彩湾凹陷、东道海子凹陷和白家海凸起（图 2-1）。

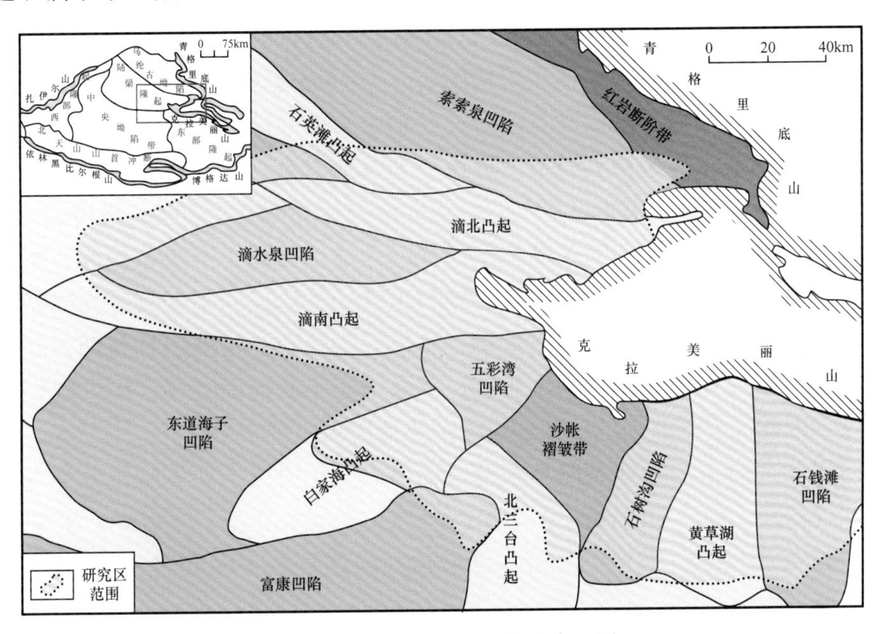

图 2-1　研究区地理及构造位置图

第二节　准东地区构造演化

准噶尔盆地是一个典型的中间地块型盆地，起源于准噶尔地块，经历了多期构造演化形成今天的面貌。

古亚洲洋扩张期始于震旦纪，至中奥陶世，新疆联合古陆解体，西准噶尔地区产生红海型裂陷槽，古亚洲洋进一步扩张，此时北准噶尔洋进一步拉张并发育至鼎盛时期，中—晚奥陶世发生区域性汇聚挤压，在晚奥陶世之后发生弧陆碰撞造山运动。

早志留世，地壳稳步上升，海域缩小，准东地区发生明显抬升，之后克拉美丽地区逐渐和西伯利亚板块对接，准噶尔与阿尔泰构成西伯利亚大陆南陆缘，由于北准噶尔洋的俯冲消减，洋盆逐渐闭合，到晚志留世古亚洲洋再次开启，同时新疆北部下沉，在东准噶尔地区发生海侵，形成岛弧型浅海—次深海环境。

泥盆纪是准噶尔地块弧弧碰撞，弧陆碰撞的重要时期，在泥盆纪早期，位于西伯利亚古陆边缘的克拉美丽缝合带为拉张成因的有限洋盆，在准噶尔东北部也形成多个弧沟体系，至中泥盆世，古亚洲洋依旧存在扩大趋势，海水到达东准噶尔地区，直到中—晚泥盆世，由于新疆北部发生碰撞造山运动，海水退出，古亚洲洋变窄，整体环境变为海陆过渡相。

石炭纪是准噶尔地区在多岛洋格局下完成洋陆转换、弧—盆系统碰撞拼贴的重要时期，在这一时期中，准噶尔地区由开放型海相盆地转变为封闭的内陆盆地，并伴随着强烈的碰撞作用和大规模的火山喷发。早石炭世为多岛格局，准噶尔—吐哈微板块与西伯利亚板块发生碰撞拼接，东西准噶尔洋发生大规模海侵，之后东西准噶尔有限洋盆关闭，由于各个地块之间碰撞形成的不均匀受力，准噶尔—吐哈地体分离并形成博格达裂陷槽；到晚石炭世，北天山洋盆与博格达裂陷槽闭合，中天山地体向准噶尔、吐哈地体拼接碰撞形成褶皱带，东西准噶尔有限洋盆闭合，盆地中央的裂陷槽也开始闭合，南北向断裂加强，中拐凸起、漠北凸起初具雏形，进入原型盆地发育期，在晚石炭世中期发生一次大规模海侵，之后准噶尔北部地区隆起，海水向南退却并形成北陆南海格局。

总体来说，在二叠纪前准噶尔盆地及其周缘洋盆已关闭，准噶尔地区、阿尔泰地区及天山地区连为整体，各地块分割局面得到初步统一，形成一个初具边界的克拉通内坳陷盆地，二叠纪则进入到盆内构造发育期，整体较为稳定，为陆内调整期，之后受卡拉麦里大断裂以及其他盆内构造运动的影响，沉降中心不断向西迁移，但大规模的构造运动不再进行。因此准噶尔盆地的演化经过三个主要阶段（图 2-2）。

第一阶段为前震旦纪大陆基底和联合古陆形成演化阶段，在该阶段各个古陆拼贴在一起形成联合古陆，为后期的构造运动奠定基础。

第二阶段为震旦纪—石炭纪联合古陆解体，洋盆发生多次开启—闭合，弧弧碰撞、弧陆碰撞频繁发生。

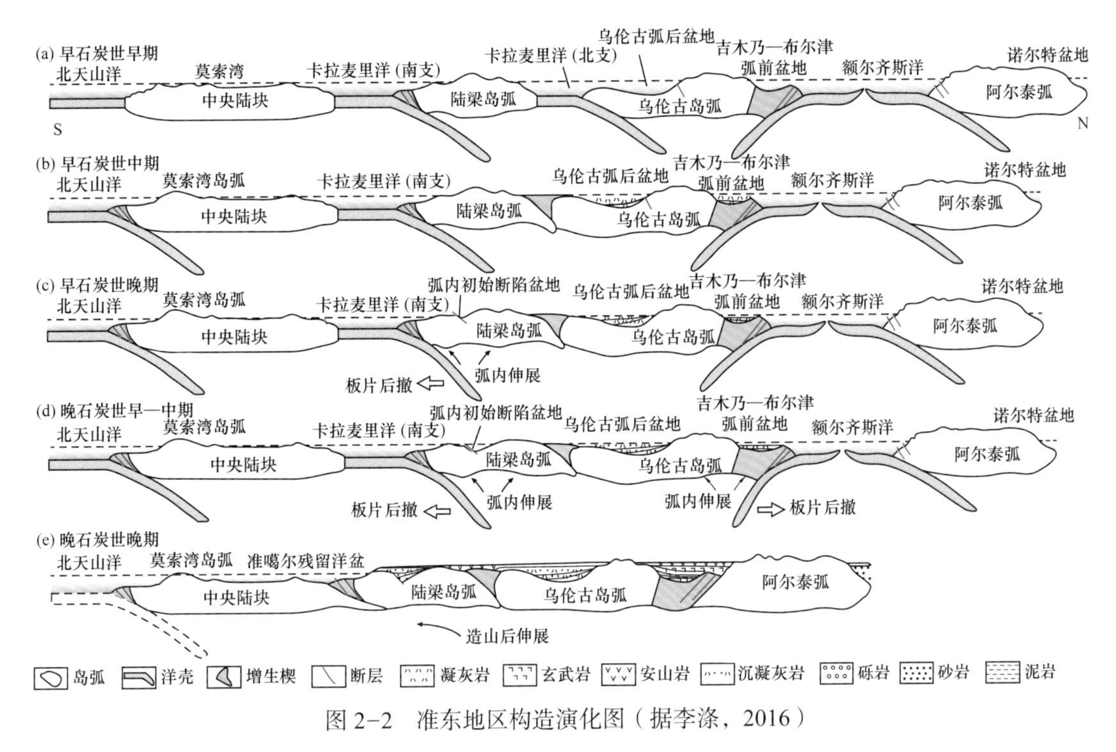

图 2-2 准东地区构造演化图（据李涤，2016）

第三阶段为二叠纪之后的陆内演化阶段，在这一阶段没有大的板块开裂与拼贴，但内部构造活动频繁，沉降中心随构造运动不断转换。

第三节 准东地区地层发育特征

目前多数观点认为准噶尔盆地具有“双重基底”结构：下部的前寒武系古老结晶基底和上部的古生界褶皱基底。自石炭纪准噶尔盆地原始形态形成，盆地逐渐开始大量接受沉积，自下而上依次发育古生界、中生界和新生界。

准噶尔盆地东部石炭系为一套多期喷发、多期改造而成的火山熔岩、浅层侵入岩、火山碎屑岩和（火山）沉积岩的组合。关于石炭系地层层序结构，前人及笔者在地面露头、测井及古生物、钻井层序、地震层序等方面做了大量工作，对石炭系地层层序有了比较明确的认识。石炭系自下而上分为滴水泉组（C_1d）、松喀尔苏组下段（C_1s_a）、松喀尔苏组上段（C_1s_b）、巴塔玛依内山组（C_2b）和石钱滩组（C_2sh）。

滴水泉组（C_1d）：又名塔木岗组（C_1t）。在双井子及其以东地区为一套海相及海陆交互相沉积建造。上部为巨厚碳质泥岩夹泥灰岩层，见滨岸生物扰动痕迹以及植物和孢粉化石，下部见大量腕足类、双壳类及腹足类化石含植物及孢粉化石。与下伏泥盆系呈角度不整合接触，与上覆松喀尔苏组上亚段也呈角度不整合接触。

松喀尔苏组（C_1s）：本组地表主要出露于双井子及其以东松喀尔苏南部地区和老鹰沟以西至五彩湾广大地区，在滴水泉凹陷及其周缘斜坡区及克拉美丽山前南部地区也可能广泛发育和分布。上亚段在红尖山沟以西为黄色、黄绿色凝灰质砾岩、粗砂岩夹泥岩，含植物化石（大多为蕨类、种子蕨类的叶子及茎干），在双井子及其东南地区，以灰色、黄褐色、灰绿色砾岩为主夹薄层砂岩及砂岩透镜体，向东变化为砂砾岩互层夹少量薄煤层，含 *Sublepidodendron mirabile*（*Nath.*）*Gothon. Demetria asiata Zallessky. Spirifer attenutus Sowerby.* 化石；下段在红尖山沟以西地区不整合于泥盆系之上，与上段为整合接触，岩性主要为安山岩、红色流纹岩、凝灰岩夹少量的沉积岩。

表 2-1　准东地区石炭系发育情况

界	系	统	群、组	代号	接触关系	演化阶段	构造运动
古生界	二叠系	上统	梧桐沟组	P_3wt	不整合	前陆盆地	晚海西Ⅳ
		中统	平地泉组	P_2p			
			将军庙组	P_2j			晚海西Ⅲ
		下统	金沟组	P_1jg	不整合	前陆型残留海相盆地	晚海西Ⅱ 晚海西Ⅰ
	石炭系	上统	石钱滩组	C_2sh		前陆型海相盆地	
			下巴塔玛依内山组	C_2b	不整合		中海西运动
		下统	上松喀尔苏组	C_1s_b			
			下松喀尔苏组	C_1s_a			
			滴水泉组	C_1d			

巴塔玛依内山组（C_2b）：广泛分布于准噶尔盆地东北缘的克拉美丽山南麓地区，地面露头西起富蕴县五彩城，东至巴里坤县纸房，在东西长约 400km 范围内呈带状分布（盆地内钻井揭示在陆东五彩湾地区亦广泛分布），其岩性、岩相和厚度变化大，最大厚度达 4700m 以上。按成岩作用分类统计，本组以火山熔岩为主，占总厚度的 75%，火山碎屑熔岩次之，占总厚度的 15%，火山碎屑岩占 10%；按照化学成分统计，中性火山岩占总厚度的 63%，酸性火山岩占总厚度的 23%，基性火山岩占 14%。在火山碎屑岩及火山碎屑沉积岩中见较丰富的安哥拉植物群化石：*Angaropteridium* cf.*Cordiopteroides*（*Schmain.*，*Zai*）、*Noggerothiopsis* sp.、*N.*cf.*Theodori TschirkovaetZalossky*、*N.subangusta Zalessky*、*Calamites* sp. 等，根据植物化石组合认为本组形成时代应为晚石炭世。

石钱滩组（C_2s）：本组是介于六棵树组、下二叠统将军庙组底部不整合面之下和巴塔玛依内山组顶部不整合面之上的一套滨海—浅海相地层建造。含大量的海百合茎、珊瑚、腕足类、双壳类和三叶虫等化石。地面出露最大厚度861m，主要分布于大井地区东部的石钱滩凹陷。

受盆地整体的构造演化影响和控制，准东地区石炭系分布出现明显的分带分块：滴水泉组在白家海凸起上有多井钻遇，其他地区目前尚不清楚其分布特征。早期研究认为滴水泉组只分布于准东北部五彩湾凹陷，本项目研究认为在吉木萨尔凹陷和北三台凸起可能存在与北部滴水泉组沉积时代相当的一套地层；巴山组分布最广，除白家海凸起高部位缺失外，其他广大地区均有分布；石钱滩组分布非常局限，仅分布在石钱滩凹陷大5井区。而祁家沟组、奥尔吐组、石人子沟组等上石炭统仅见于南部博格达山露头区，井下完全缺失。

第四节　准东地区火山岩油气勘探历程

克拉美丽山环带以石炭系为目的层的钻探始于20世纪90年代初期，自1993年至今，钻探了一批火山岩（油）气藏发现井（图2-3），大致可划分为四个阶段。

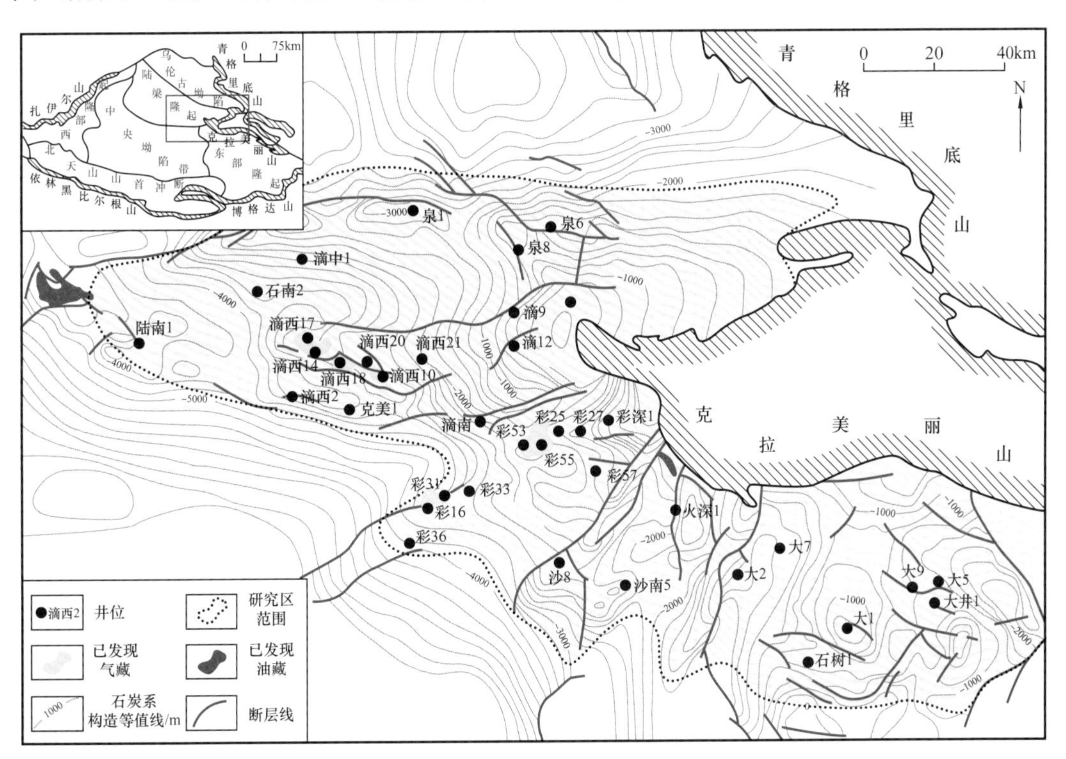

图2-3　研究区井位分布图（据新疆油田）

一、1993—2000年为预探发现阶段

预探井滴西5井在石炭系3650～3665m井段试油，使用7.5mm油嘴，获气10740m^3/d，

水 32.03m^3/d，标志着滴南凸起石炭系火山岩气藏的发现。

二、2000—2005 年为勘探展开阶段

2004 年 3 月滴西 10 井在石炭系 3070～3084m 井段，针阀控制试产，获得油 5.26t/d、气 120783m^3/d。同年 4 月在石炭系 3024～3048m 井段，经酸化压裂后，针阀控制试产，又获得油 6.78m^3/d、气 202390m^3/d 的高产，发现了滴西 10 井区块石炭系凝析气藏。2005 年在滴西 10 井区石炭系提交天然气探明地质储量 $20.20\times10^8m^3$，成为克拉美丽气田的发现井。

三、2006—2008 年为发现和储量快速增长阶段

2006—2007 年，相继发现了滴西 14、滴西 17、滴西 18 井区的石炭系凝析气藏，2008 年，滴西 17、滴西 14、滴西 18 及滴西 10 井区共提交新增天然气探明储量 $1033.14\times10^8m^3$。

四、2009 年至今为外甩探索及准备阶段

共分四个层次开展勘探部署：一是主攻滴北凸起：部署泉 6 井、泉 8 井、滴中 2 井和滴北二维；二是深化白家海凸起—五彩湾凹陷：部署彩 60 井和二维攻关线；三是探索大井地区：部署大井 1 井、大井 2 井和石钱滩二维；四是准备滴南—白家海—沙南地区：部署滴西 32 井、滴西 33 井、滴西 34 井、克美 1 井、沙帐 1 井、沙 23 井、建场测深与攻关二维。其中泉 6 井 2218～2232m 井段，压裂后获气 5880m^3/d，泉 8 井 2080～2099m 井段，压裂后获气 580m^3/d，2173～2185m 井段，压裂后获气 670m^3/d、水 7.21m^3/d；大井 1 井钻遇厚气层，试油见气；滴西 32 井钻遇厚气层，试油见气；除滴西 33 井在石炭系角砾凝灰岩 3518～3526m 试产获气 $4.1\times10^4m^3$/d、油 6.26t/d 外，该阶段勘探效果并不显著，勘探陷入困境。

2015 年随着克拉美丽千亿立方米气田实现快速整体探明且高效开发，滴南凸起乃至整个克拉美丽山前环带石炭系勘探进入全新的勘探评价一体化阶段。预探按照寻找第二个克拉美丽气田的思路，分甩开、拓展、风险三个层次展开研究部署。2015 年上钻美 2 井、美 3 井、美 4 井，因物性较差而失利。2016 年部署滴探 1 井、美 5 井、美 6 井及风险探井滴泉 1 井。其中滴探 1 井，在巴塔玛依内山组获得工业气流，在松喀尔苏组下亚组获低产气流。美 6 井在巴塔玛依内山组获工业气流；滴泉 1 井在巴塔玛依内山组见到油气显示。

第三章　准东地区石炭系火山岩岩性特征

火山岩储层的分布与岩性密切相关，岩性是火山岩油气储层研究的基础，准确地识别和刻画火山岩岩性，提高火山岩岩性识别的准确率，对火山岩岩相划分、地层对比及储层评价具有重要意义。因此确定火山岩的岩性和识别不同火山岩是火山岩储层表征的重点内容之一。受喷发岩浆性质、喷发模式等因素的影响，火山岩的矿物成分、结构、构造相当复杂，与沉积岩相比，不同类型的火山岩在储集特征、岩相、成藏方面差异极大。

第一节　野外剖面宏观分析

选取研究区内的三条典型露头和剖面作为剖面踏勘、测量、拍摄、取样地点。自西向东分别为滴水泉剖面、白碱沟剖面、双井子剖面（图3-1）。根据野外石炭系典型剖面踏勘及测量的成果，准东地区石炭系以火山岩（火山喷出岩、火山碎屑岩）和沉积岩为主。其中火山岩基—酸性熔岩均有发育，以中—基性熔岩为主，同时发育火山角砾岩和凝灰岩层；沉积岩可见砾岩、砂岩、粉砂岩和泥岩。

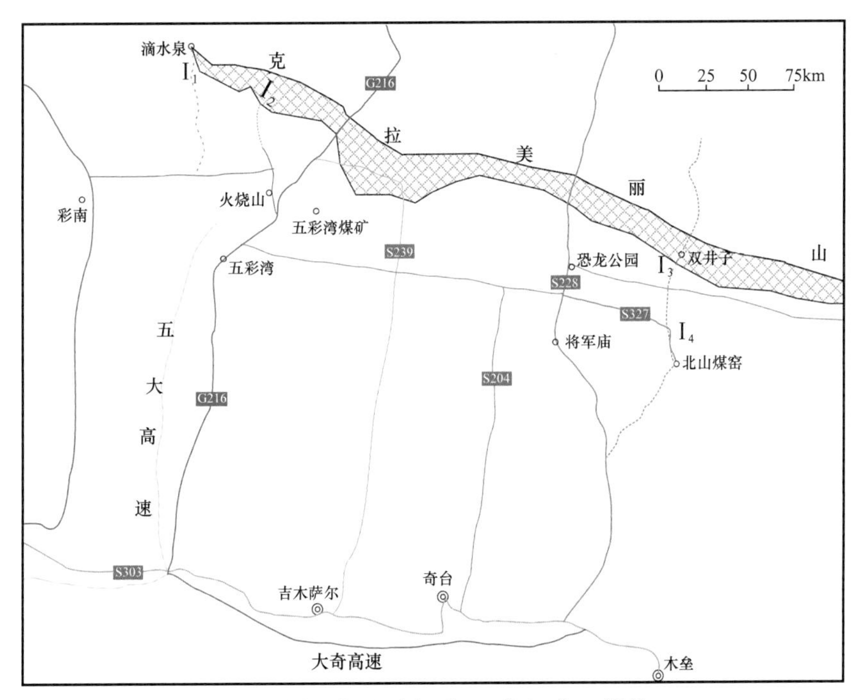

I_1—滴水泉　I_2—白碱沟　I_3—双井子　I_4—石钱滩

图3-1　准噶尔盆地东部野外露头剖面位置

一、滴水泉剖面

滴水泉剖面位于克拉美丽山西端，自下而上出露下石炭统、中—下侏罗统及下白垩统，以下石炭统滴水泉组（C_1d）最为典型。滴水泉组自20世纪50年代被提出至今，经历了多次调整，目前根据前人的野外考察和研究成果，基本能达成统一的认识：滴水泉剖面石炭系按岩性和古生物分为南北两部分（图3−2），北部为含海岸构造和植物化石的海陆过渡相层（图3−2，①），主要为灰黑色碳质泥岩、深灰色泥岩、灰色砂岩夹薄层泥质灰岩组成，为下石炭统主要的烃源岩；南部为含海相动植物化石的海相地层，主要为灰绿色砂泥岩和灰色砂泥质灰岩组成（图3−2，②）。由于构造复杂，南北地层上下关系至今存疑，考虑该地区早石炭世构造运动以洋盆关闭为主，因此本次以北部海陆过渡相为上层绘制地层柱状图（图3−3）。

图3−2　准噶尔盆地东部滴水泉剖面（45°15′50.62″N，88°45′5.88″E）

北部层段剖面位于北部安山岩脉下滴水泉泉眼附近，主要为深灰色—灰黑色碳质泥页岩夹灰色粉砂、灰黄色泥灰岩（图3−4）。粉砂岩、泥岩中可见植物化石，粉砂岩中还可见羽状交错层理（图3−5b），泥灰岩中可见生物扰动痕迹和叠锥构造（图3−5c、d）。根据灰黑色页岩、灰黄色砂岩和灰黄色泥质灰岩及其生物痕迹初步判断北部剖面可能为海陆过渡的潮坪环境。

南部主要为褐红色—灰绿色泥岩、含砾砂岩夹泥质灰岩，石灰岩中可见以腕足类和海百合为主的大量海相化石（图3−5e、f）。滴水泉南部剖面根据岩层所夹泥灰岩中的古生物化石可以初步确定其为滨浅海环境。

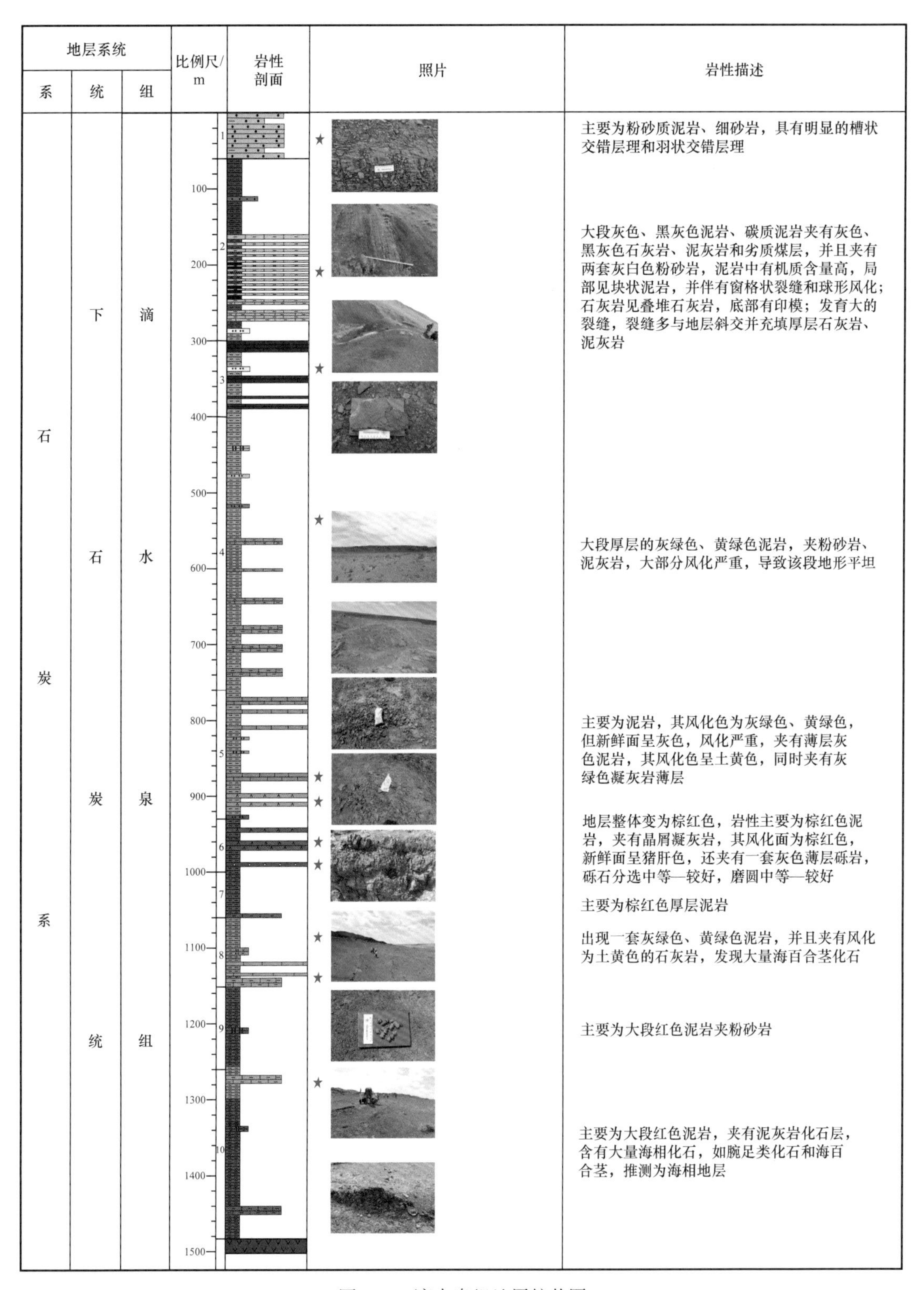

图 3-3　滴水泉组地层柱状图

图 3−4 泥岩夹泥灰岩（45°16′28.18″N，88°45′21.25″E）

(a) 块状泥岩

(b) 羽状交错层理

(c) 生物扰动痕迹

(d) 叠锥构造

(e) 腕足类化石

(f) 海百合化石

图 3−5 滴水泉剖面地层特征及化石

二、白碱沟剖面

白碱沟剖面位于准东克拉美丽山西南缘，分为东沟和西沟两个基本平行的剖面，主要出露下石炭统松喀尔苏组（C_1s）和上石炭统巴山组（C_2b）。本次主要对西沟剖面的下石炭统松喀尔苏组（C_1s）开展了探勘和测量。

通过对白碱沟西沟剖面松喀尔苏组踏勘发现，松喀尔苏组以火山岩为主夹沉积岩（图 3–6a），火山岩中所夹沉积岩主要是灰黑色—黑色的碳质粉砂—泥页岩（图 3–6a、b），见少部分砂砾岩。火山岩主要为灰黑色—灰绿色基—中性喷出岩（图 3–6c），局部见肉红色流纹岩（图 3–6d）、灰黄色角砾岩和灰绿色凝灰岩，基—中性喷出岩气孔杏仁构造发育（图 3–6e）；火山碎屑岩主要为基—中性熔岩质角砾岩（图 3–6f）和凝灰岩。据此，绘制了岩性柱状图（图 3–7）。

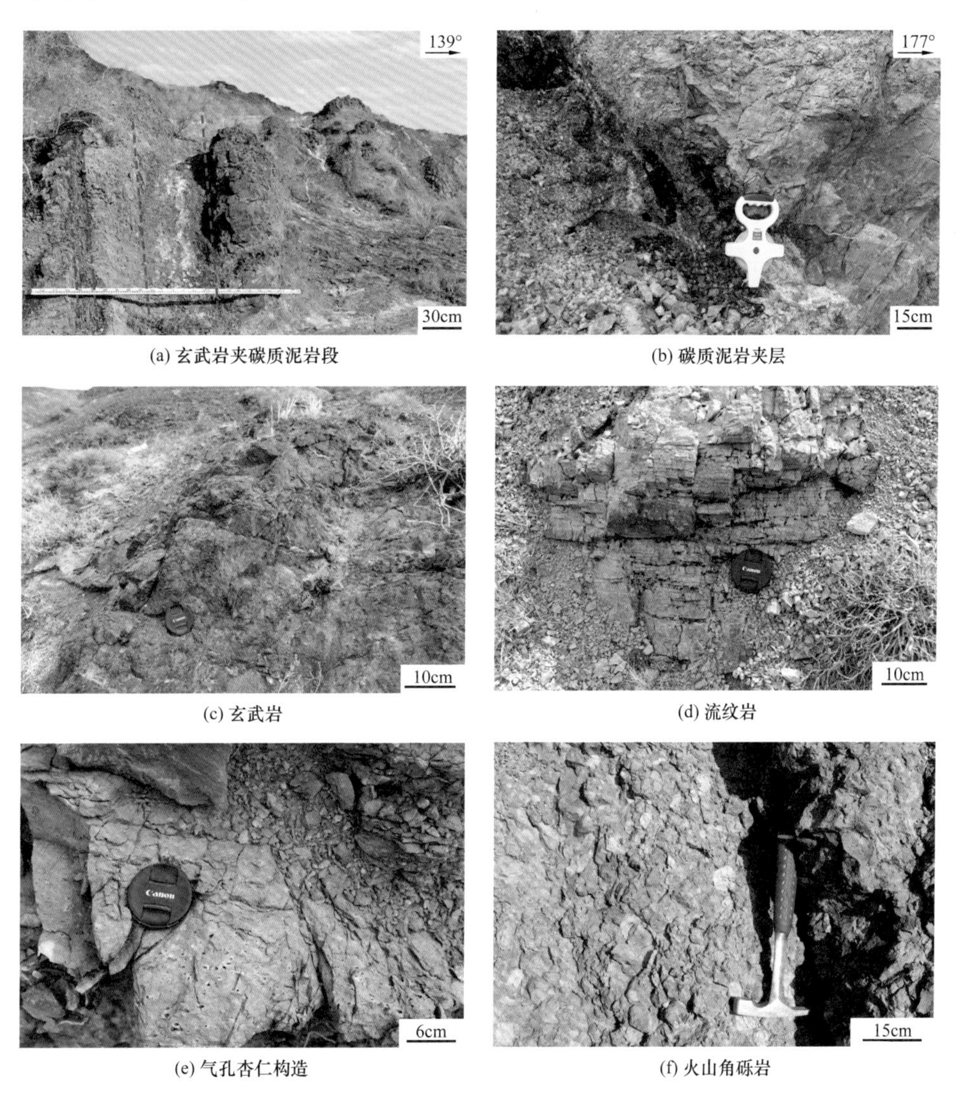

(a) 玄武岩夹碳质泥岩段　(b) 碳质泥岩夹层

(c) 玄武岩　(d) 流纹岩

(e) 气孔杏仁构造　(f) 火山角砾岩

图 3–6　白碱沟西沟剖面松喀尔苏组构造及物性特征

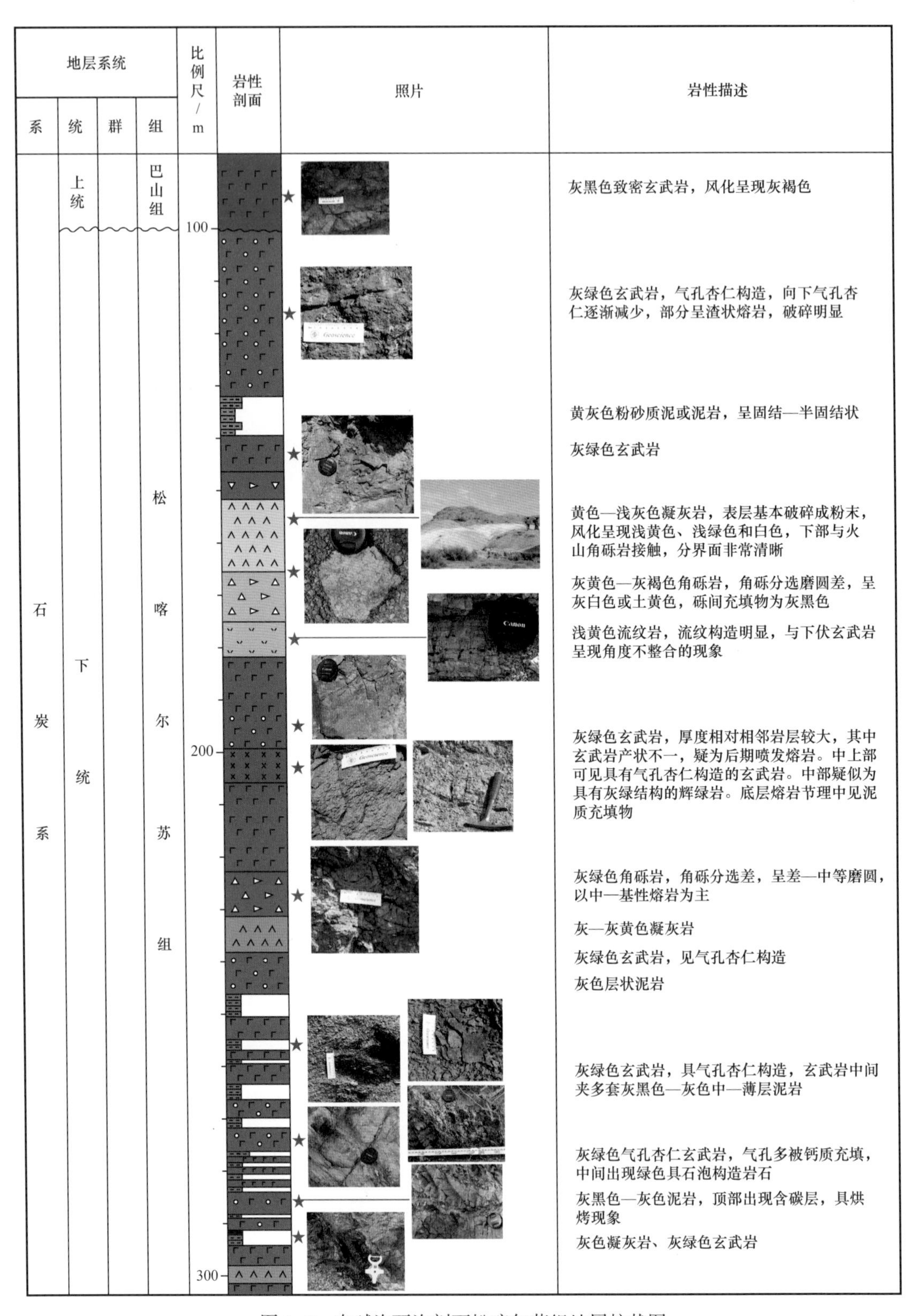

图 3-7　白碱沟西沟剖面松喀尔苏组地层柱状图

通过踏勘测量，将松喀尔苏组自下而上主要分为：（1）火山熔岩夹沉积岩段；（2）火山角砾—熔岩段；（3）流纹岩—火山角砾—凝灰岩段；（4）火山熔岩夹沉积岩段。

松喀尔苏组底部为火山熔岩夹沉积岩段，火山岩多为玄武岩和安山岩，见气孔杏仁构造，沉积岩相对较薄，主要为粉砂—泥岩，见少部分砂砾岩。由于沉积层较柔软易受风化剥蚀，而火山熔岩致密坚硬，二者常呈现出凹凸起伏的差异风化特征（图 3-8）。

图 3-8　火山熔岩夹沉积岩段（45°02′12.58″N，89°2′3.82″E）

第②段沉积岩减少，火山岩厚度增大，主要为火山熔岩（玄武岩和安山岩）与火山碎屑岩的互层，火山碎屑岩多为火山角砾岩（图 3-9），见薄层凝灰岩，火山角砾多为灰绿色安山质角砾（图 3-10）和灰黑色玄武质角砾，少量达到了火山集块岩的标准，证明此处距火山口较近。

图 3-9　火山熔岩—火山角砾岩段
（45°02′24.35″N，89°02′15.15″E）

图 3-10　安山质角砾
（45°02′24.35″N，89°02′15.15″E）

第③段靠近上部位置，发育有一段颜色较浅的岩性段，主要为肉红色—浅黄色—浅灰绿色，与周围岩层区别明显。通过测量观察自下而上发育流纹岩、角砾岩和凝灰岩。

流纹岩主要为肉红色—浅黄色（图 3-11），可见明显的流纹构造（图 3-12）；角砾岩为浅黄色，主要是酸性岩角砾（图 3-13）；浅灰绿色的是凝灰岩（图 3-14）。顶部直接与第④段灰绿色玄武岩接触（图 3-15）。

图 3-11　流纹岩

图 3-12　流纹构造

图 3-13　酸性角砾岩

图 3-14　凝灰岩

图 3-15　玄武岩间沉积岩雨水冲刷形成的水道（45°02′12.58″N，89°2′3.82″E）

松喀尔苏组顶部以玄武岩为主，夹一段粉砂岩—泥岩，相比两端的玄武岩，沉积岩发生了明显的风化剥蚀，加上雨水冲刷，形成了水道。松喀尔苏组顶部到巴山组底，由含气孔杏仁玄武岩（图 3−16）变为致密玄武岩（图 3−17），颜色由灰绿色变成灰黑色（图 3−18）。

图 3−16　松喀尔苏组杏仁玄武岩

图 3−17　巴山组底致密玄武岩

图 3−18　松喀尔苏组灰绿色玄武岩和巴山组底部灰黑色玄武岩分界面（45°02′12.58″N，89°2′3.82″E）

三、双井子剖面

双井子剖面位于准噶尔盆地东北缘，克拉美丽山南部。双井子剖面底部为与松喀尔苏组（C_1s）对应的山梁砾岩段砾岩层，向上依次发育巴山组（C_2b）灰色、黄褐色安山质熔岩、灰色—黄绿色粉—细砂岩，顶部为含海相生物化石的石钱滩组（C_2sh）生物灰岩。据此绘制了岩性柱状图（图 3−19）。

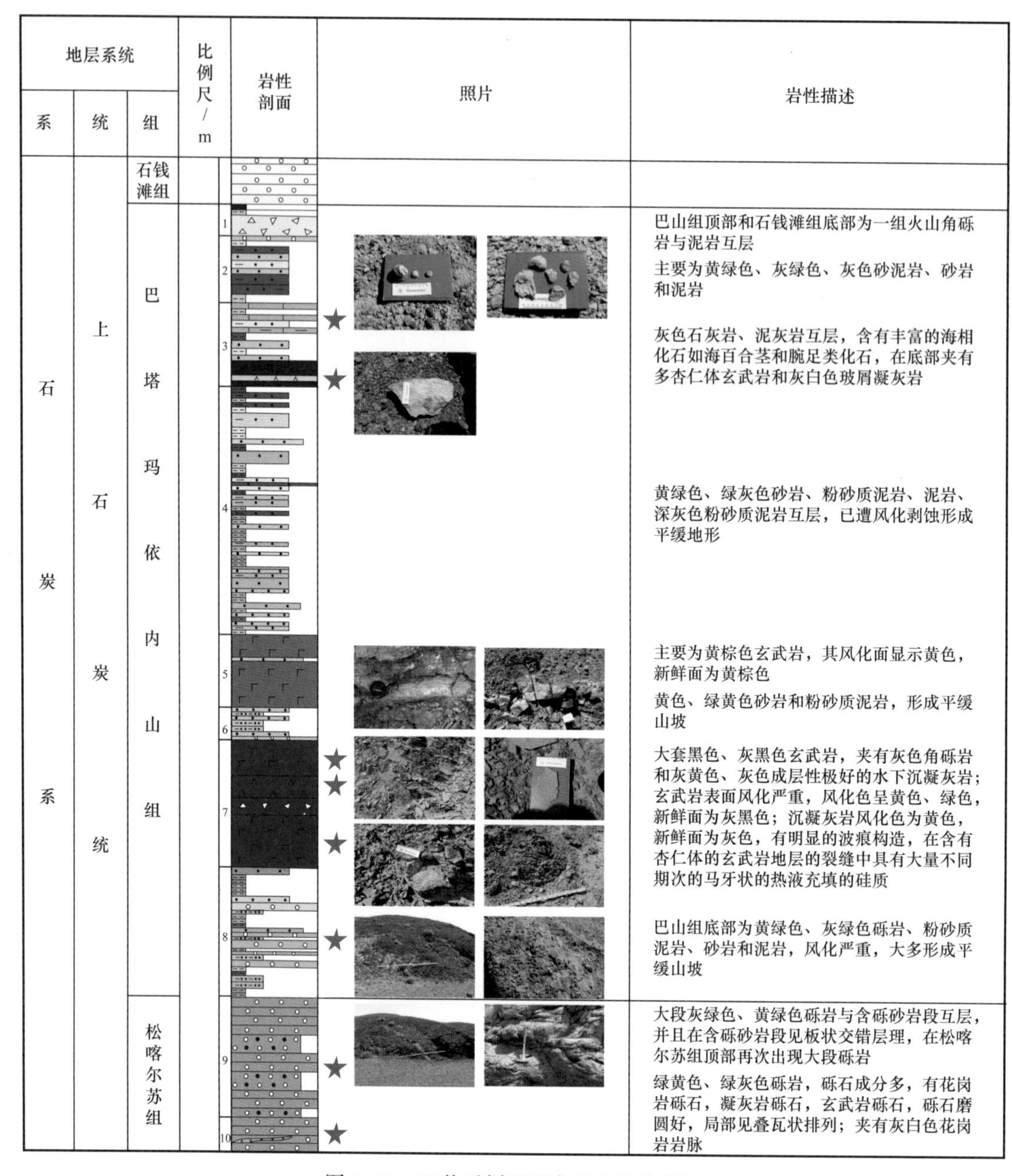

图 3-19　双井子剖面石炭系地层柱状图

双井子剖面松喀尔苏组也被称为山梁砾岩段，以灰绿色—灰黄色砂砾岩为主夹砂岩（图 3-20a），在一棵树位置见侵入岩脉（图 3-20b）。

剖面向南进入巴山组，双井子剖面巴山组为沉积岩为主夹火山岩，火山岩为中基性熔岩。下部夹厚层中基性火山熔岩（图 3-21a），同时火山熔岩层中可以见到隐爆角砾岩被硅质充填（图 3-21b），说明在该时期双井子地区火山活动相对活跃并且距离火山口较近。由于差异风化的结果，沉积岩被风化剥蚀较多，而相对致密坚硬的火山岩则形成山峰（图 3–21c）；巴山组上部主要发育灰色砂泥岩夹薄层火山岩，并且在靠近上部的岩层上发现了波痕（图 3–21d），说明巴山组沉积末期该地区进入了具有波浪条件的环境，与相邻的石钱滩组沉积时期的海相环境相呼应。

(a) 松喀尔苏组砾岩夹砂岩
(44°47′01.72″N，90°22′40.59″E)

(b) 侵入岩脉
(44°47′07.10″N，90°23′4.10″E)

图 3–20 双井子剖面松喀尔苏组地层特征

(a) 中基性熔岩　(b) 隐爆角砾岩　(c) 熔岩形成的山峰　(d) 波痕

图 3–21 双井子剖面巴山组地层特征

沿剖面再往南出山，进入了石钱滩组，岩性变为以泥、砂质灰岩、生物碎屑灰岩（图 3–22a、b）、砂砾岩等碎屑岩为主的碳酸盐岩层段，可见珊瑚、海百合等海相化石（图 3–22c、d），标志着该区晚石炭世末期为海相环境。

(a) 泥灰岩与生物碎屑灰岩互层　(b) 生物碎屑灰岩镜下照片

(c) 珊瑚、海百合化石　(d) 腕足类化石

图 3-22　双井子剖面石钱滩组地层及化石特征（44°46′35.2″N，90°20′38.59″E）

四、祁家沟剖面

祁家沟剖面虽然位于准噶尔盆地南缘，但是其距准东地区较近，并且前人研究发现祁家沟剖面柳树沟组火山岩和准东地区巴山组火山岩形成的时间基本一致，且形成环境具有相似性，因此具有一定的可对比性和参考意义。祁家沟剖面位于准噶尔盆地南缘乌鲁木齐市东南 20km 处（图 3-23），剖面主要出露上石炭统柳树沟组和祁家沟组，按发育时间分别对应准东地区巴塔玛依内山组和石钱滩组。绘制的地层柱状图如图 3-24 所示。

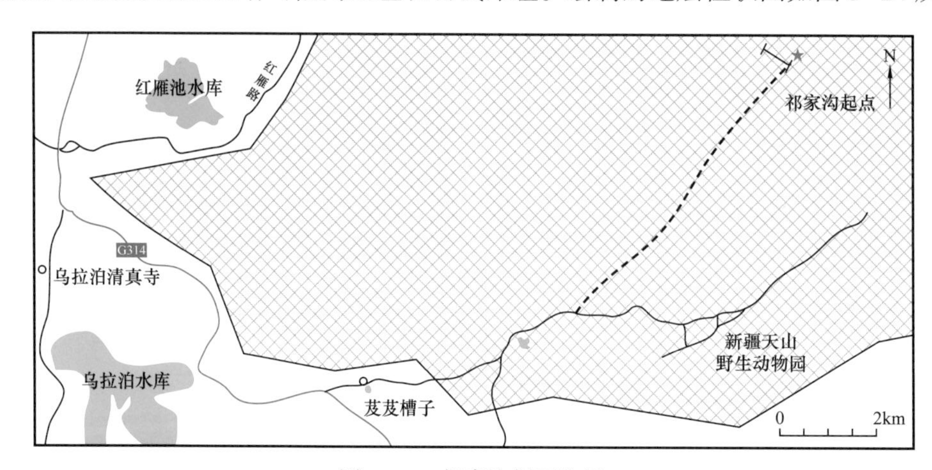

图 3-23　祁家沟剖面位置

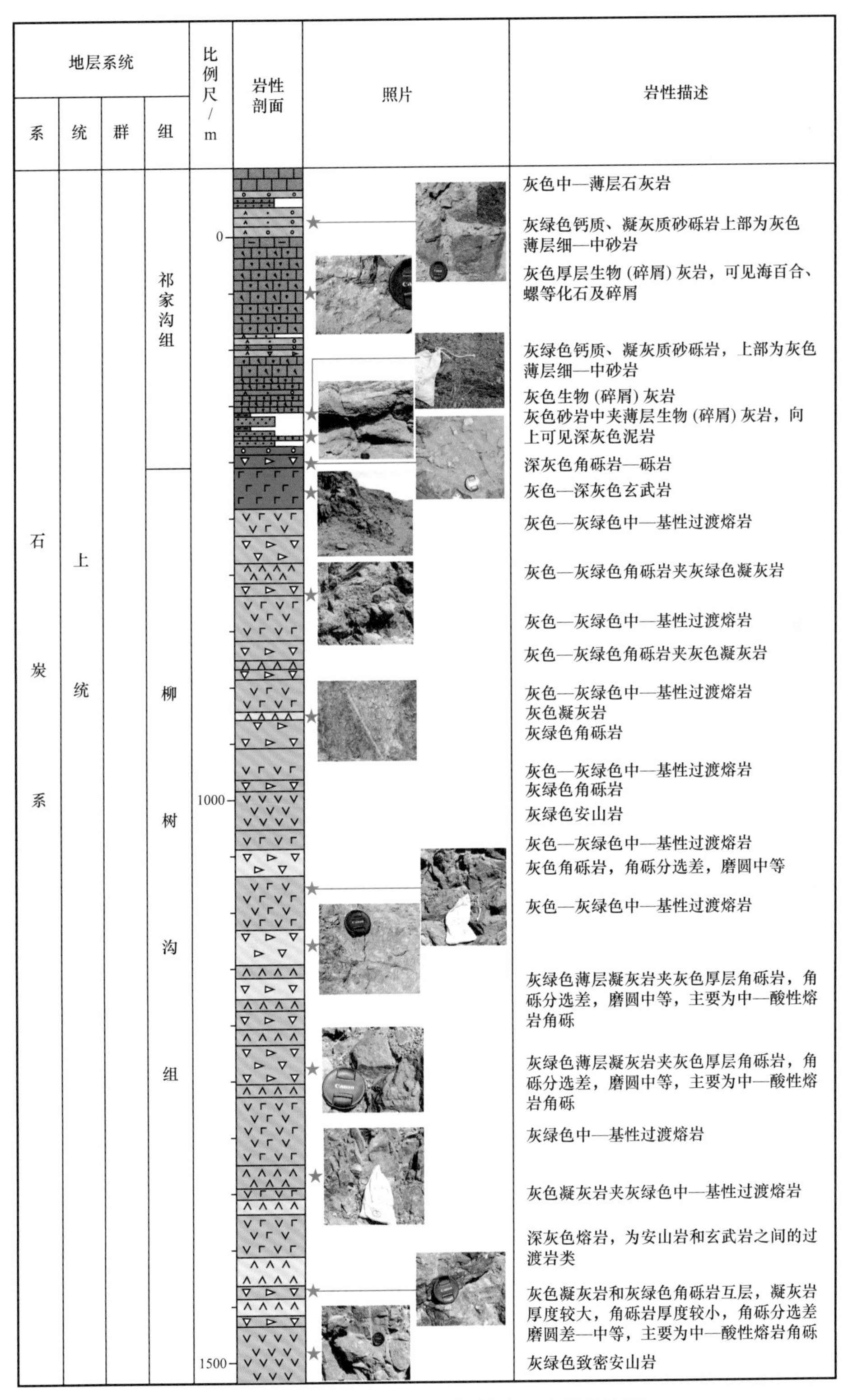

图 3-24 祁家沟野外剖面柳树沟组地层柱状图

柳树沟组以火山岩为主，岩性主要为灰绿色基—中性熔岩、安山质角砾岩、凝灰质角砾岩、中酸性的凝灰岩夹安山玢岩、英安斑岩及少量的砂砾岩（图 3-25）。与准东地区上石炭统巴山组具有相似的岩性特征。

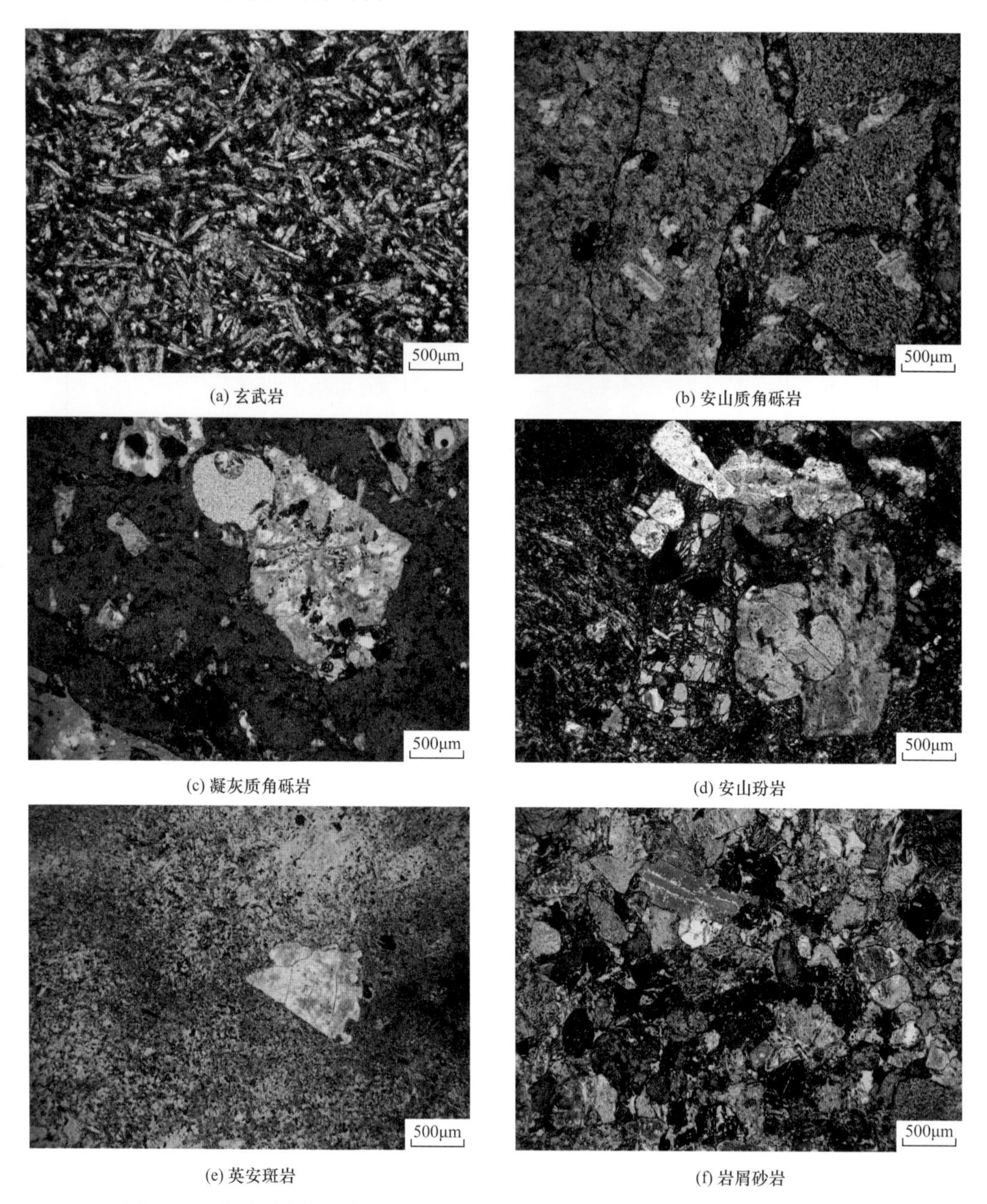

(a) 玄武岩　(b) 安山质角砾岩　(c) 凝灰质角砾岩　(d) 安山玢岩　(e) 英安斑岩　(f) 岩屑砂岩

图 3-25　祁家沟剖面柳树沟组主要岩性特征（43°43′29.42″N，88°50′52.52″E）

祁家沟组与下伏柳树沟组呈整合或假整合接触，主要发育灰色生物介壳鲕粒灰岩、凝灰质砂砾岩、沉凝灰岩、泥岩及石灰岩和火山岩互层（图 3-26），与准东地区上石炭统石钱滩组地层具有相似的岩性特征。

(a) 生物介壳鲕粒灰岩　(b) 生物介壳鲕粒灰岩

(c) 沉凝灰岩　(d) 泥岩　(e) 凝灰质砾岩

图 3-26　祁家沟剖面祁家沟组主要岩性特征（43°43′21.63″N，87°49′49.91″E）

第二节　火山岩岩石学特征

准噶尔盆地东部石炭系火山岩具有岩性类型多样、分布范围广泛的特征。通过准东地区克拉美丽山前石炭系典型露头的踏勘测量以及滴西、滴水泉、五彩湾等井区已完钻的测井资料综合解释，对该区石炭系的岩性进行了大致分类，主要分为火山活动时期的火山岩和间歇期的沉积岩（图 3-27），其中火山岩又划分为火山熔岩类、火山碎屑岩类、次火山岩类、火山碎屑熔岩类及火山沉积岩类。该地区火山熔岩包括了玄武岩、安山岩、玄武安山岩、英安岩、流纹岩；火山碎屑岩类包括凝灰岩、火山角砾岩；次火山岩类包括辉绿岩、安山玢岩、霏细斑岩等；火山沉积岩类包括沉凝灰岩、沉火山角砾岩、凝灰质砂岩、凝灰质砂砾岩等；火山碎屑熔岩类包括角砾熔岩和凝灰熔岩。

根据野外露头、井下钻遇火山岩可以发现，准东地区火山岩以基性—中性火山岩为主，可见少量酸性岩。火山间歇期的沉积岩多以泥岩为主，野外露头的少部分区域和井下可见砂、砾岩。

通过对 4 条野外剖面、97 块野外采集的手标本、69 口重点井、500 余张岩石薄片的观察研究，以及对 60 件火山岩样品的主量元素分析，研究区主要发育火山熔岩、次火山岩、火山碎屑岩、火山碎屑岩及沉积岩（表 3-1）。其中，火山熔岩类最为发育，其次为火山碎屑岩类（图 3-28）。

(a) 远火山口岩相组合 (b) 位置 ①溢流相玄武岩 (c) 位置 ②沉积岩 (d) 位置 ③溢流相玄武岩

图 3-27 白碱沟剖面石炭系岩性组合（45°02′13.67″N，89°02′7.70″E）

表 3-1 准东地区石炭系火山岩岩性分类

成分	次火山岩		火山熔岩		火山碎屑熔岩		火山碎屑岩		火山沉积岩	
	分类	结构构造	分类	结构构造	分类	结构构造	分类	结构构造	火山碎屑—沉积岩	沉火山岩
酸性	花岗斑岩	致密、碎裂、斑状	流纹岩	流纹、霏细、珍珠、斑状	集块	熔结	集块	流纹质、玻屑、晶屑	凝灰质砾岩	沉火山角砾
			珍珠岩		角砾		角砾		凝灰质砂岩	沉凝灰岩
			英安岩		凝灰		凝灰		凝灰质泥岩	
中性	安山玢岩	致密、碎裂、斑状	粗安岩	气孔、杏仁、斑状、交织	同酸性火山岩					
			安山岩							
			玄武安山岩							
基性	辉绿岩	辉绿结构	玄武岩	气孔、杏仁、块状、间粒间隐	同酸性火山岩					
超基性										

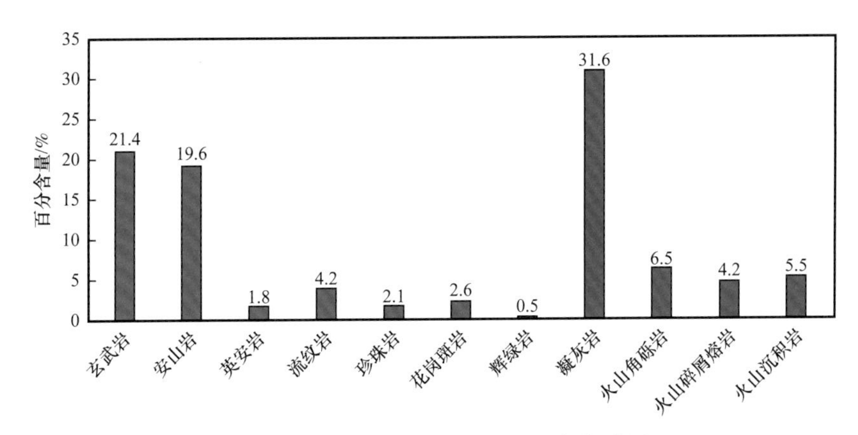

图 3-28 研究区石炭系火山岩发育统计图

研究区火山熔岩包括了玄武岩、安山岩、英安岩、流纹岩、珍珠岩等，占 49.1%；火山碎屑熔岩类包括火山碎屑熔岩和隐爆角砾岩，共占 4.2%；火山碎屑岩类主要包括凝灰岩、火山角砾岩及熔结火山碎屑岩三类，占 38.1%；火山沉积岩类包括沉凝灰岩、沉火山角砾岩、凝灰质砂岩、凝灰质砂砾岩等，占 5.5%。除此之外，研究区还有少量的浅层侵入岩，包括花岗斑岩、辉绿岩，占 3.1%。一些常见的代表岩性的岩心及镜下特征如图 3-29 所示。

一、火山熔岩类

准东地区火山熔岩分布较为广泛，滴西、五彩湾等井区均有发育，主要发育玄武岩、安山岩和流纹岩等基—酸性岩类。通过统计发现熔岩以中—基性岩为主。

1. 玄武岩

为基性火山熔岩，包括玄武岩、玄武安山岩，颜色较深，呈褐灰色、深灰色、暗黑色，风化面呈紫红或深褐色，具斑状结构、间粒结构、间隐结构，块状构造和杏仁构造。斑晶矿物成分主要为基性斜长石、单斜辉石、斜方辉石等，其中，暗色矿物多发生绿泥石化；基质由细板柱状斜长石搭成格架，格架间被粒状辉石、磁铁矿、绿泥石化玻璃质充填；部分玄武岩、玄武安山岩具杏仁构造及气孔构造；杏仁及气孔多呈椭圆状及不规则状，被绿泥石及方解石等矿物充填或半充填（图 3-30）。玄武安山岩气孔构造及杏仁构造多分布在每一期喷发的玄武岩的顶部及底部。研究区玄武岩分布广、厚度大，几乎在全区都有分布，在滴西井区、五彩湾井区、沙帐井区中部、北三台井区北部均具有较大的厚度。

在常规测井响应上，研究区玄武岩主要呈低自然伽马、高密度、较高电阻率和低声波时差。基性玄武岩的放射性最小，所以自然伽马数值偏低，一般在 20～60API，但是由于研究区玄武岩的气孔—杏仁构造较为发育，值会略微变大，含杏仁构造充填物质影响略显升高，区别较为明显。研究区玄武岩的密度常见在 2.5～2.7g/cm^3 之间，但是会受孔隙和裂缝影响，密度会稍有变化。研究区玄武岩的声波时差较低，数值在 50～60μs/m。

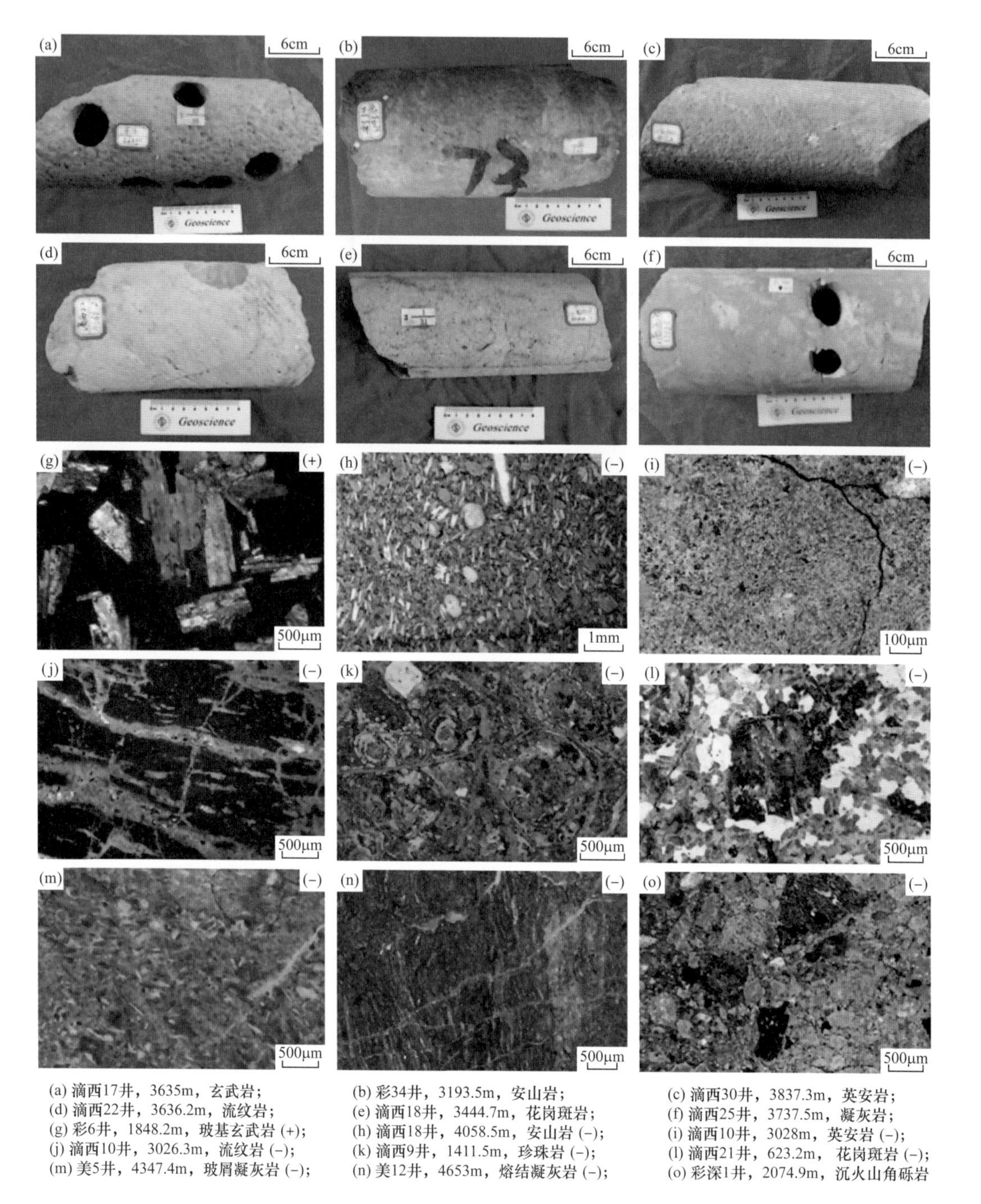

(a) 滴西17井，3635m，玄武岩；(b) 彩34井，3193.5m，安山岩；(c) 滴西30井，3837.3m，英安岩；
(d) 滴西22井，3636.2m，流纹岩；(e) 滴西18井，3444.7m，花岗斑岩；(f) 滴西25井，3737.5m，凝灰岩；
(g) 彩6井，1848.2m，玻基玄武岩 (+)；(h) 滴西18井，4058.5m，安山岩 (−)；(i) 滴西10井，3028m，英安岩 (−)；
(j) 滴西10井，3026.3m，流纹岩 (−)；(k) 滴西9井，1411.5m，珍珠岩 (−)；(l) 滴西21井，623.2m，花岗斑岩 (−)；
(m) 美5井，4347.4m，玻屑凝灰岩 (−)；(n) 美12井，4653m，熔结凝灰岩 (−)；(o) 彩深1井，2074.9m，沉火山角砾岩

图 3−29　准东石炭系火山岩岩心及镜下特征

在成像测井图像中，玄武岩一般显示为亮色的块状高阻特征，可见气孔—杏仁构造（图 3−31）。

2. 安山岩

安山岩为中性火山熔岩，呈灰色、褐灰色，具交织结构、斑状结构，块状构造、杏

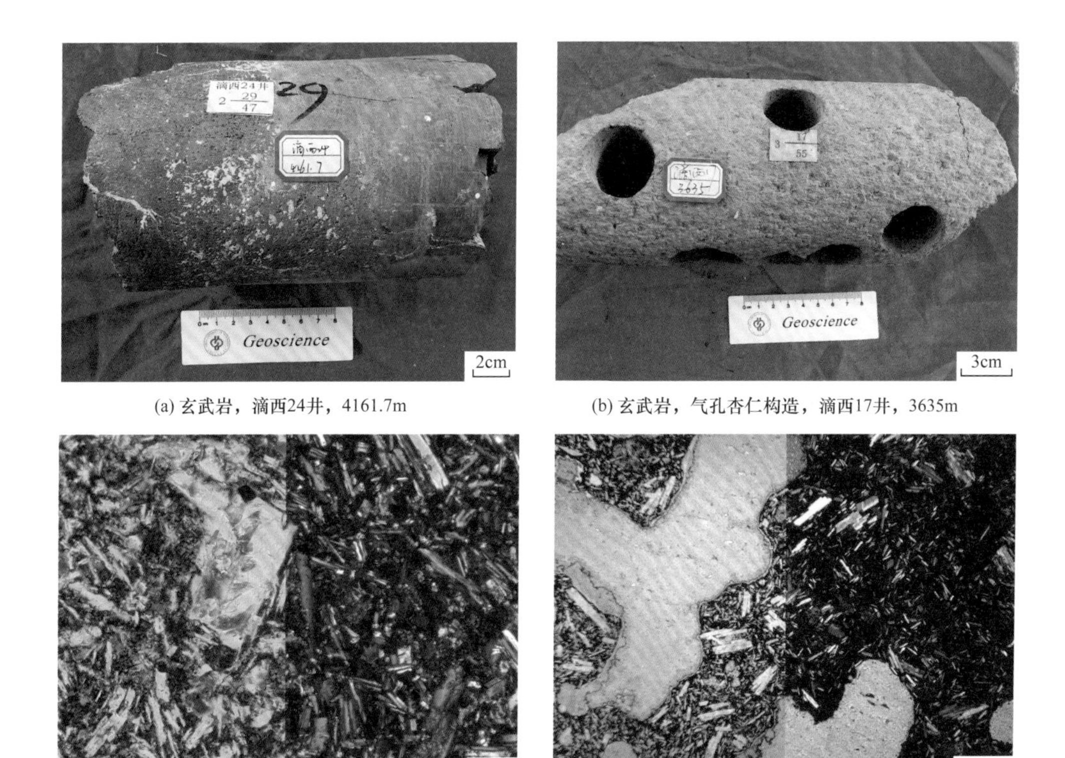

(a) 玄武岩，滴西24井，4161.7m

(b) 玄武岩，气孔杏仁构造，滴西17井，3635m

(c) 玄武岩，间粒结构，彩6井，1565.77m

(d) 玄武岩，间隐结构，滴西21井，2869.43m

图 3-30　准东石炭系玄武岩特征图

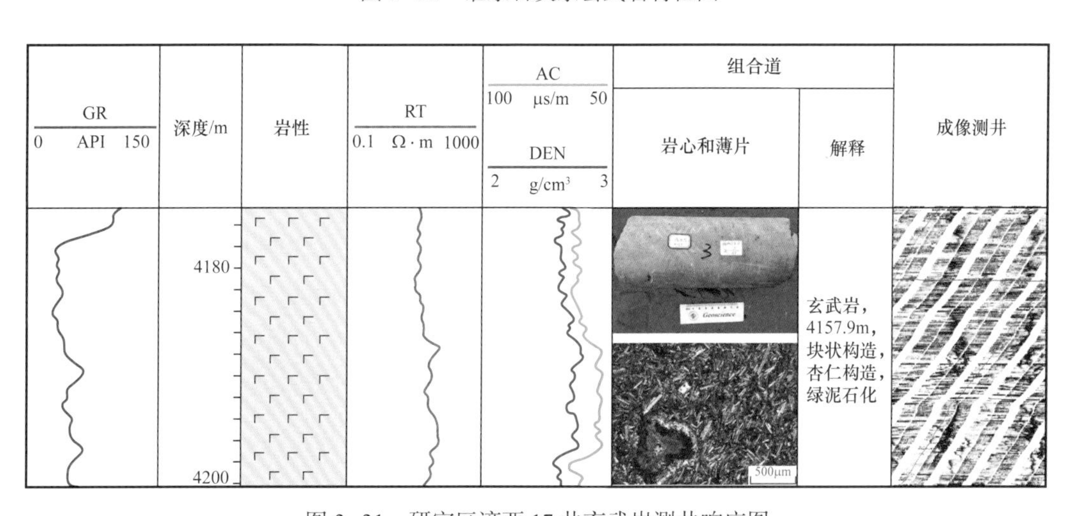

图 3-31　研究区滴西 17 井玄武岩测井响应图

仁状构造；斑晶主要为中基性斜长石，基质主要由细板条状斜长石组成，细板条状斜长石略成定向排列，细板条状斜长石间分布有绿泥石化玻璃质及微粒状磁铁矿；杏仁呈椭圆状及不规则状，多被硅质、绿泥石充填；其周边常伴生发育有粗面安山岩、英安岩等过渡类岩性（图 3-32）。

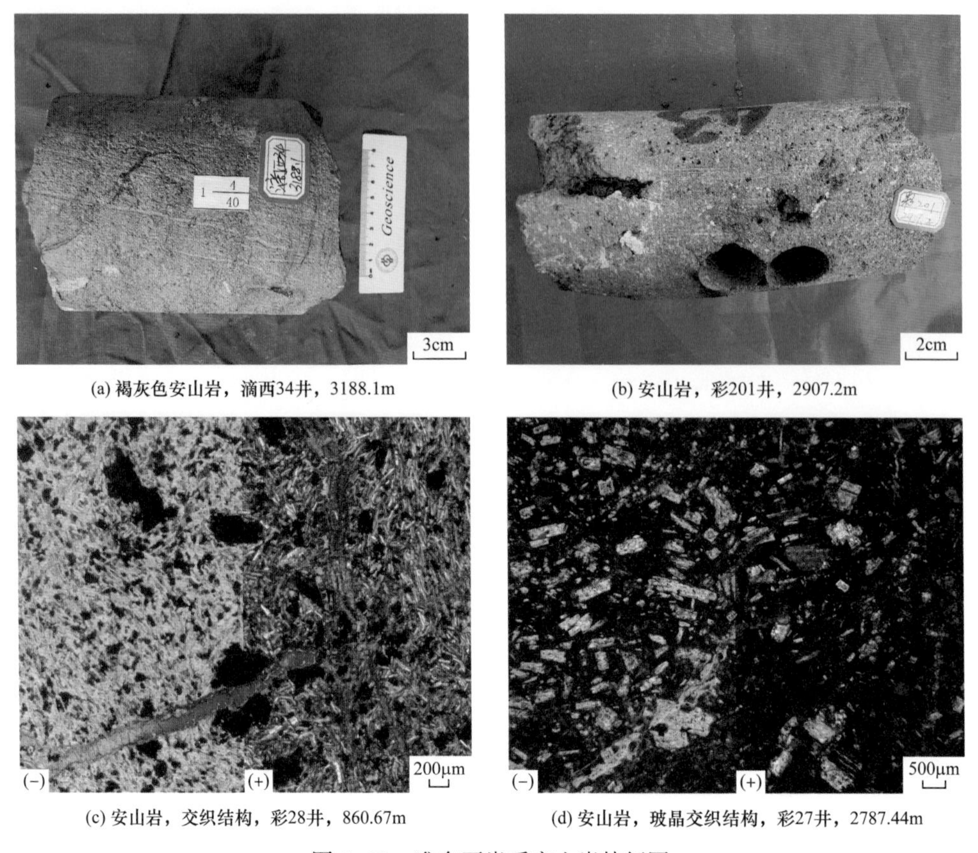

(a) 褐灰色安山岩，滴西34井，3188.1m

(b) 安山岩，彩201井，2907.2m

(c) 安山岩，交织结构，彩28井，860.67m

(d) 安山岩，玻晶交织结构，彩27井，2787.44m

图 3-32 准东石炭系安山岩特征图

在常规测井响应上，研究区安山岩主要呈中低自然伽马、高密度、高电阻率和低声波时差。由于中性安山岩中 K^{40} 的含量略高于玄武岩，故其放射性较大，数值比玄武岩高，一般在 100～120API，主要由于研究区安山岩的气孔—杏仁构造非常发育，所以自然伽马值会变大。研究区安山岩的密度在 2.35～2.45g/cm^3 之间。声波时差较低，数值在 50～70μs/m，密度和声波时差均会受孔隙和裂缝的影响。在成像测井图像中，安山岩一般显示为亮色的块状高阻特征，可见气孔—杏仁构造，与玄武岩较为相似（图 3-33）。

安山岩在滴南凸起石炭系中分布范围十分广泛，主要分布于滴西 10 井、滴西 12 井、滴西 14 井、滴西 34 井等井中，而且厚度较大，是研究区火山熔岩的主要组成岩性。

3. 英安岩

英安岩为中酸性喷出岩，灰色或灰白色，斑状结构，斑晶多为中性斜长石，碱性斜长石较少，有时含少量石英。基质为细粒的长石、石英等，通常为玻璃质结构、玻基交织结构或霏细结构，有的具流纹构造（图 3-34）。英安岩常与流纹岩、粗面岩、安山岩及石英斑岩等共生。

英安岩在研究区的分布较为局限，仅在滴西 10 井、滴西 12 井和滴西 30 井有钻遇，常会与流纹岩和安山岩组成厚层火山熔岩层。

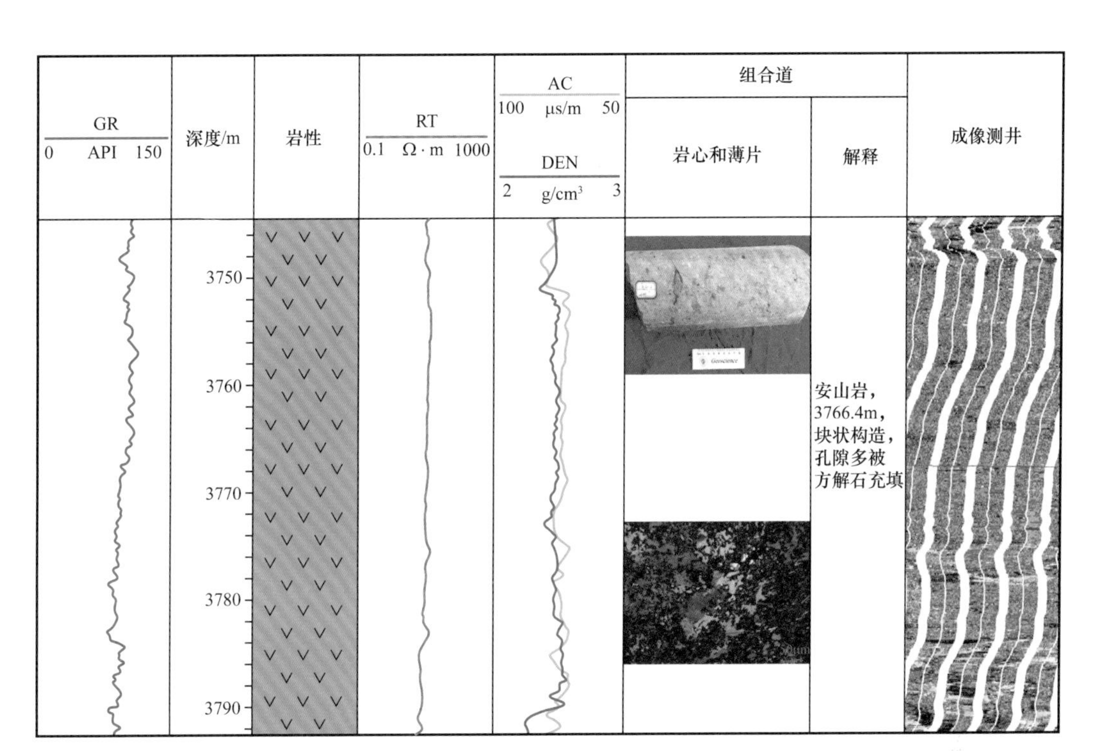

图 3-33 研究区滴西 12 井安山岩测井响应图

(a) 灰色英安岩，滴西30井，3837.3m
(b) 英安岩，滴西30井，3838.3m
(c) 英安岩，滴西30井，3837.6m
(d) 英安岩，滴西33井，3912m

图 3-34 准东石炭系英安岩特征图

4. 流纹岩

流纹岩为酸性火山熔岩，灰色、褐灰色，具玻璃质结构、霏细结构、斑状结构、球粒结构，流纹构造、石泡构造、珍珠构造。流纹岩中斑晶成分主要为透长石和石英，其次为酸性斜长石，有时发育气孔、杏仁构造；杏仁及气孔多呈圆状、椭圆状及不规则状，多被硅质充填或半充填（图 3-35）。流纹岩类根据斑晶种类、斑晶含量、基质结构、流

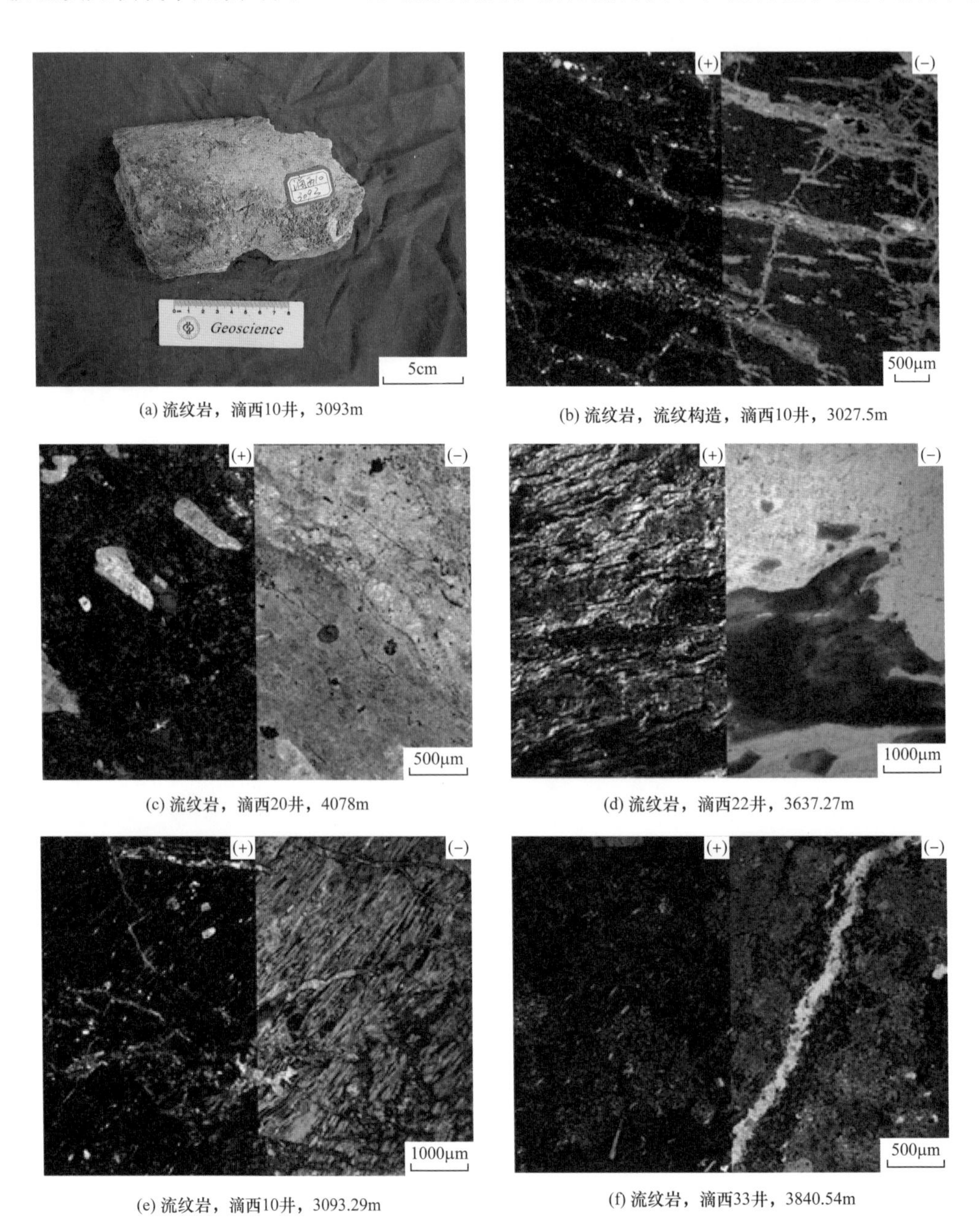

(a) 流纹岩，滴西10井，3093m
(b) 流纹岩，流纹构造，滴西10井，3027.5m
(c) 流纹岩，滴西20井，4078m
(d) 流纹岩，滴西22井，3637.27m
(e) 流纹岩，滴西10井，3093.29m
(f) 流纹岩，滴西33井，3840.54m

图 3-35　准东石炭系流纹岩特征图

纹构造等特征进一步划分为：英安质流纹岩、球粒状流纹岩、石泡流纹岩、霏细岩、珍珠岩。

在常规测井响应上，研究区流纹岩主要呈高自然伽马和低声波时差。酸性流纹岩的放射性最大，其自然伽马值最大，一般在120～150API。密度跨度较大，在2.1～2.7g/cm^{3}之间。声波时差较低，数值在50～60μs/m，密度和声波时差均会受孔隙和裂缝的影响。在成像测井图像中，流纹岩一般显示为暗色条纹排列特征，可见流纹构造（图3-36）。

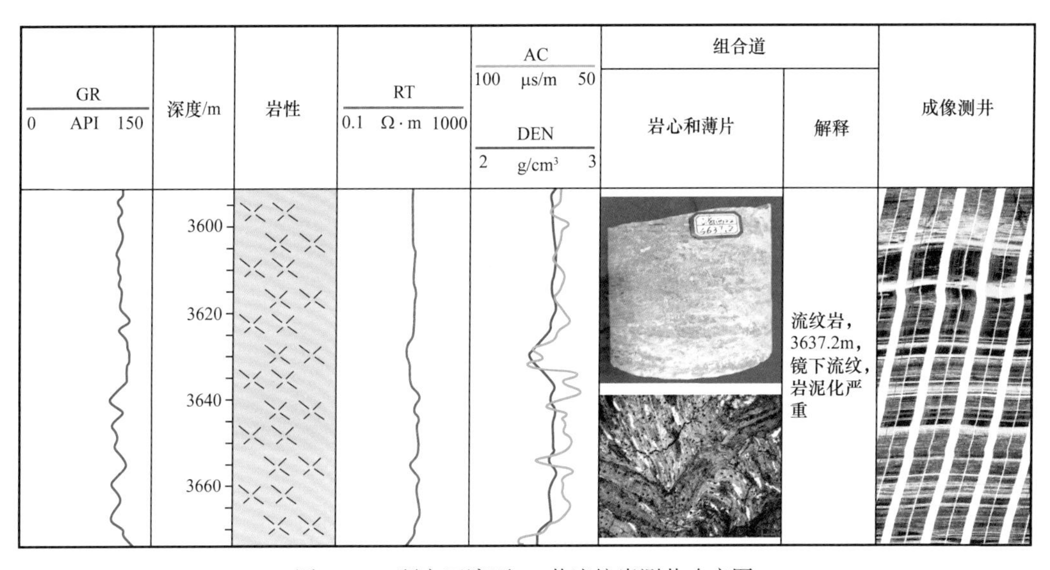

图3-36　研究区滴西10井流纹岩测井响应图

研究区的流纹岩分布范围较小，主要分布在滴西10井区，在滴西17井和滴西21井也可见少量的流纹岩，主要是因为酸性熔岩黏度较大，流动性不强，导致仅在少数井中钻遇。

5. 珍珠岩

珍珠岩是一种在火山作用过程中，喷溢出的熔浆遇水急剧冷却而形成的富水玻璃质岩石。研究区珍珠岩通常为灰白色，具玻璃质光泽，镜下可见珍珠构造（图3-37）。珍珠岩一般预示着周围有水体存在。

珍珠岩在常规测井响应中，以高自然伽马值为特征，数值在130～150API之间，甚至更大。电阻率偏高，声波时差偏低，数值在55～70μs/m之间，密度在2.3～2.45g/cm^{3}之间。在成像测井图像中，可以看出研究区的珍珠岩孔隙不发育或少发育，裂缝较为发育（图3-38）。

二、火山碎屑岩类

准东地区石炭系火山碎屑岩分布较广，几乎全区均有分布，以凝灰岩和火山角砾岩两种岩性为主。例如在白碱沟剖面、滴西井区的滴西14井、滴西18井区、彩53井、彩57井、彩203井等可见火山角砾岩；在白碱沟、滴水泉、滴西井区、五彩湾井区都普遍发育凝灰岩。

(a) 珍珠岩，滴西21井，3278.6m
(b) 珍珠岩，滴西21井，3277.31m
(c) 珍珠岩，滴西22井，3636.63m
(d) 泥化珍珠岩，滴西29井，3310.4m

图 3-37 准东地区石炭系珍珠岩特征图

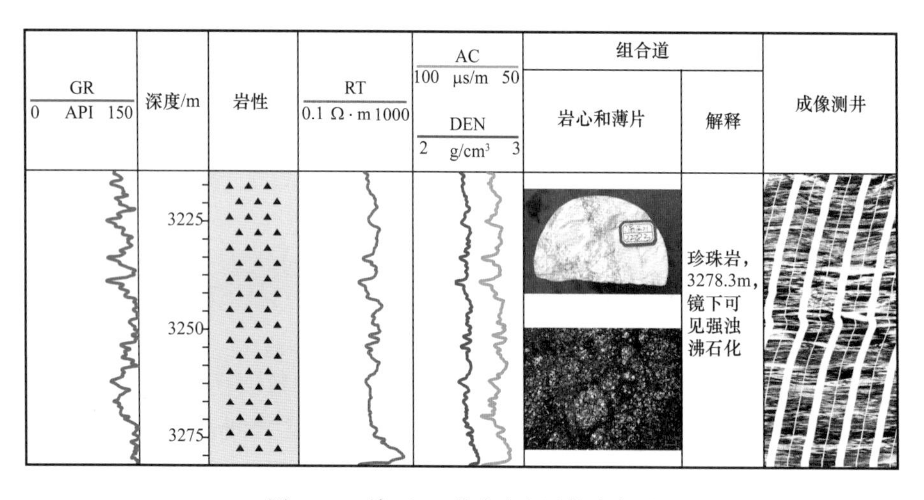

图 3-38 滴西 21 井珍珠岩测井响应图

1. 火山角砾岩

褐灰色、褐红色、灰色火山角砾岩和火山集块岩由火山角砾（粒径 2～64mm，＞50%）、集块（粒径＞64mm，＞50%）及凝灰质组成。角砾和岩屑成分在不同的井、不同层段变化较大，主要取决于火山喷发的岩浆的性质：在白碱沟剖面、滴西 17 井区、滴西18井区钻遇的石炭系火山碎屑岩中，火山角砾、岩屑成分主要为玄武岩、玄武安山岩、安山岩碎屑；滴西14井区、滴西10井区钻遇的石炭系火山碎屑岩中，火山角砾、岩屑成分主要为安山岩、英安岩及流纹岩碎屑；滴西14井区发育凝灰质火山角砾岩，角砾成分多样，大小较为均一。五彩湾井区，多口井的井段发育火山角砾岩，特别是彩深1井、彩53井、彩55井、彩58井段中火山角砾岩发育较多（图3-39）。

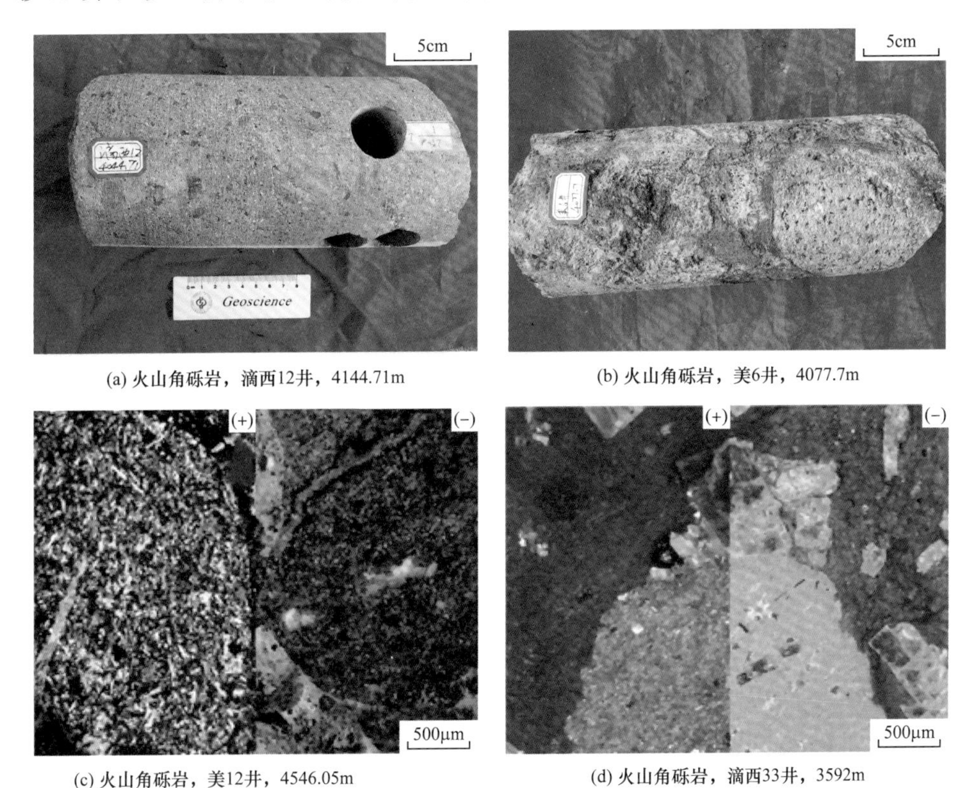

(a) 火山角砾岩，滴西12井，4144.71m　(b) 火山角砾岩，美6井，4077.7m

(c) 火山角砾岩，美12井，4546.05m　(d) 火山角砾岩，滴西33井，3592m

图3-39　滴南凸起石炭系火山角砾岩特征图

在常规测井响应上，研究区火山角砾岩和凝灰岩的曲线特征很像，呈低电阻率和高声波时差，电阻率曲线较为平直，数值在10～50Ω·m，声波时差值在70～80μs/m。研究区的火山角砾岩的密度一般比凝灰岩大，数值在2.5～2.8g/cm^3，曲线变化较大，在成像测井图像中，火山角砾岩中的角砾一般呈现颜色较亮的特征（图3-40）。

2. 凝灰岩

凝灰岩类型有凝灰岩和熔结凝灰岩，呈深灰色、灰褐色、褐红色凝灰岩。岩石主要由弧面棱角状玻屑、撕裂状浆屑、长石晶屑、岩屑及火山灰组成。火山碎屑的成分取决于岩浆的性质。凝灰岩在研究区分布范围较广，在白碱沟露头、滴水泉露头、五彩湾井区、滴西14井区、滴西10井区、滴西18等井区均有发育。凝灰岩成分有流纹质、安山质、玄武安山质、玄武质；凝灰岩中玻屑、浆屑多发生脱玻硅化、沸石化、绿泥石化，部分玻屑具氧化铁染呈褐红色（图3-41）。

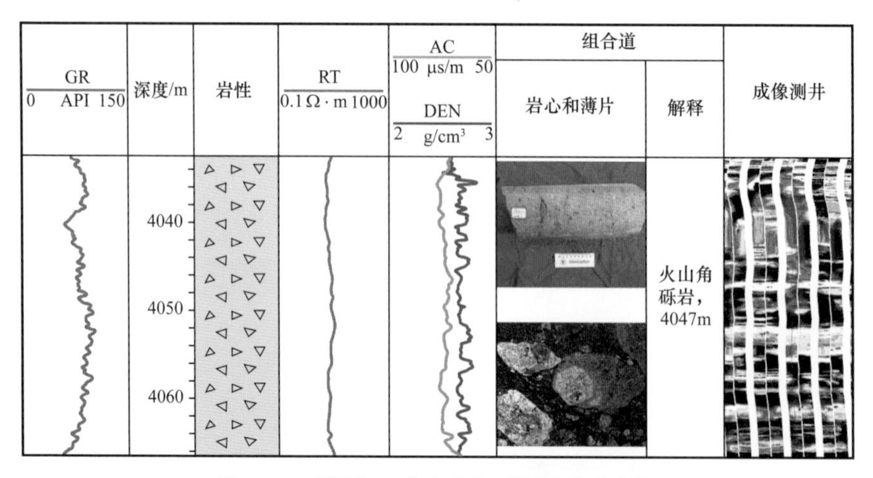

图 3-40 滴西 33 井火山角砾岩测井响应图

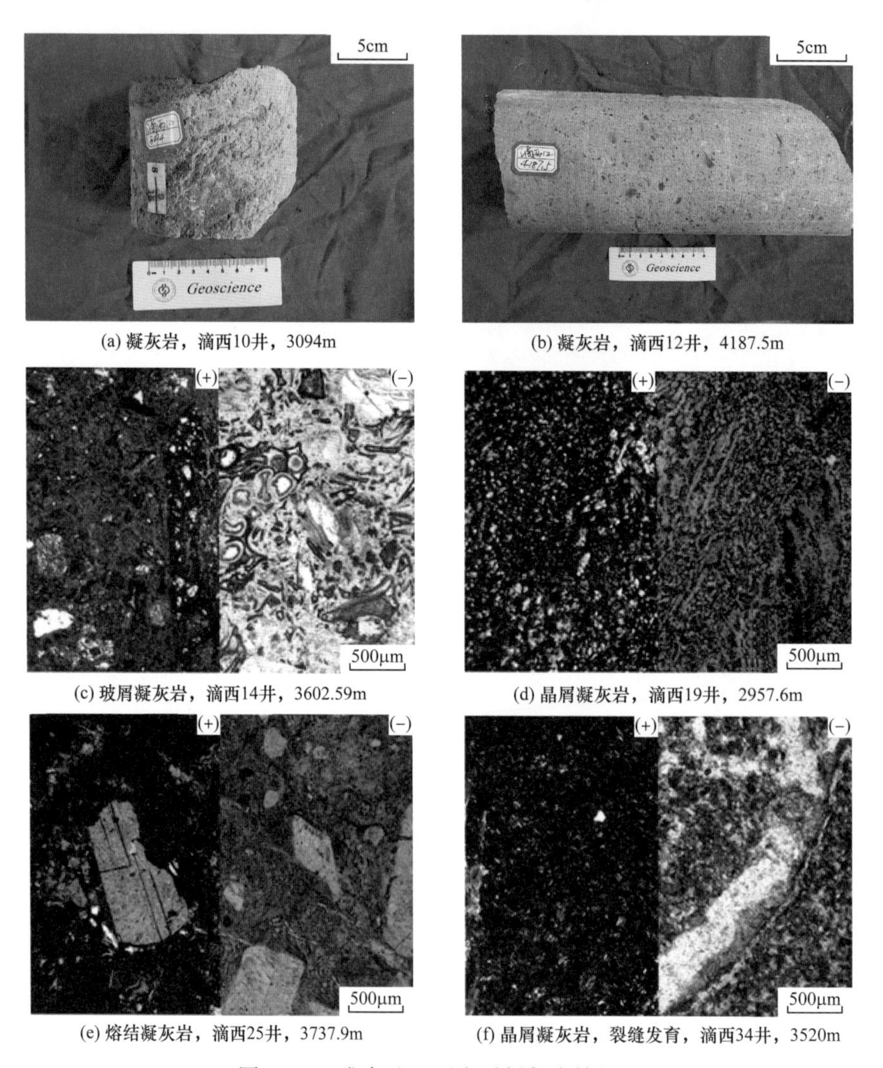

(a) 凝灰岩，滴西10井，3094m

(b) 凝灰岩，滴西12井，4187.5m

(c) 玻屑凝灰岩，滴西14井，3602.59m

(d) 晶屑凝灰岩，滴西19井，2957.6m

(e) 熔结凝灰岩，滴西25井，3737.9m

(f) 晶屑凝灰岩，裂缝发育，滴西34井，3520m

图 3-41 准东地区石炭系凝灰岩特征图

在常规测井响应上，研究区凝灰岩主要呈低电阻率和高声波时差的特征。研究区凝灰岩的电阻率的数值偏低，通常在10～40Ω·m，声波时差呈现高值，一般在60～75μs/m。凝灰岩的密度曲线变化不大，主要在2.1～2.4g/cm^3。由于自然伽马曲线主要根据岩石的放射性来识别岩性的，只能用来辅助识别组分含量，流纹质的值偏高，玄武质的偏低。在成像测井的图像中，可观察到凝灰岩中发育裂缝，呈现颜色较暗的线条（图3−42）。

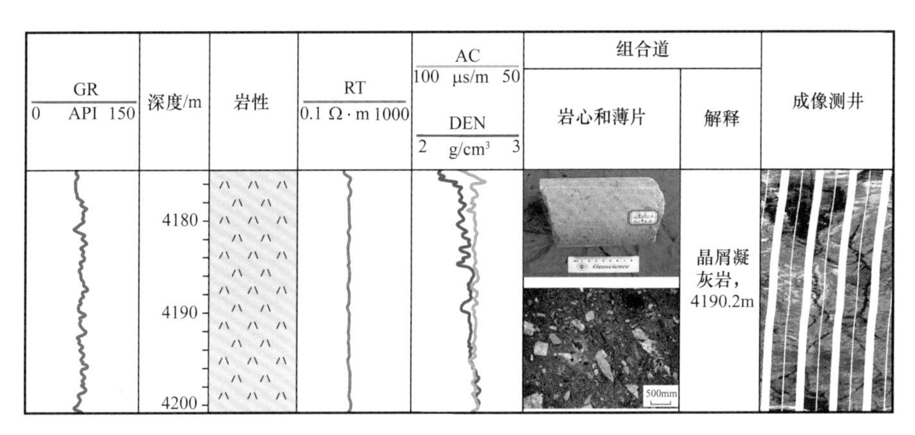

图3−42　滴西12井凝灰岩测井响应图

3. 火山集块岩

集块岩是粒径大于64mm的火山碎屑岩块，其中火山碎屑成分含量达50%以上，具有火山集块结构，通常分选较差，呈棱角—次棱角状，常分布在火山通道附近，未经过长距离搬运。研究区在白碱沟东沟剖面发现火山集块岩。

三、火山碎屑熔岩类

火山碎屑熔岩为火山碎屑岩向熔岩过渡的一种类型，其中火山碎屑物质含量变化大，介于10%～90%之间，含有大量的熔岩物质，火山碎屑物质则被熔岩胶结。火山碎屑熔岩形成原因多样，大多是先前形成的熔岩在炸碎之后和岩浆再次混合在一起形成火山碎屑熔岩。研究区火山碎屑熔岩不多，主要为角砾熔岩和凝灰熔岩（图3−43）。

(a) 角砾熔岩，彩6井，1783.08m

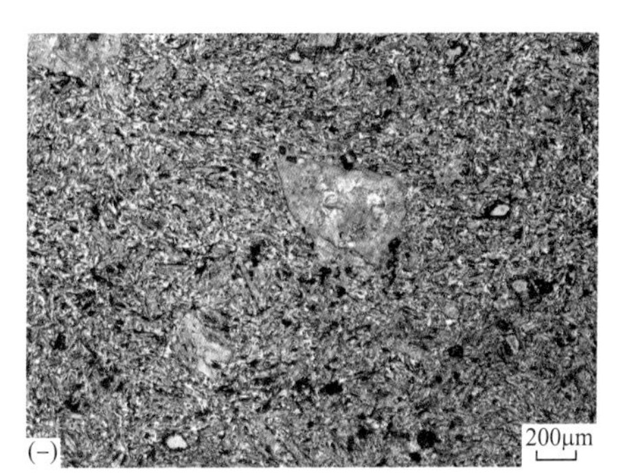

(b) 凝灰熔岩，滴西24井，4135.5m

图3−43　准东地区石炭系火山碎屑熔岩特征

（1）角砾熔岩：研究区角砾熔岩分布较少，在彩6井、北16井、滴西10井出现，多为流纹质角砾熔岩，可见球粒结构、流纹构造。

（2）凝灰熔岩：研究区凝灰熔岩分布较少，在滴西24井、沙西1井、彩28井出现，可见斑状构造、球粒结构、交织结构。

四、火山沉积岩类

这类岩石为火山碎屑岩向沉积岩过渡类型岩石，形成于火山作用和沉积改造的双重作用之下。当火山碎屑含量为50%～90%（50%～75%）时，为沉火山碎屑岩；当火山碎屑含量为10%～50%（＜50%～25%）时，为火山碎屑沉积岩。沉火山碎屑岩具有沉火山碎屑结构、凝灰质砂质结构，岩石类型主要是沉凝灰岩及凝灰质砂岩、凝灰质砂砾岩、凝灰质泥岩等，沉火山集块岩和沉火山角砾岩在工区比较少见。沉凝灰岩在五彩湾井区的彩深1井、彩2彩16井、彩53井等和滴西地区的滴西172井、滴西173井等均有分布且发育厚度较大。沉火山碎屑岩，多呈灰色、深灰色，具沉火山碎屑结构，组成岩石的碎屑主要为火山碎屑及陆源碎屑，其中火山碎屑含量大于50%，以火山灰物质为主，次为玻屑，部分晶屑，少量岩屑；陆源碎屑以泥质、砂质碎屑为主（图3-44）。火山沉积碎屑岩通常分布在远火山口地区，具有明显的成层构造。研究区火山沉积碎屑岩在上石炭统分布较为广泛。

(a) 凝灰质砂砾岩，滴西18井，4062m

(b) 凝灰质砂岩，滴西20井，3378m

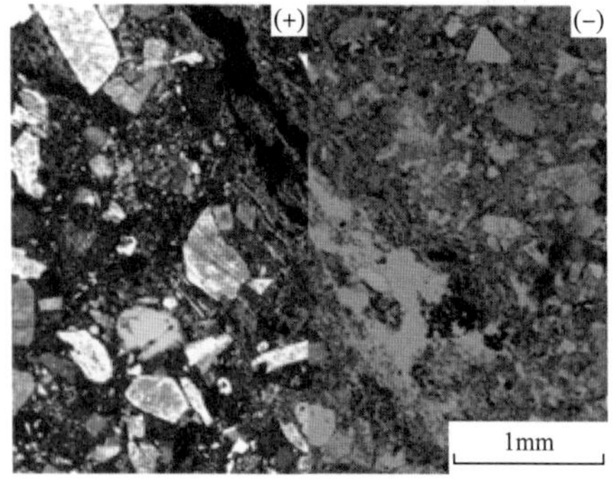

(c) 凝灰质砂岩，滴西20井，3379.35m

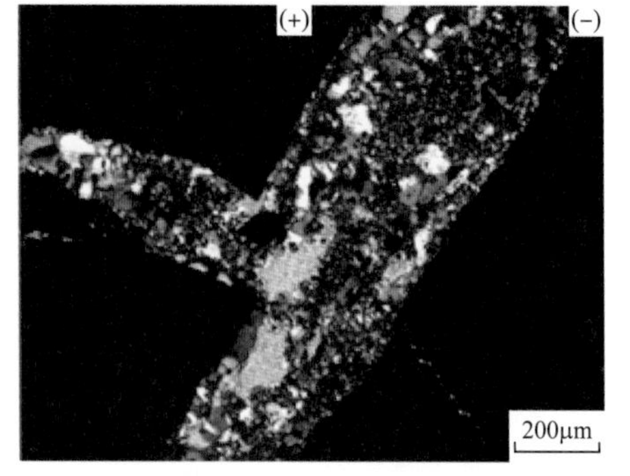

(d) 沉凝灰岩，滴西14井，3960.66m

图3-44　准东地区石炭系火山沉积岩特征图

（1）沉火山角砾岩：研究区沉火山角砾岩火山碎屑成分较粗，分选磨圆中等—差，火山碎屑为次棱角状—次圆状，在五彩湾井区和滴西井区局部分布。

（2）沉凝灰岩：研究区沉凝灰岩火山碎屑成分细，分选磨圆中等—差，具有一定的成层构造，在五彩湾井区、滴西井区、沙帐井区、北三台井区等均有分布，分布范围较沉火山角砾岩广，厚度较沉火山角砾岩厚度大。

（3）凝灰质砾岩 / 砂岩 / 泥岩：凝灰质砾岩 / 砂岩 / 泥岩均属于火山碎屑沉积岩，其中以沉积岩组分为主，分选与磨圆较沉火山碎屑岩好，具有一定的成层构造，组分越细，成层构造越明显。研究区火山碎屑沉积岩分布广，几乎在全区均有分布。

在常规测井响应中，研究区的火山沉积岩主要呈低电阻的特征，只有少量的凝灰质砂砾岩的电阻率值较高，密度曲线较为平稳，当砾石的含量增加时，密度也会随之增加，声波时差值会随之减小。在成像测井图像中，可以清晰地看到研究区的火山沉积岩发育明显的层理（图 3-45）。

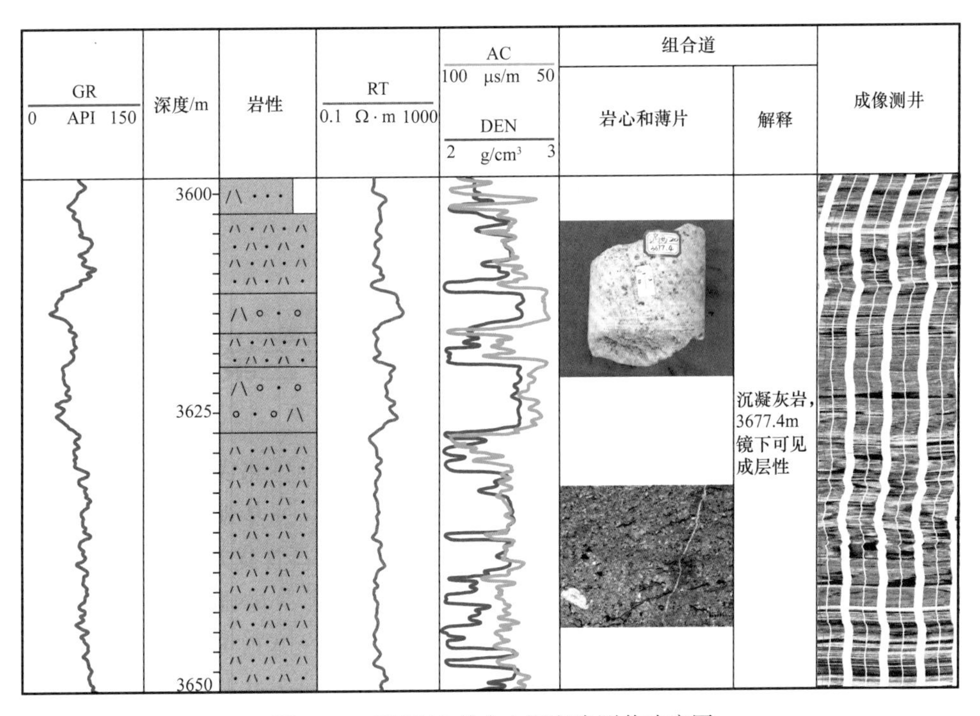

图 3-45　滴西 20 井火山沉积岩测井响应图

五、次火山岩类

次火山岩是指在火山喷发过程中，岩浆的喷溢受阻而停留在地下较浅处的裂缝或层间空隙中冷凝形成的岩石。由于它们产于近地表，而又没有喷出地表，具有潜伏的特点，故又称之为潜火山岩。邱家骧（1985）在总结次火山岩与火山岩之间关系时，提出“四同”：同时间但一般稍晚，同空间但分布范围较大，同外貌但结晶程度较好，同成分但变化范围及碱度较大。次火山岩的侵位深度一般小于 3km，随着侵位的深度由浅到深，岩石结构构造、某些矿物的有序度等特点也表现为从似火山岩变化到类似浅成相岩石，由于其形成环境介于火山岩和侵入岩之间，因此，次火山岩具有熔岩的外貌和侵入岩的产状。研究区发育有基性—酸性的次火山岩，研究区可见辉绿岩、安山玢岩、霏细斑岩、花岗斑岩（图 3-46）。

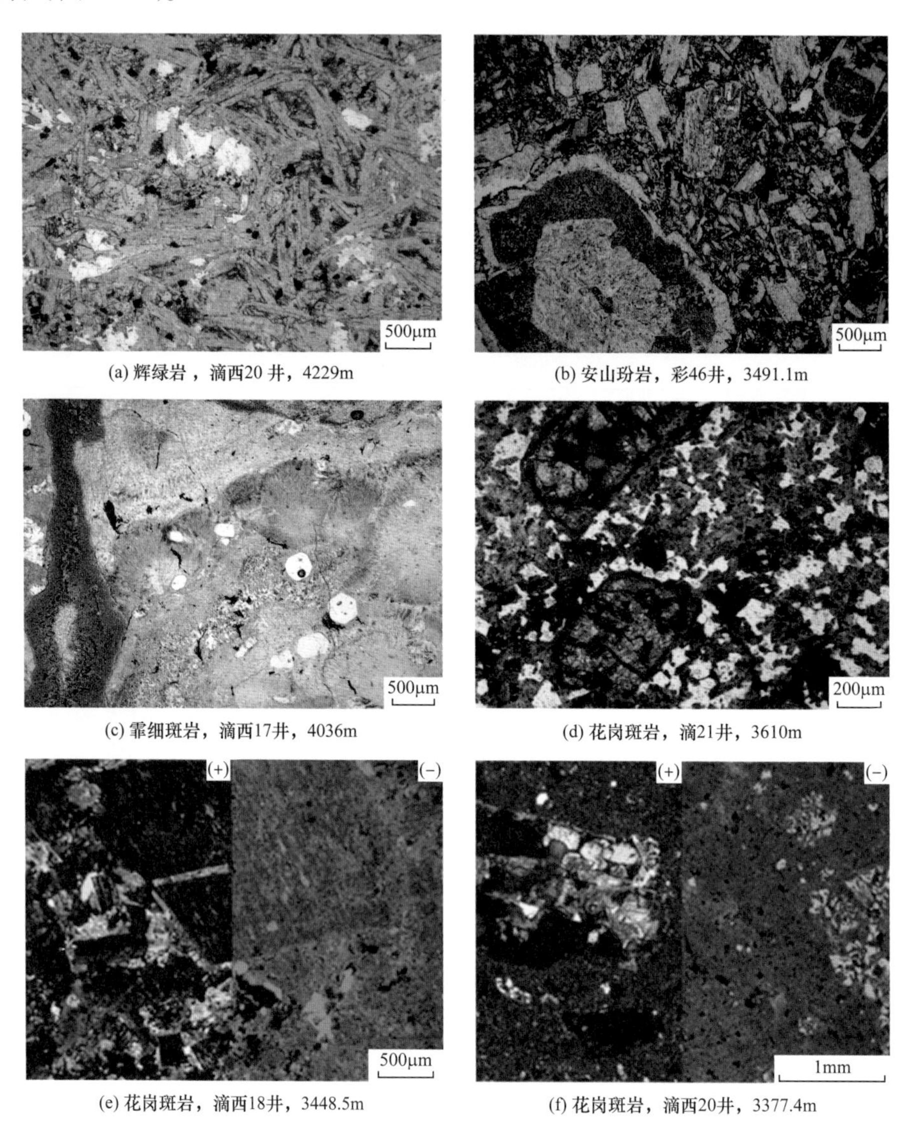

(a) 辉绿岩，滴西20 井，4229m (b) 安山玢岩，彩46井，3491.1m

(c) 霏细斑岩，滴西17井，4036m (d) 花岗斑岩，滴21井，3610m

(e) 花岗斑岩，滴西18井，3448.5m (f) 花岗斑岩，滴西20井，3377.4m

图 3-46 准东地区石炭系次火山岩镜下照片

在常规测井响应中，研究区的次火山岩呈现高电阻率、低声波时差和高自然伽马的特征。其中高电阻率和低声波时差的特点与火山熔岩类似，但根据声波时差可以区分火山碎屑岩和次火山岩。研究区次火山岩主要为花岗斑岩，其电阻率的值在 200～500Ω·m，声波时差较低，仅有 55～60μs/m，自然伽马在 90～120API 之间为研究区自然伽马值最高的火山岩。在成像测井图像中，花岗斑岩一般显示为亮色的块状高阻特征，发育的裂缝呈现暗色的线条（图 3-47）。

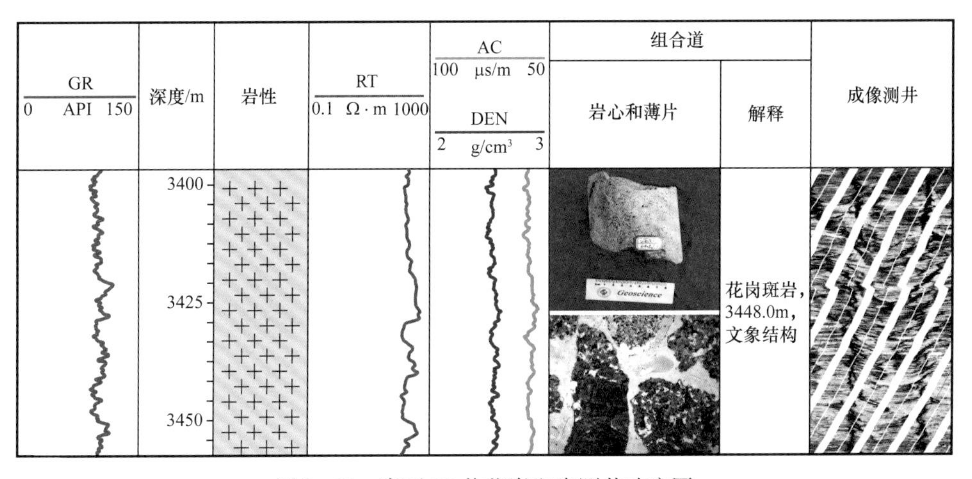

图 3-47　滴西 18 井花岗斑岩测井响应图

第三节　火山岩化学成分特征

利用火山岩中 SiO_2、K_2O 和 Na_2O 的含量及其关系可对研究区的火成岩进行分类和命名。本次研究沿用中国石油勘探开发研究院 2008 年的岩石分类命名结果，即国际地科联的 TAS 图版对研究区火山岩进行化学分类命名。根据研究区石炭系火山岩样品的元素化学分析资料，研究区石炭系火山岩的 SiO_2 含量为 43.2%～75.9%，表明岩性从基性到酸性均有分布（图 3-48），但主要集中在 45%～63% 内，说明研究区火山岩以中性安山岩和基性玄武岩居多，也有少量酸性流纹岩。研究区火山岩的 SiO_2 与 K_2O 呈现较好的正相关性，随着 SiO_2 含量的增加，K_2O 的含量也出现增加的现象，整体上火山岩主要为钙碱性系列（图 3-49），其次为高钾钙碱系列。

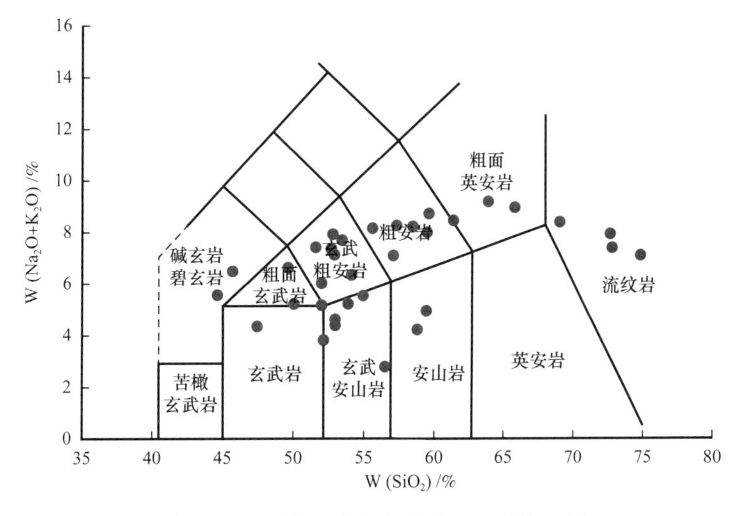

图 3-48　石炭系火山岩全碱—二氧化硅图

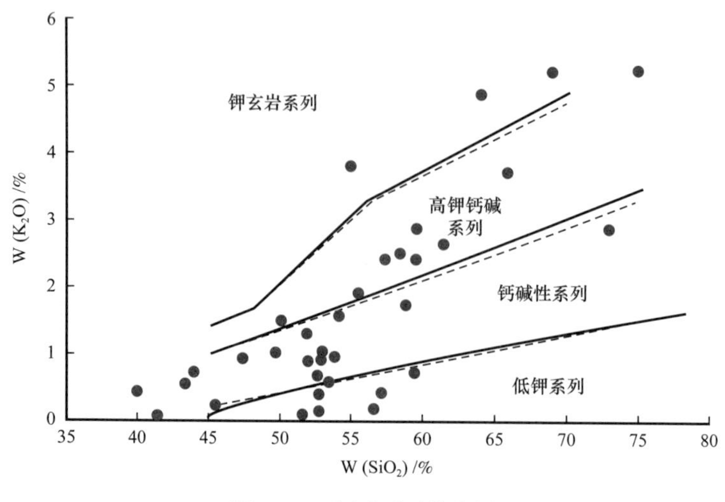

图 3-49　钙碱系列散点图

上部火山喷发旋回以中性安山岩和基性玄武岩为主，主体分布于滴西 17 井区以西，下部火山喷发旋回以酸性火山岩为主，主体分布于滴西 18 井—滴西 25 井—滴西 21 井连线以东。滴西 14 井 3669.25m 凝灰岩段（石英含量 54.9%，斜长石 27.4%，方解石 5.5%，钾长石 9.9%）与该井 3605.55m 凝灰岩段（石英含量 72.9%，斜长石 14.8%，钾长石 9.2%）成分差异显著，表明其形成环境复杂，非单一环境，ECS 测井识别的结果也证实了这一认识。

第四节　火山岩岩性识别

岩性是岩石成分、颜色、结构、构造等特征的总和，火山岩岩性是火山岩储集空间、储层物性等的控制因素之一。在岩石分类及命名的基础上，通过建立火山岩岩石成分、结构构造和岩石类型的测井识别模式，结合常规测井和成像测井综合识别火山岩岩性。

参考前人研究成果，在岩石分类和命名的基础上，按照“成分—结构—岩石类型”的思路，应用常规测井、FMI 成像测井、微电阻成像测井，采用层次分解法，结合图像分析、曲线交会及曲线重叠等方法，综合识别火山岩岩性。

一、火山岩的常规测井响应特征

不同火山岩由于矿物成分的差异，导致其在岩性、电性等方面存在着差别，因此不同火山岩的测井响应特征也存在着区别。综合前人研究发现：除了 ECS 元素测井外，自然伽马（GR）、声波时差（AC）、密度（DEN）、补偿中子（CNL）、地层真电阻率（RT）测井曲线对火山岩响应较为敏感。因此，本次研究对选取的典型岩性段主要选择提取上述 5 条常规测井曲线数据，对各岩性的测井曲线响应特征进行归纳描述。

1. 自然伽马测井

自然伽马测井测量的是岩石的放射性。自然界中岩石的天然放射性主要由 K^{40} 与 U^{238}、Th^{232} 放射性决定。通常情况下，K^{40} 的含量远大于其他放射性元素的含量，因此火成岩的放射性主要受 K^{40} 的含量的影响。由于 K^{40} 的含量随 SiO_2 含量增加而增加，所以 SiO_2 含量较多的中性岩性的自然伽马测井值较高，而 SiO_2 含量较少的基性岩的自然伽马测井值较低。自然伽马测井识别火成岩岩性意义重大。

2. 声波时差测井

相对于沉积岩，火成岩岩石致密，火成岩的声波时差明显低于沉积岩的声波时差。其中，玄武岩的声波时差最低。在酸基性相同的情况下，熔岩的声波时差通常低于火山碎屑岩，岩石蚀变使得地层的声波时差值增加，低角度裂缝对声波测井有较大的影响。

3. 密度测井

密度测井反映的是岩石的总孔隙度，它基本不反映孔隙的几何形态。当地层中有裂缝存在时，低密度的流体就会充填裂缝，造成地层的相对密度降低，密度测井值也随之降低。同时，因为裂缝处渗透性强，形成的泥饼较厚，所以当极板接触到裂缝时，泥饼使密度测井的补偿值增加，利用密度测井的校正曲线可快速直观识别裂缝。

4. 中子测井

中子测井主要反映的是地层孔隙中流体的含氢指数。在水层，中子测井曲线值主要受孔隙度的影响。在天然气层，由于受“挖掘效应”的影响，补偿中子测井曲线值远低于同种情况下水层的测井曲线值。杏仁构造在基性火成岩中较为发育，杏仁构造中拥有大量结合水，造成基性火成岩的中子测井值大于酸性火成岩的中子测井值。火成岩岩石发生蚀变时，生成的绿泥石、绢云母等也带来大量的结合水，造成岩石的含氢指数增加，使得中子测井曲线值变高。

5. 电阻率测井

电阻率测井主要反映了孔隙结构、孔隙中流体的性质。致密熔岩的电阻率通常较高，火山碎屑岩相对较低，最低的为凝灰岩。热蚀变、岩石破碎改变了岩石中孔隙的结构，改善了岩石的导电网络，使得岩石的电阻率降低。当岩石中发育裂缝时，岩石中孔隙的连通性变好，渗透能力增加，钻井液的侵入明显，造成不同探测深度的电阻率曲线之间出现幅度差异。

在上述研究的基础上，我们选取了研究区具有典型火山岩岩性的 32 口井累计 217 个岩性作为标志层段，统计各层段深度、自然伽马、地层真电阻率、密度、补偿中子测井曲线的最大、最小及平均值，分岩性整理分析，再结合各岩性段测井曲线特征，归纳建立了该区火山岩测井资料识别岩性的规律（图 3−50）。可以看到，随酸性程度增大，所有火山岩自然伽马值明显提高（图 3−50a），火山熔岩的密度和补偿中子值呈现下降趋势（图 3-50c、d）。声波时差在玄武岩、安山岩和凝灰岩中存在着较大的波动区间（图 3-50b），根据岩心、薄片结果认为准东石炭系火山岩这种波动可能主要由气孔、裂缝等因素影响导致，其中凝灰岩的波动还可能是受到自身碎屑成分差异的影响。除花岗斑岩电阻率呈现高值，且极值相差较大以外，玄武岩、英安岩、凝灰岩等的电阻率主要为低—中值（图 3-50e）。整体来看，准东石炭系各火山岩单测井曲线中，除了由于孔缝影响导致声波时差曲线值容易混淆外，其他 4 条曲线，随岩性不同，都具有一定差异。

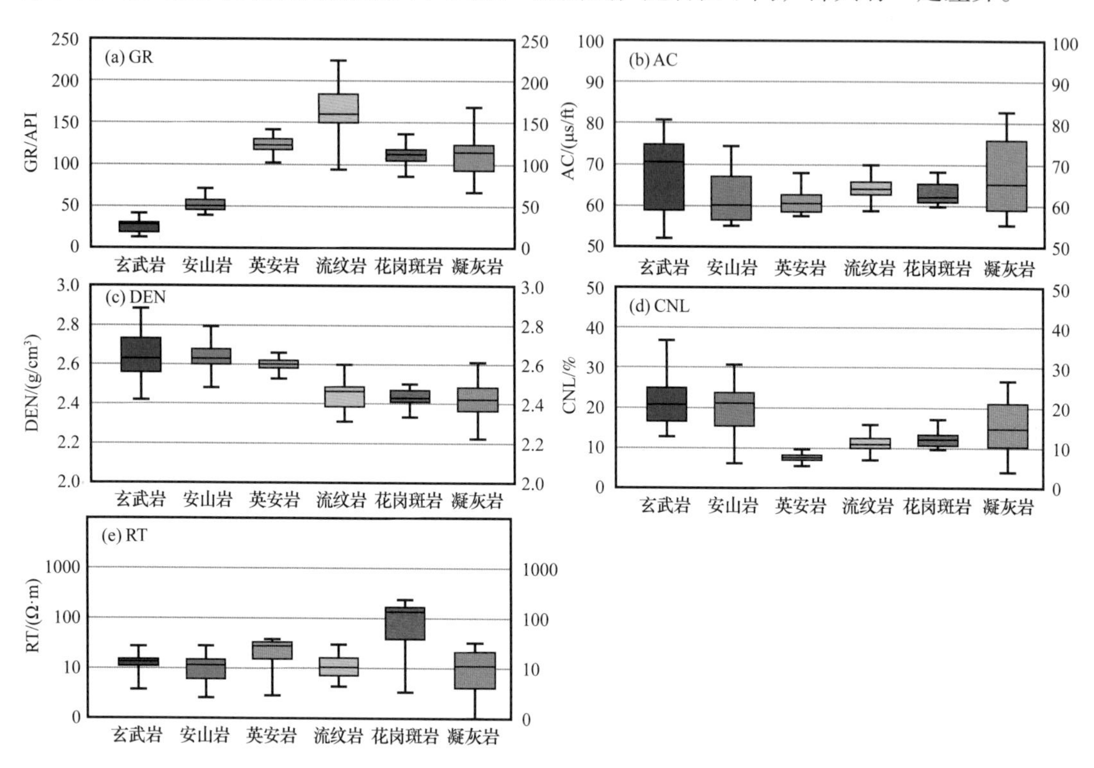

图 3-50　准东地区石炭系不同火山岩测井响应特征

测井曲线交会图版法是识别火山岩最简单有效的方法。由于不同火山岩物理、化学性质的相似性和差异性，不同火山岩岩性点在各交会图版上的分布结果是有所差异的，通过这些差异便可以区分识别火山岩岩性。通过典型岩性段的测井曲线二维交会图版得到准东石炭系火山岩常规测井曲线交会图版（图 3-51），可对研究区火山岩岩性开展初步识别。首先利用自然伽马和密度曲线的差异，在 DEN-GR 交会图（图 3-51a）上可以较好地将火山熔岩按酸性和密度差异程度进行区分识别，同时还可以将中基性熔岩和部分凝灰岩进行区别。再通过 CNL-GR 交会图（图 3-51b）和 RT-GR 交会图（图 3-51c）将流纹岩、花岗斑岩和部分凝灰岩依次识别出。值得注意的是，凝灰岩分布范围广泛，岩性点多与酸性岩类发生重叠，而且研究区酸性岩相比中—基性岩识别精度低，容易与凝灰岩混淆。通过对酸性岩岩心、薄片的观察，分析认为是由于研究区部分酸性岩发生了泥化等蚀变，使得其测井曲线与部分凝灰岩和沉火山岩相似，导致部分误判，识别难度变大。但上述的大部分误差可以通过成像测井得到的结构构造特征进行有效校正。

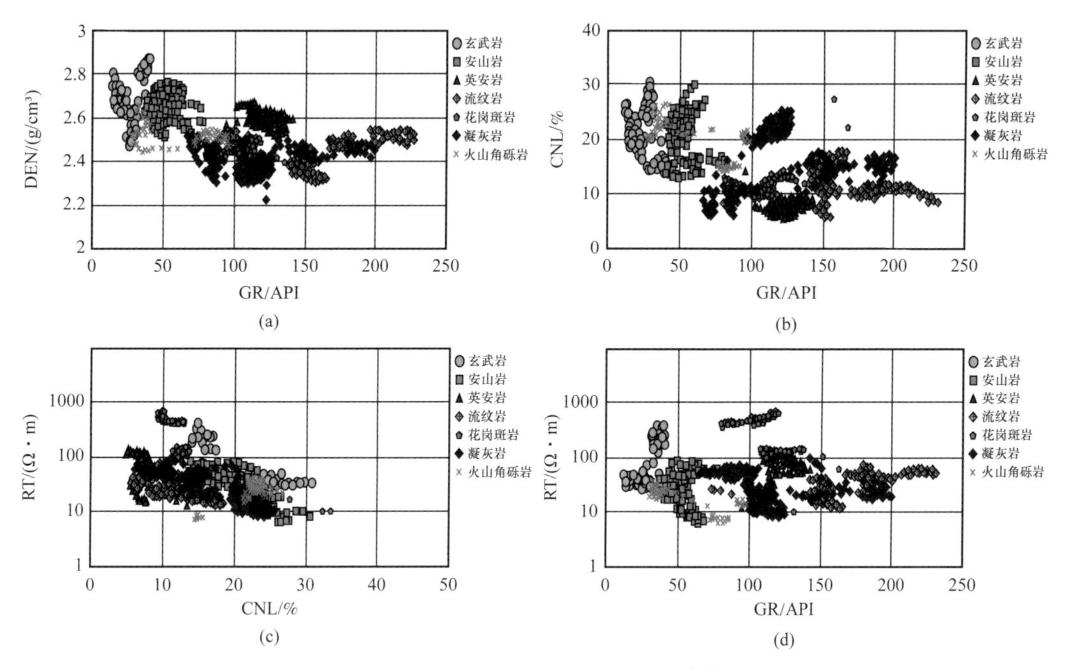

图 3-51 准东地区石炭系火山岩常规测井曲线交会图版

二、火山岩的结构、构造识别

微电阻率扫描成像测井将每个电极的微电阻率曲线转换为颜色，从而形成反映地层导电性特征的电成像图。地层导电性越好、电阻率越低，则颜色越暗。

本课题在用岩心资料确定岩石结构、构造的基础上，刻度成像测井资料，分析不同岩石结构、构造的 FMI 成像测井响应特征，建立岩石结构、构造的图像识别模式。由于成像测井的最高分辨率为 0.2in（约 5mm），因此，只能识别较大的岩石结构和构造，包括角砾结构、熔结结构、气孔构造等（图 3-52）。

相对于火成岩，沉积岩的图像较为细腻，成层性较好，常常出现一些沉积岩所独有的沉积构造。火山沉积岩的图像特征一般与沉积岩的相类似，成层性较好，为条带状模式，但火山沉积岩图像较为粗糙。凝灰岩特别是玻屑凝灰岩一般为暗色斑点模式，而凝灰岩中部分含角砾，呈现出暗色凝灰质，亮色角砾斑点的特征（图 3-52a）。熔岩与侵入岩一般为亮色的块状高阻的图像模式（图 3-52b），同时还可以见流纹构造、气孔杏仁构造等特殊熔岩构造（图 3-52c、d）。火山角砾岩由于高阻角砾的存在一般都呈现亮的斑点模式。而熔结凝灰岩呈现熔岩类的特征，显亮色的块状模式。同时，火山岩中一般广泛发育裂缝，张开缝中一般饱含低阻流体而呈暗色线条模式（图 3-52a、b）；闭合缝由于充填高阻物质而呈亮色线条模式；岩石破碎、溶蚀一般呈现暗色的杂乱模式。火成岩中也常发育气孔，气孔被低阻矿物充填形成杏仁构造或饱含低阻流体时，图像呈暗色的斑点模式，而气孔被高阻矿物充填时，图像呈现亮色斑点模式。

常规测井由于经济实用目前较为普遍，能从不同角度去反映地质体的地球物理属性，

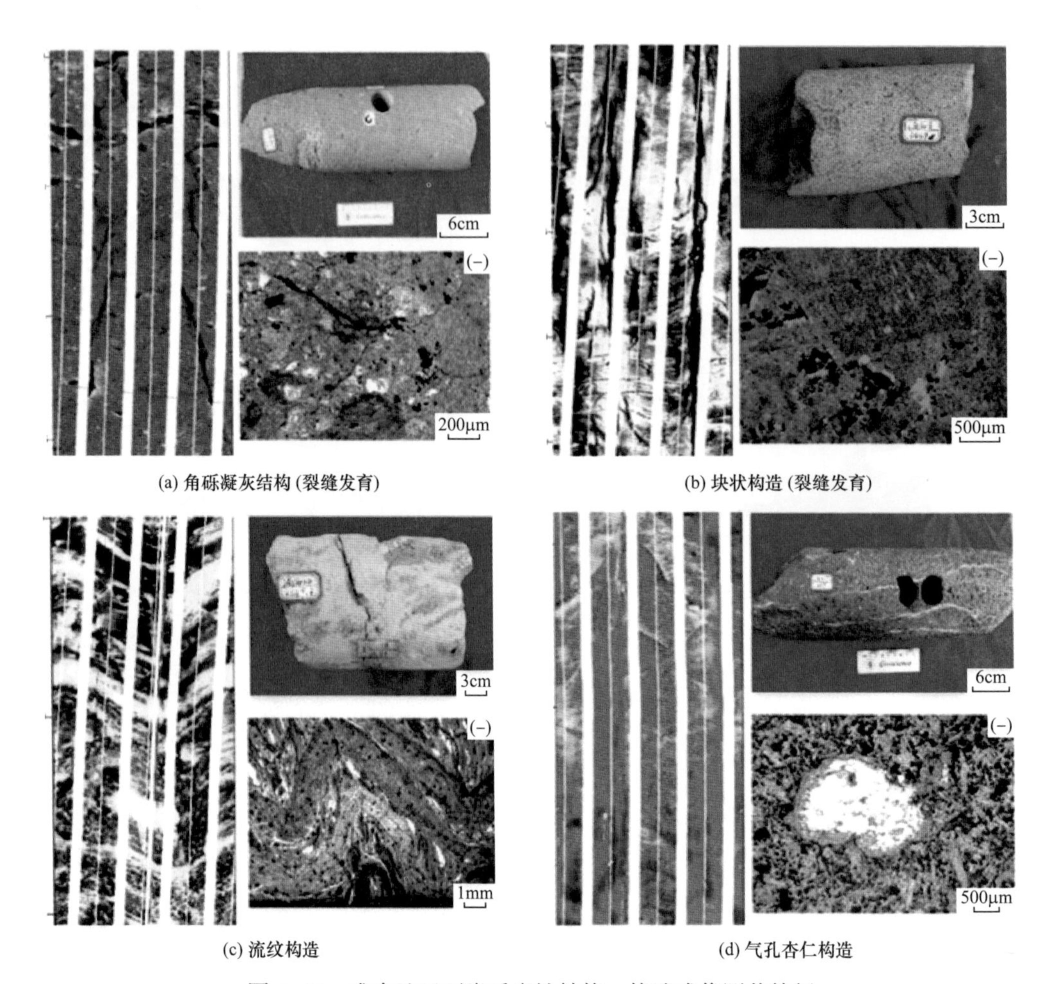

(a) 角砾凝灰结构 (裂缝发育)　(b) 块状构造 (裂缝发育)

(c) 流纹构造　(d) 气孔杏仁构造

图 3-52　准东地区石炭系岩性结构、构造成像测井特征

因此在油田得到了广泛的使用。但常规测井难以准确反映岩石的构造和结构。而电成像测井弥补了常规测井的这种缺陷，它能够高分辨率地直观显示井壁岩石的结构与构造。两者的结合正好与火成岩的“结构 + 成分”的命名方式相一致。因此将两者相结合进行火成岩岩性识别可提高岩性识别的准确率。

第四章　准东石炭系火山岩岩相特征

火山岩相是指火山岩形成的地质条件及其在该条件下所形成的火山岩岩性特征的总合。本次火山岩岩相研究中，采用“岩性—成因”分类方案对火山岩相进行分类，采用井震结合方式，利用随机模拟方法对火山岩相进行分布预测研究。从喷发模式到火山岩相类型，从单井相划分到平面相预测，对该地区火山岩相类型及其分布特征进行了研究。

第一节　区域沉积背景

石炭系构成本区基底的最上层岩系，与上覆地层呈角度不整合接触。尽管该套地层的划分目前认识上还未统一，但总体看本区石炭系主要为海西中期沉积的一套浅变质火山碎屑岩建造和局部岩浆次火山岩建造及海陆过渡相、陆相沉积的碎屑岩建造。

石炭纪早期为一套海相或海陆交互相地层，在滴水泉地区由海相火山岩和火山碎屑岩组成。石炭纪中期准东地区东北侧的边缘海消失、造山带逐渐形成，发生海退，转为陆相沉积，接受来自西南侧方向的陆源粗碎屑沉积物和火山碎屑岩沉积。石炭纪中期为一套陆相碎屑岩沉积夹有凝灰质泥岩及煤线，主要分布于北部东道海子北凹陷、五彩湾凹陷及克拉美丽山山前凹陷，滴西 2 井、彩参 1 井、彩 2 井、彩 26 井钻遇该地层，岩性以灰、深灰色泥岩、凝灰质泥岩为主，夹凝灰岩及薄层煤，粗颗粒砂岩发育较少。石炭纪晚期地层在整个东部地区发育较广，厚度巨大，钻遇的井很多，火山活动强烈，为一套火山碎屑岩、火山熔岩、火山碎屑沉积岩和少量沉积岩，火山熔岩以基性玄武岩和中性安山岩为主，部分钻井见酸性流纹岩、粗面岩和花岗岩。彩参 1 井较全，上部火山碎屑岩较发育，熔岩相对较少，且以中性安山岩居多；下部火山碎屑较少，火山岩发育，熔岩以基性玄武岩居多，中性安山岩较少。巴山组发育玄武岩—安山岩—流纹岩、粗面岩组合。巴山组明显有火山喷发的特点，距火山口较近的区域（彩 27 井）发育较多的火山角砾岩，稍远的地方则因火山灰尘飘落形成较多的凝灰岩，更远的地方（彩 3 井）则因火山喷发引起的凸起坍塌滚动沉积了大量的砾岩、砂粒，形成砂砾岩层。五彩湾凹陷由北东向西南同样具上述特征，彩 30 井、彩参 1 井见巨厚的中、粗粒的火山角砾岩段，彩 204 井主要为熔结火山角砾岩，彩 25 井以火山熔岩为主，在滴水泉断裂附近的彩 30 井、沙西断裂附近彩参 1 井、彩 27 井见较多的火山爆发相的火山角砾岩，横向变为溢流相的火山熔岩（图 4-1）。

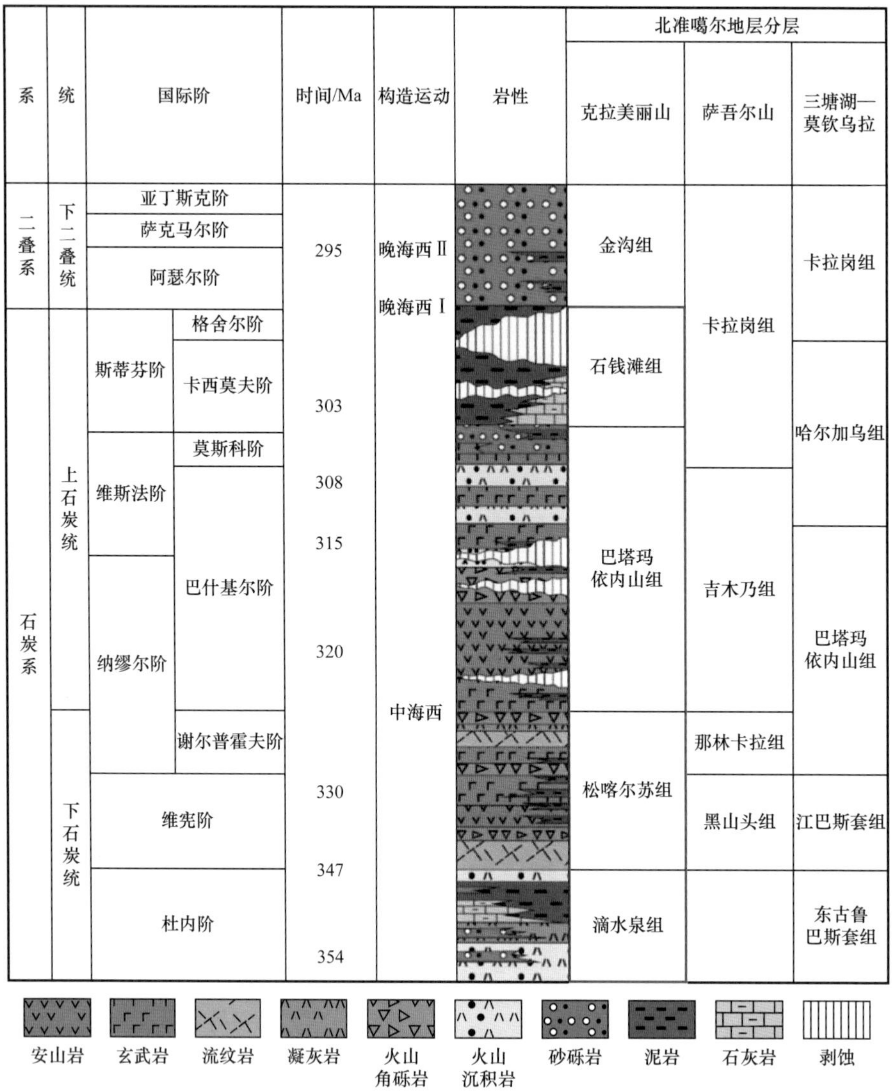

系	统	国际阶		时间/Ma	构造运动	岩性	北准噶尔地层分层 克拉美丽山	萨吾尔山	三塘湖—莫钦乌拉
二叠系	下二叠统	亚丁斯克阶					金沟组	卡拉岗组	卡拉岗组
		萨克马尔阶		295	晚海西Ⅱ				
		阿瑟尔阶			晚海西Ⅰ				
石炭系	上石炭统	斯蒂芬阶	格舍尔阶				石钱滩组		
			卡西莫夫阶	303					哈尔加乌组
		维斯法阶	莫斯科阶						
			巴什基尔阶	308			巴塔玛依内山组	吉木乃组	巴塔玛依内山组
				315					
		纳缪尔阶		320	中海西				
	下石炭统		谢尔普霍夫阶				松喀尔苏组	那林卡拉组	
		维宪阶		330				黑山头组	江巴斯套组
		杜内阶		347			滴水泉组		东古鲁巴斯套组
				354					

安山岩　玄武岩　流纹岩　凝灰岩　火山角砾岩　火山沉积岩　砂砾岩　泥岩　石灰岩　剥蚀

图 4-1　研究区石炭系地层划分（据边伟华，2011，红框为本次研究目的层）

依据“形成方式、产出状态、产出部位和岩石组合”分类原则，参照《准噶尔盆地石炭系火成岩岩相类型及命名标准》，将克拉美丽气田火山岩相划分为爆发相、溢流相、火山通道相、火山沉积相和沉积岩相等 5 个大类，侵出相在研究区较少（图 4-2）。爆发相主要分布于基底深断裂附近、海槽与地块的过渡区，以火山角砾岩、熔结火山角砾岩、凝灰质火山碎屑岩为主；溢流相为火山周围的熔岩流层，由喷溢作用产生，岩性以角砾化熔岩、熔岩、熔岩质角砾岩、熔岩质砾岩为主，是准东地区主要的火山岩相类型；火山沉积相主要发生于火山作用平静期，远离火山口，其岩石是火山喷发和正常沉积相互作用的产物；火山通道相是岩浆从岩浆房向上侵入到上覆岩层的产物，通常位于地层下部，以花岗斑岩为主，在滴西 18 井区，由于上覆地层被剥蚀，次火山岩体在石炭纪出露地表；侵出相一般出现在火山喷发活动的晚期，酸性熔浆挤出地表遇水淬火快速冷凝，在火山口周围形成的岩石。研究区钻遇的侵出相岩性是珍珠岩，主要分布在滴西 20 井、滴西 21 井和滴西 22 井周围。

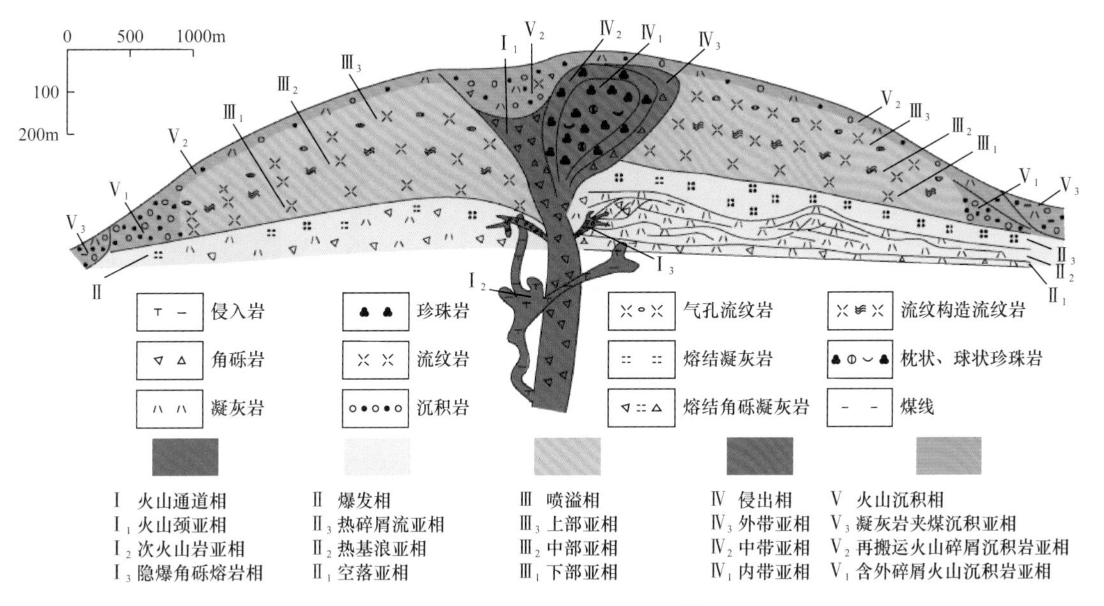

图 4-2　火山岩相模式图（据王璞珺等，2006）

第二节　火山岩相识别标志

一、测井识别标志

1. 火山通道相

研究区主要为次火山岩亚相的辉绿岩、花岗斑岩和火山颈亚相安山玢岩、英安斑岩等，在双井子剖面见隐爆角砾焙岩亚相。以滴西 18 井的花岗斑岩段为例（图 4-3），常规测井具有低声波时差、中密度、高电阻率、高自然伽马的特征，曲线呈锯齿状但变化幅度较小。

2. 爆发相

本区爆发相内部测井响应差异较大，整体呈现中—高声波时差、中电阻率，曲线齿化严重，低声波时差，高电阻率，曲线平直的特点。以美 15 井的火山角砾岩和凝灰岩为例（图 4-4），具体表现为：火山角砾岩具高声波时差、低电阻率，曲线齿化严重；凝灰岩则表现为高声波时差、电阻率曲线平直的特点。

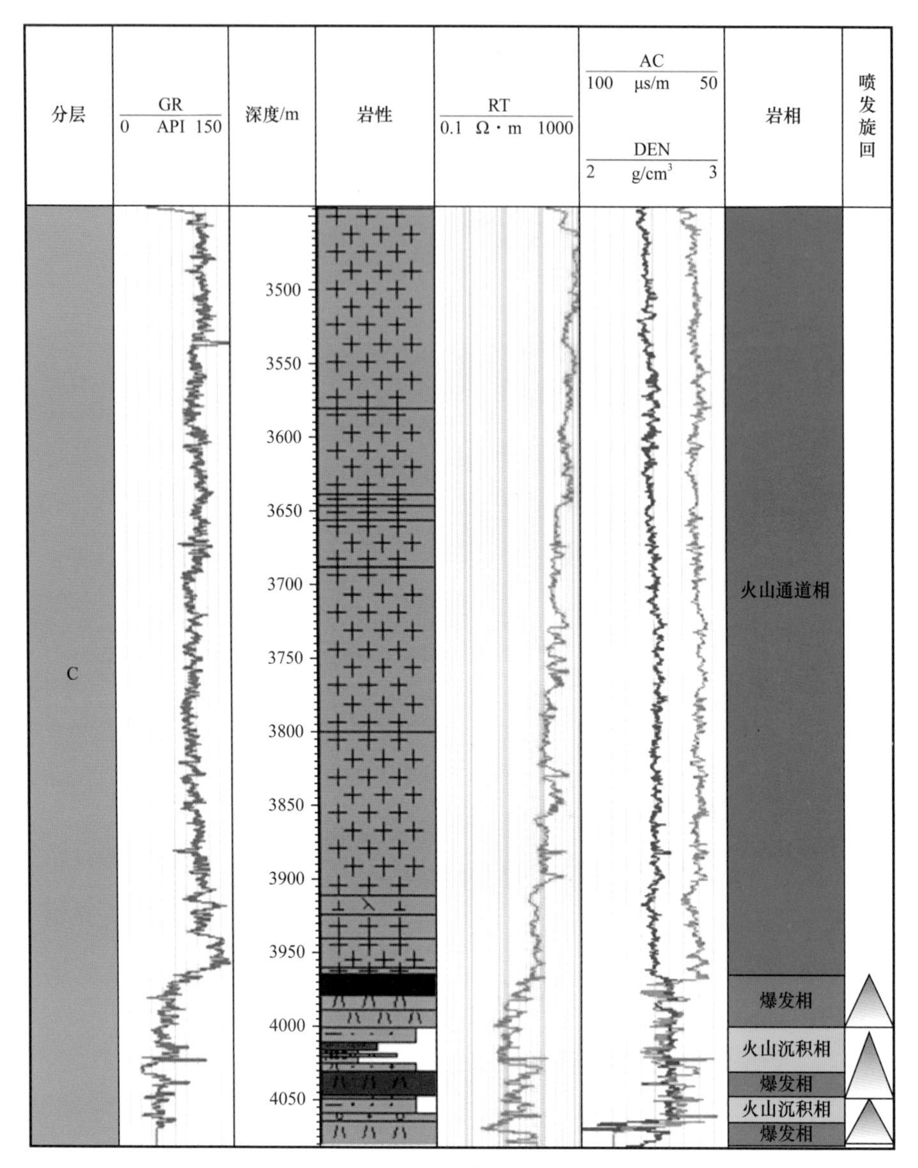

图 4-3 火山通道相测井响应特征

3. 溢流相

本区溢流相内部测井响应差异较大，以常见的玄武岩为例（图 4-5），除上部亚相外，总体测井响应特征为低自然伽马、低声波时差、高电阻率，曲线平直的特点。具体表现为：下部亚相表现为声波时差相对较高，低电阻率，曲线弱齿化的特点；中部亚相表现为高密度、低声波时差，高电阻率，曲线平直的特点；上部亚相表现为密度较低，低电阻率，曲线中等齿化的特点；顶部亚相则表现为高声波时差，低电阻率，曲线强烈齿化。

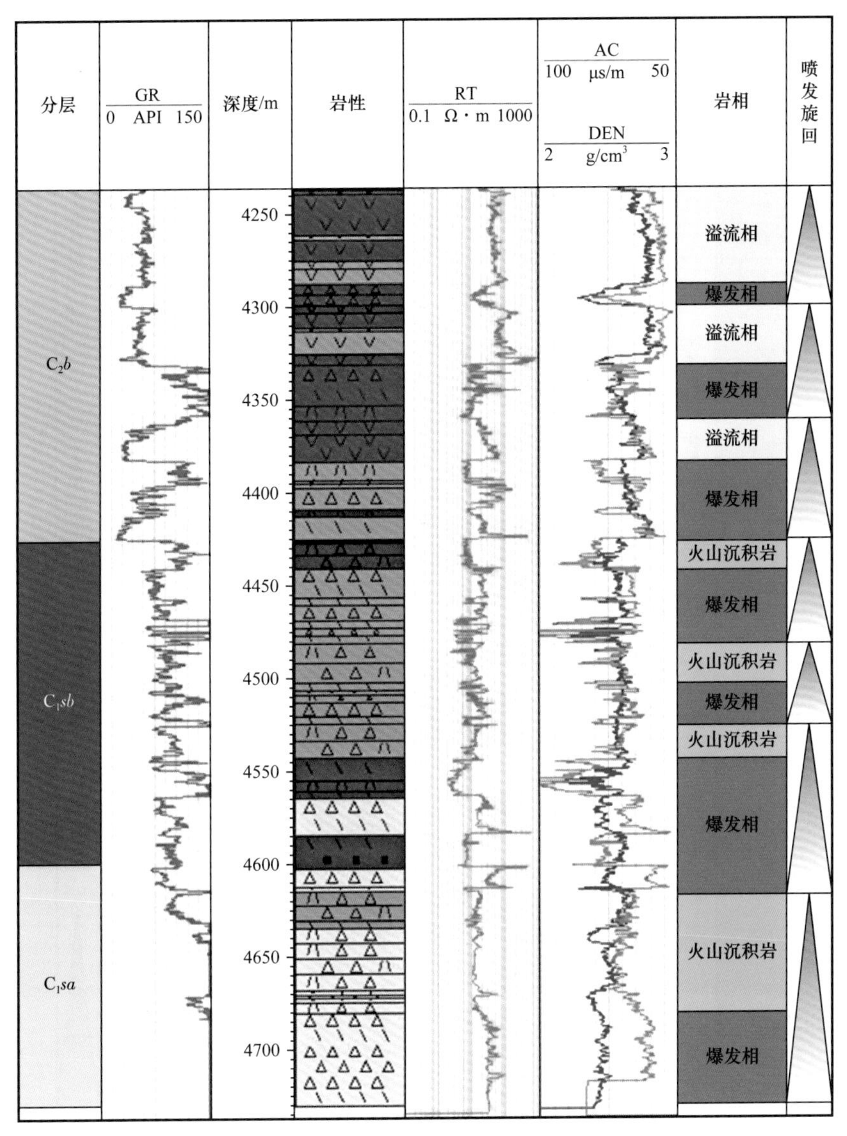

图 4-4 美 15 井爆发相测井响应特征

4. 火山沉积相

以美 5 井为例（图 4-6），测井整体表现为低—中电阻率，自然伽马随着火山碎屑物质化学成分的变化差异很大，当火山碎屑物质化学成分为玄武质时表现为低自然伽马，当火山碎屑物质化学成分为流纹质时表现为高自然伽马，整体具韵律特征，成像测井上显示为很强的成层性。

5. 侵出相

研究区的侵出相较少，以滴西 20 井为例（图 4-7），整体的测井响应特征为低声波时差、中—高电阻率、伽马值偏高，曲线一般呈锯齿状。

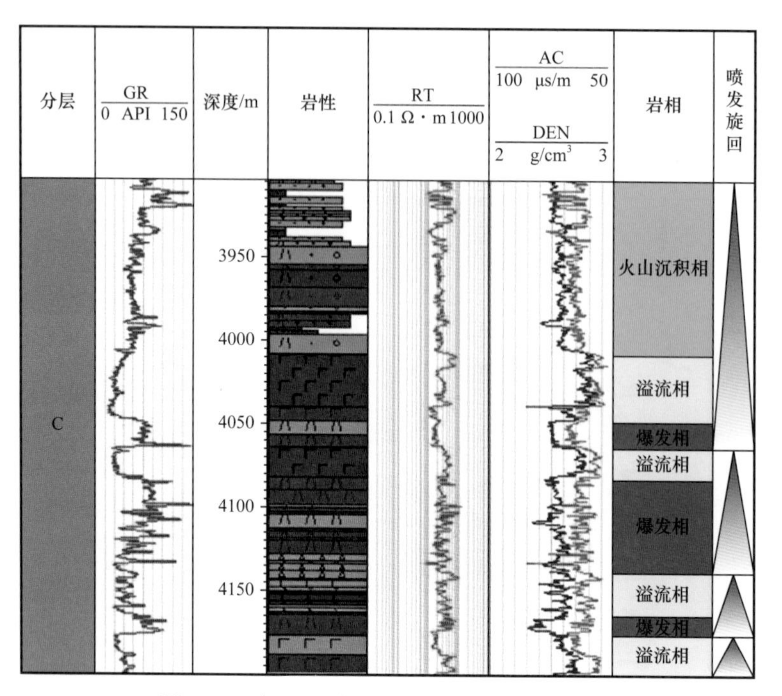

图 4-5　滴西 24 井火山溢流相测井响应特征

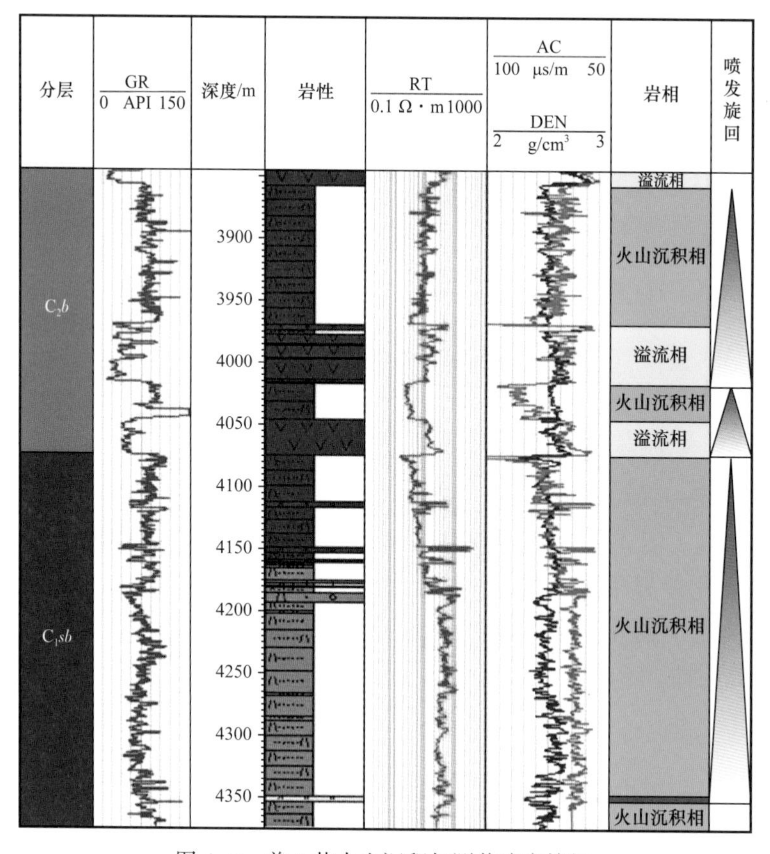

图 4-6　美 5 井火山沉积相测井响应特征

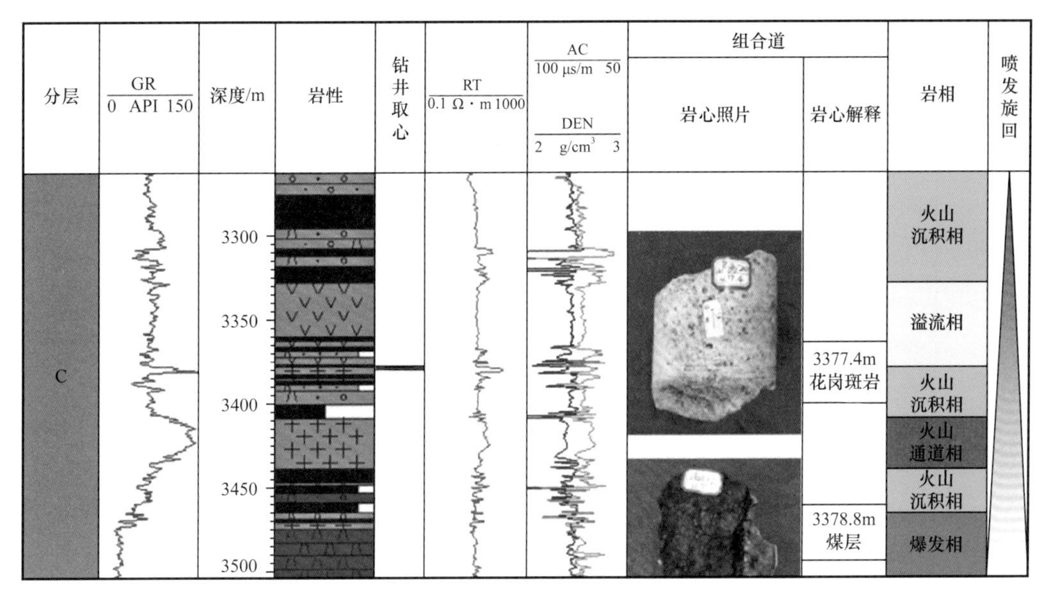

图 4-7 滴西 20 井侵出相测井响应特征

二、地震相识别标志

1. 火山通道相

在研究区主要为次火山岩亚相，以滴西 18 井发育的巨厚花岗斑岩为例，地震响应特征为楔状外形，内幕弱振幅、杂乱反射，边界为中等连续强反射，边缘弱振幅差连续反射（表 4-1）。

2. 爆发相

本区爆发相在地震上表现为丘状外形，顶部中—弱振幅，主体部位低频、中—弱振幅、平行—亚平行连续反射，边缘空白杂乱反射，现今多表现为局部构造。滴 33 井 3500m～3850m 发育厚层凝灰岩，为爆发相空落亚相沉积，在地震上表现为中—弱振幅，杂乱反射，连续性较差（表 4-1）。

3. 溢流相

溢流相在本区的地震响应特征主要表现为席状—楔状外形，中低频，中—强振幅，强连续，平行—亚平行反射结构，由高部位向低部位呈现披覆特征（表 4-1）。

4. 火山沉积相

在本区地震剖面所见的是火山下旋回与上旋回之间的由火山碎屑物质搬运形成的沉积夹层，地震响应特征为中—强振幅、中频、中连续、平行—亚平行反射结构。滴西 18 井底部发育火山沉积相沉凝灰岩和凝灰质砂砾岩，在地震剖面上表现为中等连续、中—强反射强度、亚平行结构（表 4-1）。

表 4-1　研究区石炭系火山岩地震响应特征

岩相	地震响应特征	代表岩性	实例
爆发相	丘状外形，中—弱振幅，连续性较差，内部反射杂乱	火山角砾岩、凝灰岩	
溢流相	楔状外形，中—强振幅，中—高连续反射	玄武岩、安山岩、流纹岩	
火山通道相	内部杂乱反射，下部较宽，上部较窄，呈喇叭状	花岗斑岩、二长玢岩	
侵出相	反射特征具有不连续性，外形呈伞状，横向上反射轴不平行	珍珠岩	
火山沉积相	透镜状外形，中—低频，中—弱振幅，内部中—差连续性，平行—亚平行反射结构	沉凝灰岩、凝灰质砂岩	

5. 侵出相

研究区侵出相在地震剖面上显示为伞状外形，连续性较差，弱振幅，由于研究区侵出相主要为酸性珍珠岩，其流动性较差，所以在地震剖面上的分布范围有限（表 4-1）。

三、岩性识别标志

1. 火山通道相

火山通道相是同期或后期的熔浆侵入到围岩中、缓慢冷凝结晶形成的，同时也会发生隐爆炸裂产生隐爆角砾岩。在研究区滴西 18 井和滴西 20 井可见酸性岩浆侵入围岩形成的花岗斑岩，也可在彩 46 井见到安山岩的次生火山岩——安山玢岩，彩 203 井见到熔结角砾岩（图 4-8）。

(a) 花岗斑岩，滴西18井，3444.7m　(b) 花岗斑岩，滴西20井，3380m
(c) 安山玢岩，彩46井，3496.1m　(d) 熔结角砾岩，彩203井，3062.3m

图 4-8　火山通道相岩性特征

2. 爆发相

火山碎屑物质在高温高压下从火山口喷涌而出，既有所携围岩，也有质量较轻的火山灰和火山尘。质量大的火山角砾在重力作用下通常在火山口附近堆积，质量小的火山灰、火山尘则在大气流动过程中被带至更远的地方成岩。主要为含晶屑、玻屑、浆屑、岩屑的熔结凝灰岩、凝灰岩、晶屑凝灰岩和含火山弹与浮岩块的集块岩、角砾岩（图 4-9）。

(a) 晶屑凝灰岩，彩 2 井，1409.5m

(b) 玻屑凝灰岩，克美002井，4344.9m

(c) 火山角砾岩，美004井，4570.32m

(d) 晶屑凝灰岩，滴西14井，3840.58m

图 4-9　爆发相岩性特征

3. 溢流相

溢流相通常形成于火山喷发旋回中期，由岩浆溢流至地表形成，通过对野外露头和井下熔岩岩性段的观察分析发现：以中—基性熔岩为主，部分地区发育流纹岩等酸性熔岩（图 4-10）。

4. 火山沉积相

火山沉积相是一种过渡相带，既可以形成于火山旋回早期也可以形成于中期或晚期，但通常以晚期居多。火山沉积相的形成预示着沉积组分的增加，代表了水下环境，常见层理构造，具有一定的环境指示意义。研究区火山沉积相主要发育玄武质、安山质和流纹质的沉凝灰岩、沉火山角砾岩及凝灰质的砂砾岩和泥岩（图 4-11）。

5. 侵出相

侵出相岩性以酸性岩为主，既可以形成于火山喷发旋回晚期，也可以形成于火山喷发旋回中期，若形成于晚期则是在形成火山湖体系后，岩浆遇水淬火形成；若是在中期，则通常为水下喷发环境使得岩浆遇水淬火。通常形成玻璃质火山岩，代表岩性为枕状或球状珍珠岩，有时也可形成熔结角砾岩或熔结凝灰岩（图 4-12）。

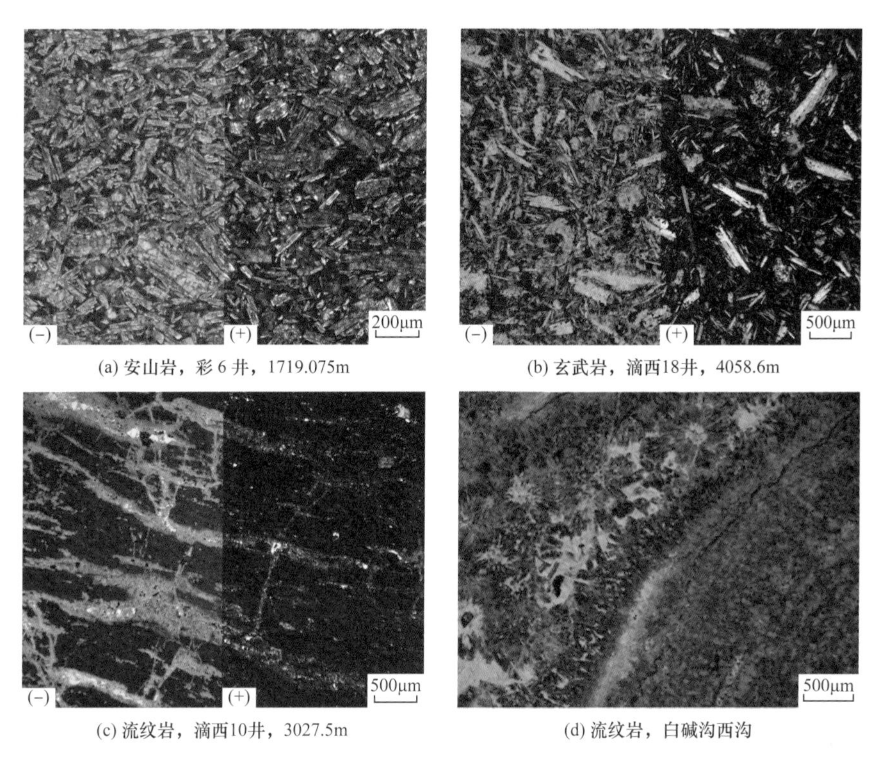

(a) 安山岩，彩 6 井，1719.075m (b) 玄武岩，滴西18井，4058.6m

(c) 流纹岩，滴西10井，3027.5m (d) 流纹岩，白碱沟西沟

图 4-10 溢流相岩性特征

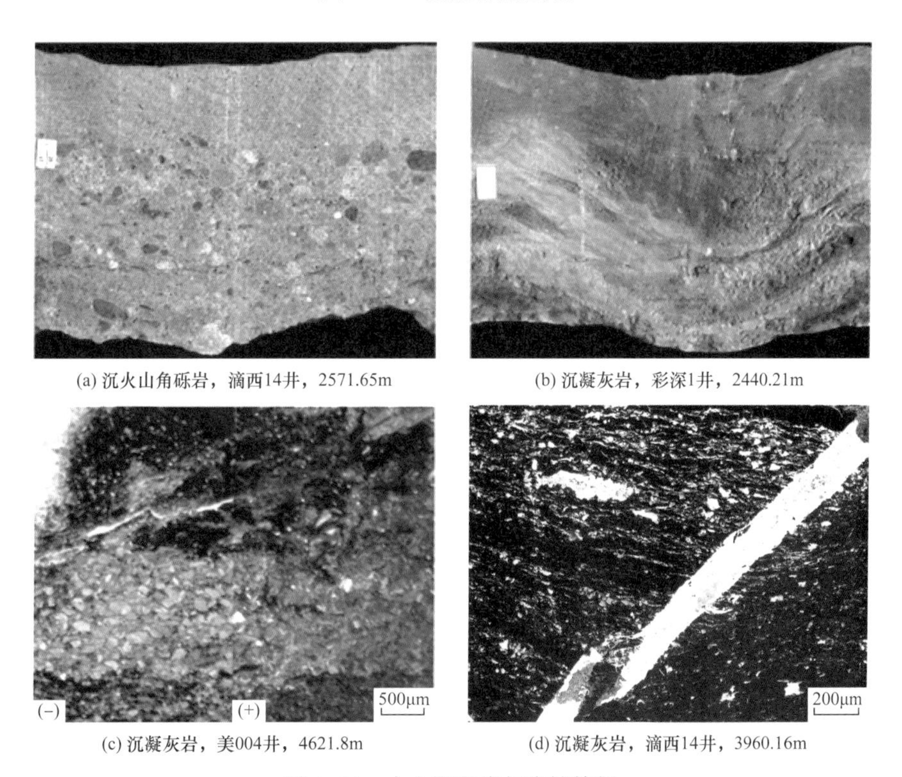

(a) 沉火山角砾岩，滴西14井，2571.65m (b) 沉凝灰岩，彩深1井，2440.21m

(c) 沉凝灰岩，美004井，4621.8m (d) 沉凝灰岩，滴西14井，3960.16m

图 4-11 火山沉积岩相岩性特征

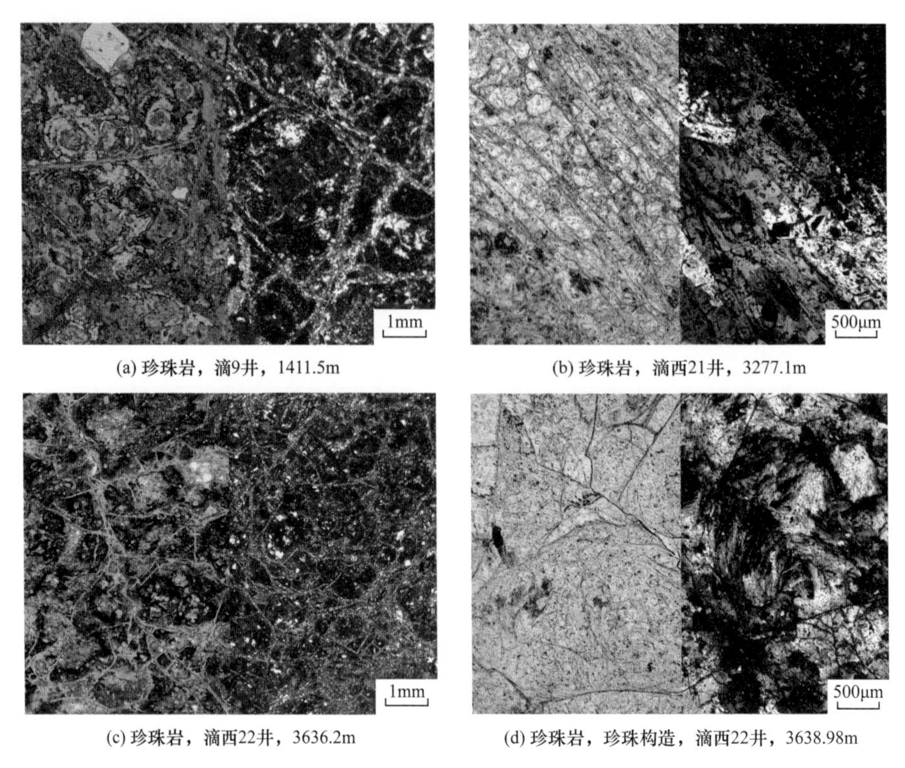

(a) 珍珠岩，滴9井，1411.5m　(b) 珍珠岩，滴西21井，3277.1m

(c) 珍珠岩，滴西22井，3636.2m　(d) 珍珠岩，珍珠构造，滴西22井，3638.98m

图 4-12　火山沉积岩相岩性特征

第三节　岩相类型及相模式

对于火山岩相而言，目前国内外的划分很不统一，但大多数学者均以岩浆岩的产出方式对其进行岩相划分。B.C.Коптев-Дворников（1978）将火山岩相分为原始喷发相、火山通道相和火山通道相；李石（1981）将火山岩相分为喷发相、火山通道相和火山管道相；Fisher（1984）将火山碎屑岩分为火山碎屑流相、火山碎屑岩相、喷发冲积相和火山灰流相；Kepugef 等将火山岩相分为原始喷发相、火山通道相和火山管道相；赵澄林等将火山岩相划分为爆发相、溢流相、侵出相、火山沉积相。陈世悦等将火山岩相划分为爆发相、溢流相、侵出相、火山通道相、火山通道相、喷发沉积相等。陶奎元等划分 11 种火山岩相，分别为喷溢相、空落相、火山碎屑流相、涌流相、火山泥流相、崩塌相、侵出相、火山口—火山颈相、火山通道相、隐爆角砾岩相和火山喷发沉积相；根据火山喷发物距火山口远近，又可将火山岩相划分为火山口相、近火山口相和远火山口相。

火山喷发形式很少是单一的，大多数为多种喷发形式的交叉或叠合。本区既有熔浆的溢流，又有产生各种抛出物的爆发。本文参考前人的观点，结合准东地区火山活动和火山岩分布的特点，归纳总结了准东地区火山岩岩相模式，将研究区火山岩岩相主要分为火山通道相、爆发相、溢流相、火山沉积相、侵出相（表 4-2）。

表 4-2　研究区石炭系岩相划分

相组	相	亚相	典型井区 / 露头
火山岩相	火山通道相	火山颈亚相	滴西 10 井区 滴西 18 井区 双井子剖面
		次火山岩亚相	
		隐爆角砾岩亚相	
	爆发相	热碎屑流亚相	滴西 10 井区 滴西 14 井区 白碱沟露头
		热基浪亚相	
		空落亚相	
	溢流相	上部亚相	滴西 17 井区 五彩湾井区 白碱沟露头 双井子露头
		中部亚相	
		下部亚相	
	火山沉积相	再搬运火山碎屑沉积亚相	滴西 14 井区 五彩湾井区 滴水泉露头
		含外碎屑火山沉积亚相	
		凝灰岩夹煤层沉积亚相	
	侵出相	内带亚相	滴西 21 井 滴 9 井
		中带亚相	
		外带亚相	

研究区发育火山通道相、爆发相、溢流相、火山沉积相和侵入相五种火山岩相类型。这五种岩相在横向上自火山口由近及远可以划分为：火山通道—侵出相区、爆发相区、溢流相区及火山沉积相区。垂向上各相带的接触关系为：下部爆发相、上部为溢流相。自下而上亚相依次为爆发相的空落亚相、热基浪亚相、热碎屑流亚相、溅落亚相；溢流相的下部亚相、中部亚相、上部亚相、顶部亚相。爆发相在火山口附近的堆积厚度最大，随着离火山口距离的变远而减薄，锥体的坡度也随之减缓（图 4-13）。

各项资料研究表明准东地区石炭系火山岩识别出火山通道相、爆发相（近火山口亚相、远火山口亚相）、溢流相、火山沉积相侵出相五种岩相类型：

一、火山通道相

火山通道是连接岩浆房和地表的通道，岩浆自岩浆房向上运移，到达火山口喷出或溢流，火山通道位于火山机构之下，火山通道相又可分为火山颈亚相、次火山岩亚相隐爆角砾岩亚相（图 4-14）。次火山岩亚相在研究区较常见，主要发育为花岗斑岩，部分地区可见辉绿岩。虽然火山通道相火山岩可形成于火山喷发旋回的整个过程，但保留下来的则主要是经过后期各种火山、构造活动改造的残留物，因此具体判断和识别存在一定难度。

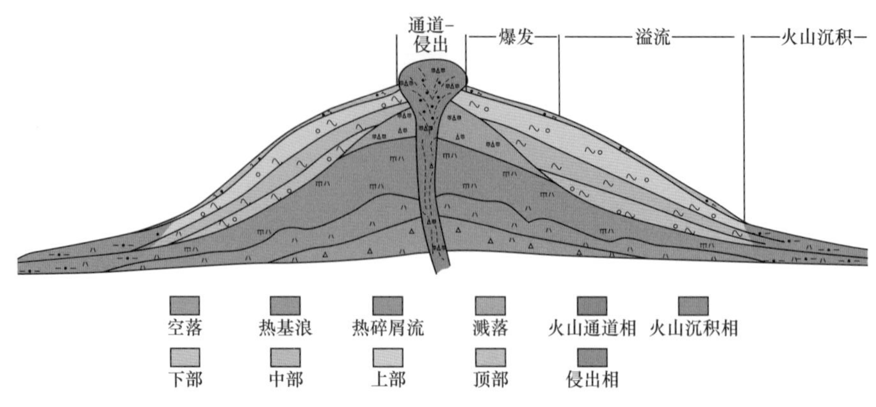

图 4-13 准东地区滴西地区石炭系火山岩相模式图

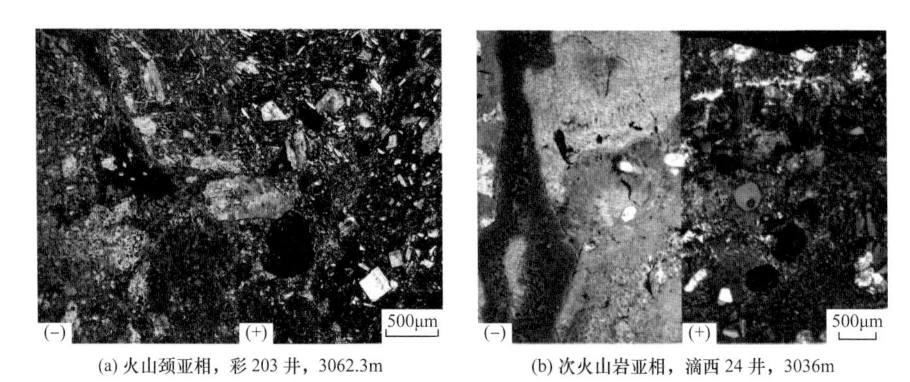

(a) 火山颈亚相，彩 203 井，3062.3m

(b) 次火山岩亚相，滴西 24 井，3036m

岩汁
5cm

(c) 隐爆角砾岩亚相，白碱沟东沟

图 4-14 准东地区石炭系火山通道相特征

1. 火山颈亚相

随着火山大规模的岩浆喷发和内部能量的释放，造成岩浆内压力下降，后期的熔浆由于内压力减小不能喷出地表，在火山通道中冷凝固结形成岩颈，或者由于热沉陷作用，火山口附近的岩层下陷拥塌，破碎的拥塌物被持续溢出冷凝的熔浆胶结而形成火山岩颈亚相。火山颈亚相通常直径 100 余米至 1000 余米，产状近于直立，呈柱状或喇叭形，与围岩呈非整合关系，通常穿切其他岩层，多发育在深断裂带附近，可由一种或多种岩性组成，其代表岩性为熔岩、角砾熔岩、凝灰熔岩、熔结角砾岩、熔结凝灰岩，岩石具斑状结构、熔结结构、角砾结构或凝灰结构，具环状或放射状节理。火山颈亚相的鉴定特征是不同岩性、不同结构、不同颜色的火山岩与火山角砾岩相混杂，其间的界限往往是清楚的。

2. 次火山岩亚相

在火山活动的中后期，随着喷发压力的降低，部分熔岩并没有达到地表，它们可能停留在地下较浅处，或沿层间壁隙充填、侵入到围岩中，便形成次火山岩亚相。次火山岩亚相多位于火山机构下部几百米到1500余米，与其他岩相和围岩呈指状交切或呈岩株、岩墙及岩脉形式嵌入。次火山岩亚相的代表岩性为玢岩和斑岩等次火山岩，具斑状结构至全晶质不等粒结构，冷凝边、流面、流线构造，柱状、板状节理。该亚相火山岩的结晶程度高于其他所有火山岩亚相，并且由于在岩浆活动的后期所发生的流体活动使得其斑晶常具有熔蚀现象。

3. 隐爆角砾岩亚相

形成于岩浆地下隐伏爆发条件下，是由富含挥发成分的岩浆入侵到岩石破碎带时由于压力得到一定释放但又不完全而产生地下爆发作用形成的。隐爆角砾岩亚相位于火山口附近或次火山岩体顶部，经常穿入其他岩相或围岩。其代表岩性为隐爆角砾岩，具隐爆角砾结构、自碎斑结构和碎裂结构，呈筒状、层状、脉状、枝杈状和裂缝充填状。角砾间的胶结物质是与角砾成分及颜色相同或不同的岩汁（热液矿物）或细碎屑物质。其主要特征为角砾岩由“原地角砾岩”组成，即不规则裂缝将岩石切割成“角砾状”，裂缝中充填有岩汁或细角砾岩浆，充填物岩性和颜色往往与主体岩性相似。

二、爆发相

爆发相形成于火山作用早期，是由于岩浆中含有大量气体对围岩造成巨大压力，因而产生岩浆（包括围岩）的爆炸，形成各种粒级火山碎屑物质的堆积。爆发相为火山猛烈喷发时形成的各种碎屑物质如集块、火山角砾、火山灰和火山尘等以各种形式堆积在火山口附近或火山口远端，根据不同火山碎屑物质、不同的运移堆积的方式，爆发相又可以分为空落亚相、热基浪亚相和热碎屑流亚相（图4–15、图4–16）。一般在一次爆发的末期，会有薄层的溢流沉积。

1. 空落亚相

空落亚相是固态火山碎屑和塑性喷出物在火山气射作用下在空中做自由落体运动降落到地表，经压实作用而形成的。多形成于火山岩序列的下部，或呈夹层出现，向上粒度变细。空落亚相的主要岩性类型为含火山弹和浮岩块的集块岩、角砾岩、晶屑凝灰岩。其主要特征是具有层理的凝灰岩层被弹道状坠石扰动而形成“撞击构造”，岩石具有集块结构、角砾结构和凝灰结构，颗粒支撑，常见粒序层理。

FMI图像特征	相		岩性	孔隙特征
	孔隙度/% 50—0	亚相		
		溢流	流纹岩、安山岩和玄武岩	气孔和微裂缝
		火山灰	凝灰岩	微孔和微裂缝
		热碎屑流	(熔结)凝灰角砾岩 (熔结)角砾凝灰岩 熔结凝灰岩	岩屑中残余气孔、角砾间火山灰溶蚀孔、火山灰微孔、裂缝充填残余孔、成岩微裂缝
		热基浪	熔结凝灰岩 流纹岩	相对致密
		空落	凝灰岩 火山(角)砾岩 火山集块岩	微孔、角砾间溶孔、成岩和炸裂微缝

图 4-15　爆发相火山碎屑岩成因序列及其综合特征

(a) 空落亚相
白碱沟西沟

(b) 热碎屑流亚相
白碱沟西沟

(c) 热碎屑流亚相—空落亚相
白碱沟东沟

图 4-16　准东地区石炭系爆发相特征

2. 热基浪亚相

该亚相是火山气射作用的气—固—液态多相体系在重力作用下于近地表呈悬移质搬运、重力沉积、压实成岩作用的产物，主要形成于爆发相的中、下部，构成向上变细变薄序列，或与空落亚相互层。构成热基浪亚相的主要岩性为含晶屑、玻屑、浆屑的凝灰岩，以晶屑凝灰结构为主，具火山碎屑结构，发育平行层理、交错层理，特征构造是逆行沙波层理。

3. 热碎屑流亚相

该亚相火山岩是由含挥发分的炽热碎屑—浆屑混合物，在后续喷出物推动和自身重力的作用下沿地表流动，受熔浆冷凝胶结与压实共同作用固结而成，以熔浆冷凝胶结成岩为主，多见于爆发相上部。其岩性主要为含晶屑、玻屑、浆屑、岩屑的熔结凝灰岩，具熔结凝灰结构、火山碎屑结构，块状，基质支撑。原生气孔发育的浆屑凝灰熔岩是热碎屑流亚相的代表性岩石类型。

三、溢流相

溢流相形成于火山喷发旋回的中期，是含晶出物和同生角砾的熔浆在后续喷出物推动下和自身重力的共同作用下，在沿着地表流动过程中，熔浆逐渐冷凝、固结成岩。溢流相的岩石往往黏度较小，易于流动，因而形成绳状岩流、块状岩流、自碎角砾岩流、枕状岩流和复合岩流等。组成溢流相的岩性多样，酸性、中性、基性火山岩中均可见到，尤以基性熔岩更发育。据岩石在岩体中所处位置可分为下部亚相、中部亚相、上部亚相（图 4-17、图 4-18）。

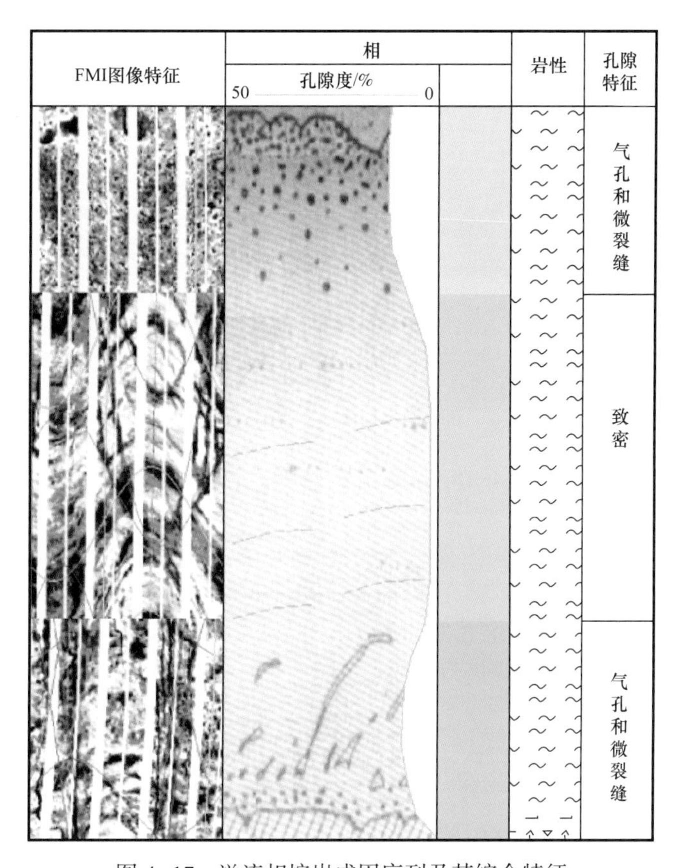

图 4-17　溢流相熔岩成因序列及其综合特征

(a) 上部亚相，白碱沟，C_1s　　(b) 上部亚相，滴西21 井，2868.7m

(c) 中部亚相，白碱沟东沟，C_1s　　(d) 中部亚相，白碱沟东沟，C_1s

(e) 下部亚相，白碱沟西沟，C_2b　　(f) 下部亚相，彩6 井，1719.0m

图 4-18　准东地区石炭系溢流相特征

1. 下部亚相

喷溢相下部亚相岩石的原生孔隙不发育，但岩石脆性强，裂隙容易形成和保存，所以是各种火山岩亚相中构造裂缝最发育的。

2. 中部亚相

喷溢相中部亚相孔隙类型多样、孔隙分布较均匀，其中原生孔隙、流纹理层间缝隙和构造裂缝都较发育，该亚相往往与原生气孔极发育的喷溢相上部亚相互层，构成孔、缝“双孔介质”极发育的有利储集体。

3. 上部亚相

上部亚相是原生气孔最发育的相带，原生气孔占岩石体积百分比可高达 25%～30% 直径为 1～30mm，气孔之间连通性差。在研究区典型岩性为杏仁状安山岩。

四、火山沉积相

火山沉积相是经常与火山岩共生的一种岩相，为各种火山碎屑物质在远离火山口的位置或火山喷发低潮期，与沉积物共同经过沉积作用形成的，常与沉积岩互层或呈现一定的层理。一般可分为含外碎屑火山沉积亚相、再搬运火山碎屑沉积亚相和凝灰岩夹煤沉积亚相（图 4-19）。研究区火山沉积岩广泛存在，在滴西、滴水泉、五彩湾等井区皆有发育。

(a) 凝灰岩夹煤沉积亚相，东泉1井，1600.7m

(b) 凝灰岩夹煤沉积亚相，东泉1井，1600.7m

(c) 再搬运火山碎屑沉积岩亚相，美004井，4621.8m

(d) 含外碎屑火山碎屑沉积岩亚相，彩30井，1740.4m

图 4-19 准东地区石炭系火山沉积相特征

五、侵出相

黏稠的酸性、中酸性和碱性岩浆，从火山通道上部或火山口旁侧裂隙中，缓慢挤出地表，堆积、冷凝而形成的地质体。综合王璞珺和王林涛的方案，将侵出相分为外带亚相、中亚带和内带亚相。在研究区主要以珍珠岩为代表，在滴西 22 井、滴西 21 井、滴西 10 井、滴 9 井及双井子剖面都有发育。

第四节 火山岩相组合特征及相序

火山岩喷发具有多期次、高能量的特点，火山喷发通常不是单独进行的，在不同的喷发时期、距离火山口不同的位置通常伴随着不同程度的沉积作用，因此一个完整的火山活动，即从火山开始活动到所有产物全部稳定，通常是火山作用与沉积作用的共同成果。

距离火山口不同的位置，火山—沉积建造不同，岩相组合变化大，但具有一定的规律性。前人通过各类资料对研究区火山机构进行识别，认为研究区北部陆东地区火山喷发方式为复合式喷发，即裂隙—中心式喷发，受构造影响岩浆沿断裂上移并溢出，在北东、东—西向两组断裂交会处，发育中心式喷发，其余中心式喷发火山口多沿断裂分布；研究区东部克拉美丽山前沙帐地区以中心式喷发为主；研究区南部西泉地区受西泉 3 井北断裂影响以裂隙式喷发为主，断裂两侧发育中心式喷发。根据前人研究成果及相关资料等对火山机构不同位置处岩相组合类型进行研究，认为研究区共发育四种岩相组合：水上环境近火山口岩相组合、水上环境远火山口岩相组合、水下环境近火山口岩相组合、水下环境远火山口岩相组合。

一、近火山口火山岩建造

中心式喷发指岩浆沿管状火山通道向上运移至地表附近，向四周喷发的过程。中心式喷发通常具有喷发活动强烈，形成典型的火山锥外貌的特征。中心式喷发火山口明显，距离火山口由近及远通常形成火山口、火山斜坡、过渡环境三部分。裂隙式喷发指岩浆沿断裂或大型裂缝运移至地表喷出，并沿地面流动的喷发形式，相较于中心式喷发，裂隙式喷发活动相对温和。因此中心式喷发与裂隙式喷发的近火山口火山岩建造在环境影响下明显不同。

岩浆自岩浆房经火山通道相上升至火山口，火山发生强烈喷发，形成大量的结构特征不同的火山碎屑物质，其中粗火山碎屑物质如集块岩、火山角砾岩等在重力作用下发生自由落体，就近堆积在火山口，形成近火山口堆积相。粗碎屑物质形成近火山口堆积相的同时，岩浆喷发可形成包含有大量碎屑物质的火山喷发柱，当火山喷发柱垮塌之后，火山喷发柱顶部热气裹挟着大量的细碎屑物质和熔浆在热气底浪作用下沿火山斜坡向前运移，在运移过程中熔浆逐渐冷却，在近火山口的火山斜坡形成具有熔结结构的火山碎屑岩。在大量火山碎屑物质射出火山口之后，大量岩浆沿火山口喷溢，在地表流动，形成熔岩。受岩浆流动速度、火山碎屑物质上升高度和降落时间及火山喷发强弱程度的影响，形成近火山口爆发相火山碎屑岩和溢流相熔岩的互层。

1. 水上环境近火山口岩相组合

水上环境近火山口建造相组合为火山通道相—溢流相—爆发相—溢流相—爆发相

（图 4–20、图 4–21），该套组合最常见的火山岩建造为火山通道相的隐爆角砾岩、角砾熔岩、凝灰熔岩、熔结凝灰岩、熔结角砾岩、次火山岩等与火山角砾岩、凝灰岩、玄武岩、安山岩、流纹岩、英安岩、粗面岩、粗玄岩等相组合。该套组合以火山通道相为特征，隐爆角砾结构、熔结结构为近火山口水上喷发的典型特征，此外，粗火山碎屑物质的堆积也是近火山口岩性建造的普遍特征。研究区白碱沟剖面松喀尔苏组和双井子剖面巴山组均具有典型的近火山口岩相组合。在白碱沟东沟可见到大量爆发相安山质角砾岩、角砾熔岩与溢流相安山岩互层，具有典型的水上环境近火山口喷发特征。

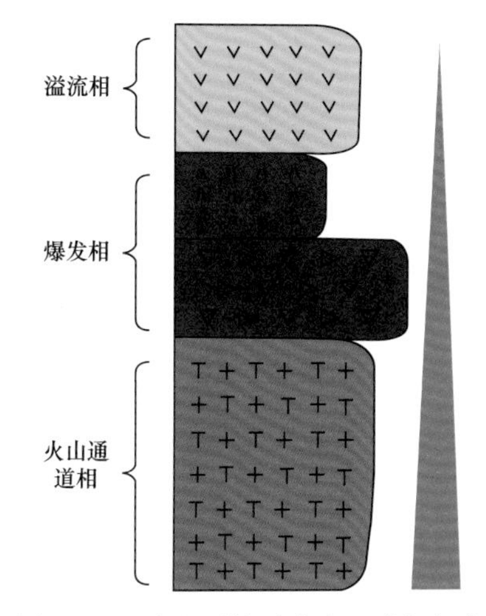

图 4–20　水上环境近火山口岩相组合

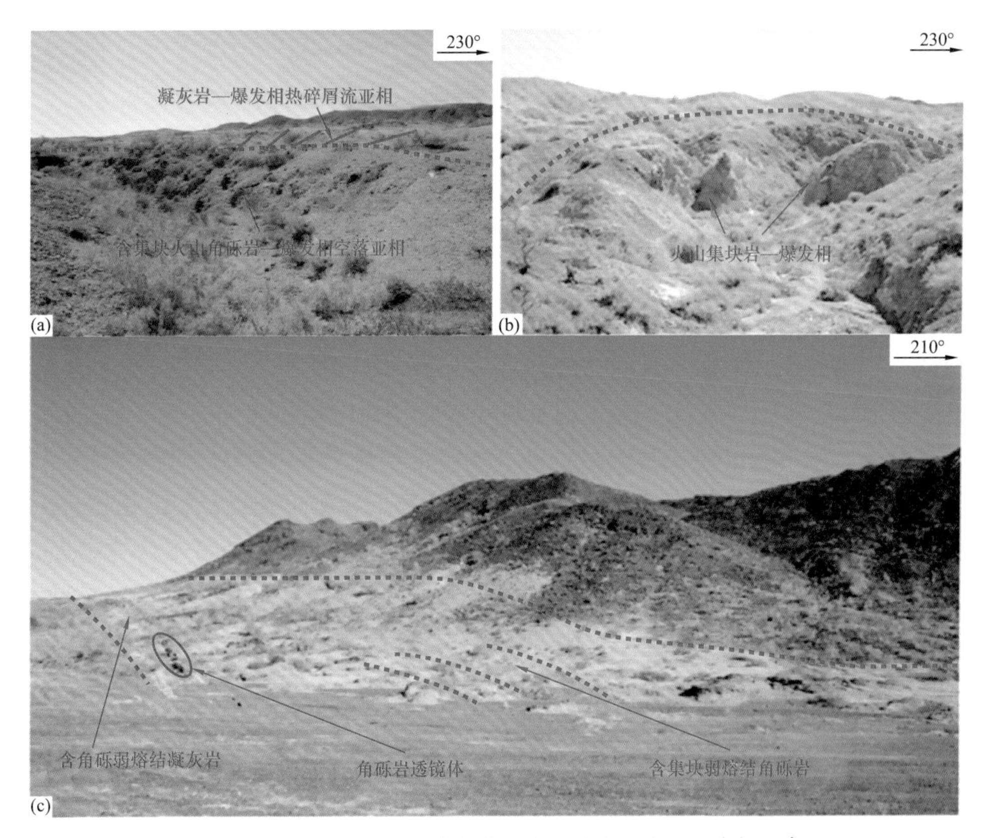

图 4–21　白碱沟露头松喀尔苏组水上喷发近火山口岩相组合

研究区白碱沟剖面松喀尔布组、双井子剖面巴山组均具有典型的水上环境近火山口岩相组合。在白碱沟东沟可见到大量安山质角砾岩、角砾熔岩、隐爆角砾岩与溢流相安山岩互层，具有典型的水上环境近火山口喷发特征（图 4–22）。在五彩湾井区、美井区上石炭统也存在水上喷发近火山口岩相组合。

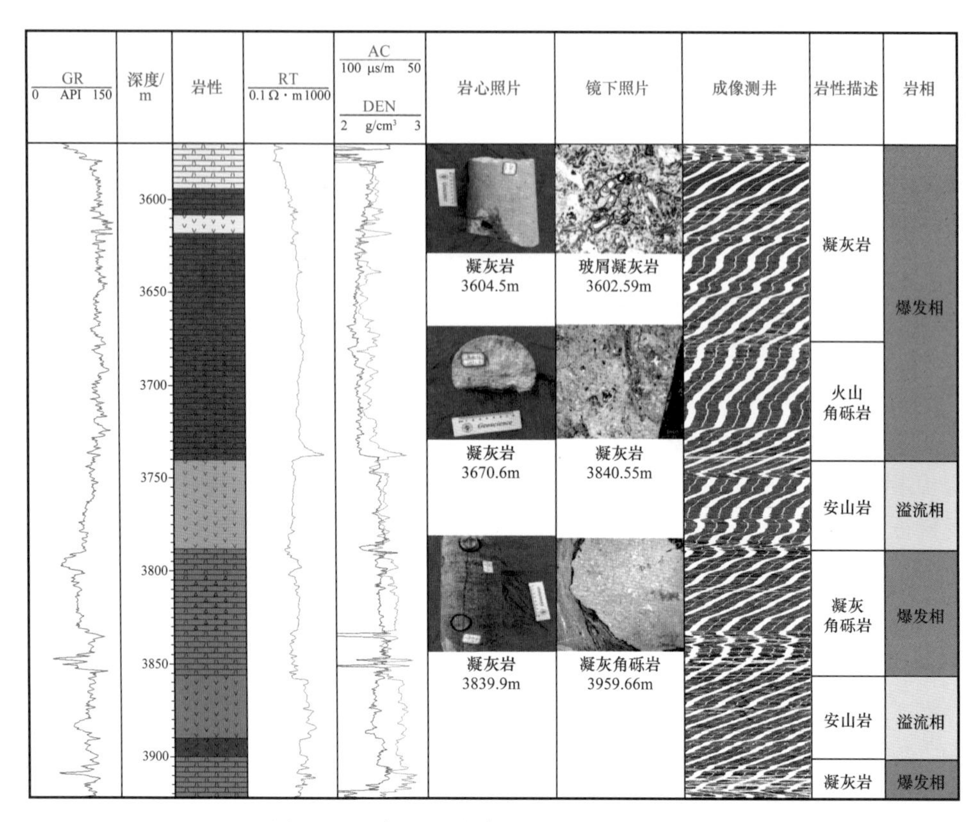

图 4-22　滴西 14 井水上近火山口岩相组合

2. 水下环境近火山口岩相组合

如果喷发作用发生在水体之下，则具有火山作用与沉积作用同时进行的特征，以爆发相—火山通道相—侵出相—溢流相—火山沉积相交替出现为标志（图 4-23）。该套组合的火山岩建造为爆发相粗火山碎屑岩、火山通道相的隐爆角砾岩、侵出相枕状珍珠岩、溢流相细碧岩、熔岩相组合。在富水环境中进行火山作用的同时还进行着强烈的沉积作用，岩浆自岩浆房上升至火山口，在强烈喷发之后形成的火山碎屑物质在水流作用下发生搬运、沉积、再搬运、再沉积等作用。近火山口水下喷发以火山口附近粗碎屑物质聚集、侵出相枕状珍珠岩发育为典型特征（图 4-24）。当岩浆运移至火山口发生猛烈喷发，围岩炸裂，粗碎屑成分如火山角砾岩、集块岩等在重力作用下就近堆积。岩浆挤压出地表遇水淬火，骤然冷却，形成细碧岩、珍珠岩，成为水下喷发的典型岩性。向远端逐渐过渡至正常流纹岩，在浅水环境下，随着火山口喷发物不断堆积接近水上环境，有珍珠岩转变为溢流相熔岩。

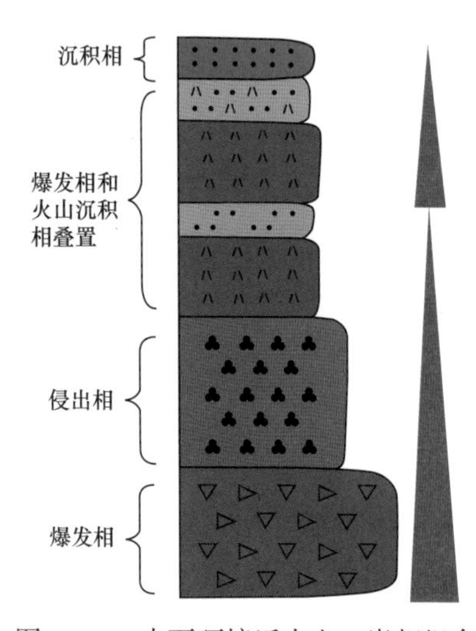

图 4-23　水下环境近火山口岩相组合

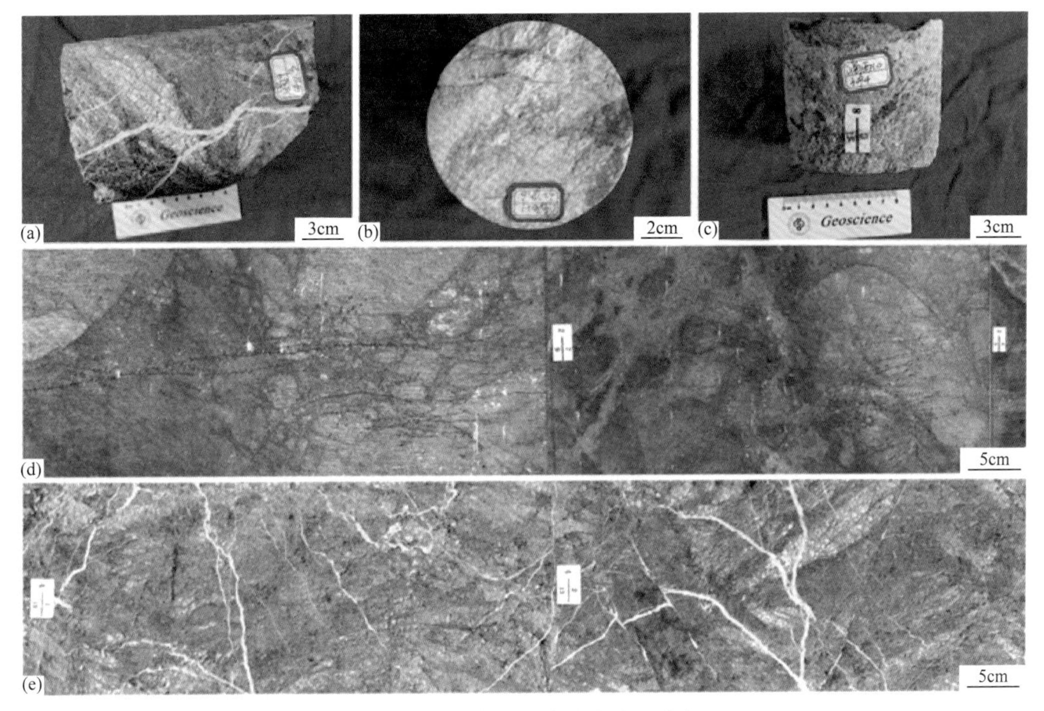

图 4-24　滴南凸起珍珠岩岩心特征

研究区双井子地区、滴西井区东部均有水下环境近火山口岩相组合发育。双井子剖面发现大量的膨润土层、珍珠岩和石泡流纹岩夹层，并逐渐过渡至溢流相，形成爆发相—侵出相—溢流相岩性组合。滴 22 井与滴西 29 井发育大段珍珠岩（图 4-25），是水下环境近火山口喷发的典型岩相。

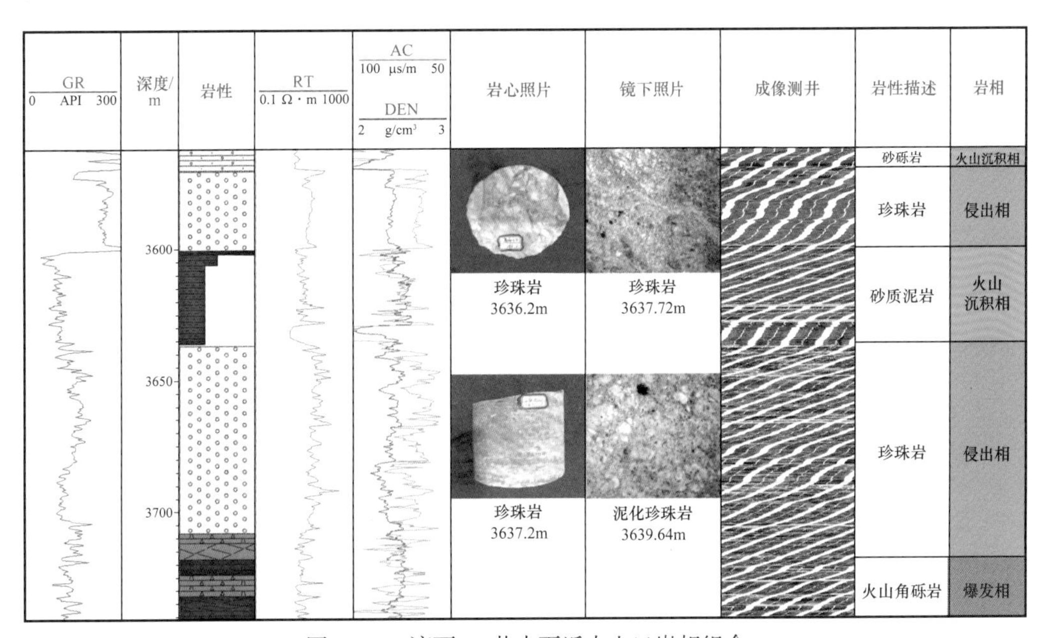

图 4-25　滴西 22 井水下近火山口岩相组合

二、远火山口火山—沉积岩建造

远火山口多位于火山斜坡远端直至进入火山—沉积环境或沉积环境，不论是水下喷发还是陆上喷发，其岩性组合均表现为沉积组分增多，沉积作用参与明显。

1. 水上环境远火山口岩相组合

水上环境远火山口岩相组合多为溢流相—爆发相—火山沉积相（图4-26），大多位于火山斜坡远端。火山—沉积岩建造表现为溢流相熔岩—爆发相凝灰岩—火山沉积岩与沉积岩互层。在远离火山口一端，熔岩流向前流动并逐渐减薄，火山爆发初期形成的大量火山碎屑物质除粗碎屑物质堆积在火山口，细碎屑物质如火山灰、火山尘等因为受重力影响小，在空中持续停留并随气流向远离火山口方向扩散，在较远处落下，经成岩作用后形成溢流相熔岩之上的凝灰岩，由于距离火山口较远，沉积作用逐渐增强，飘落的火山灰常与正常沉积物一同沉积，经沉积作用形成火山沉积岩，并逐渐过渡到沉积岩。白碱沟西剖面喀尔苏组上段出现远火山口喷发组合（图4-27），大段远火山口爆发相凝灰岩与沉积岩组合，经过短暂停歇，出现薄层溢流相玄武岩与沉积岩组合，为喷发后期在火山斜坡远端的岩相组合。

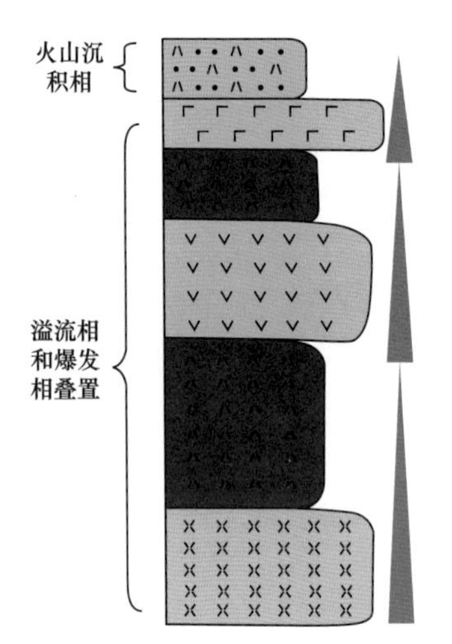

图4-26 水上环境远火山口岩相组合

图4-27 白碱沟剖面水上喷发远火山口岩相组合（45°02′13.67″N，89°02′7.70″E）

研究区滴西井区巴山组也存在水上喷发远火山口岩相组合，以滴17井为例（图4-28），表现为大段爆发相凝灰岩与凝灰质砂岩互层，凝灰质砂岩具有较弱的成层性，说明受水体影响小，且整段均为细碎屑物质，缺少角砾岩等粗碎屑岩和大段的溢流相熔岩，因此判定为水上环境远火山口岩相组合。

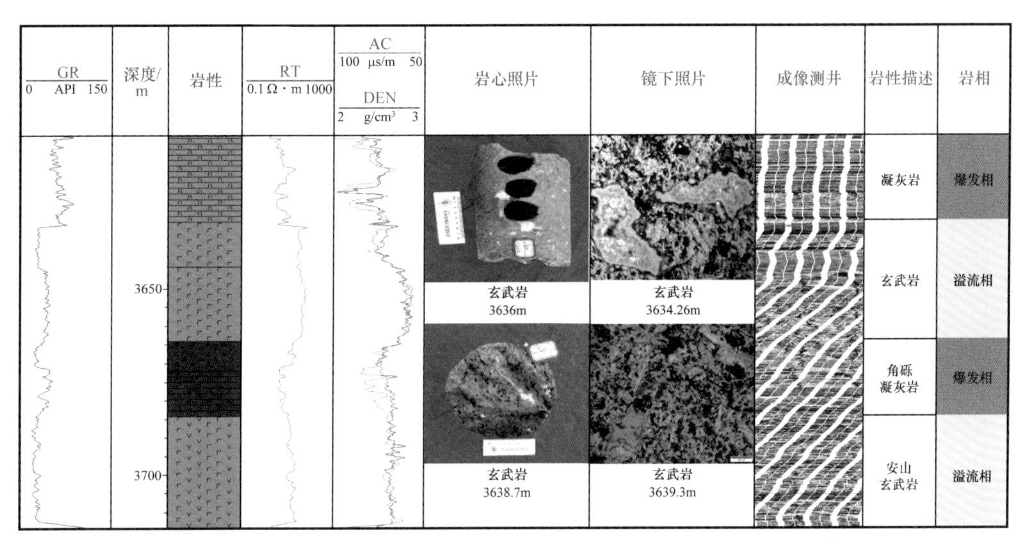

图4-28 滴西17井水上远火山口岩相组合

2. 水下环境远火山口岩相组合

如果在水下发生喷发运动，则远火山口岩性建造具有更强的沉积作用参与，经过长距离的搬运沉积，通常表现为具有明显韵律的沉火山碎屑岩或火山碎屑沉积岩与沉积岩频繁互层，沉火山碎屑岩与火山碎屑沉积岩通常为细碎屑组分，具有一定的分选与磨圆，有时沉积岩中可见海相化石。水下远火山口的岩相组合一般为溢流相—火山沉积相的岩相组合形式（图4-29）。

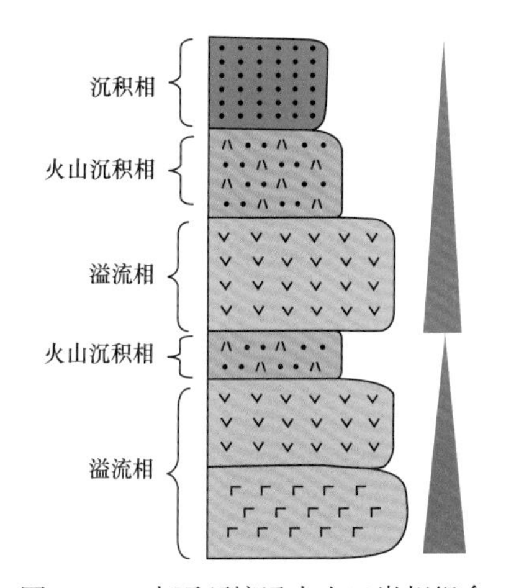

图4-29 水下环境远火山口岩相组合

研究区白碱沟剖面松喀尔苏组下段具有水下环境远火山口喷发的特征，该段出现大段暗色泥岩与凝灰质泥岩、凝灰质砂岩、凝灰岩、薄层玄武岩、石泡流纹岩互层，在与暗色泥岩直接接触的石泡流纹岩界面出现大量水下喷发熔岩具有的石泡构造。整体表现为沉积相与火山沉积相、溢流相频繁互层，组成水下喷发远火山口相组合（图4-30）。

三、石炭系火山岩岩相相序

同沉积岩的沉积相一样，火山岩岩相和亚相之间的依存关系（相序）和变化规律

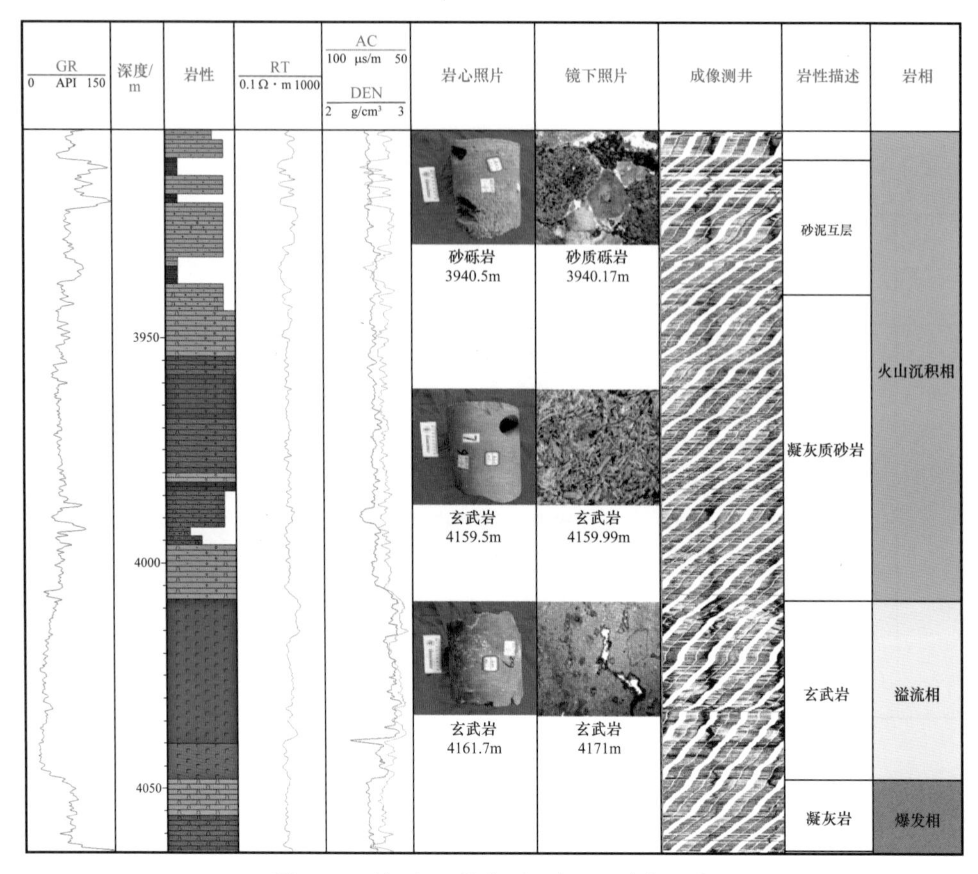

图 4–30　滴西 24 井水下远火山口岩相组合

（相律）是认识和刻画火山岩相的重要内容，更是建立火山岩相模型、约束地震资料解释和火山岩储层预测的基础。但是由于火山岩原始喷发相和亚相的变化十分复杂，任何火山岩喷出地表后都经历过一定时间的剥蚀改造，火山岩序列还经历了块断、掀斜、差异升降、局部剥蚀和再搬运沉积等改造作用。

一个完整的火山喷发形成的岩相序列在纵向上为：火山通道相→爆发相→溢流相→浅成侵入相→火山沉积相，这只是一个理想的火山喷发的岩相序列模式，但是实际情况只会出现其中的两三种岩相：爆发相→溢流相→火山沉积相，反映火山活动由强变弱的过程，还可能出现一种相序的重复或者颠倒。研究区常见与上述相反的情况，即下部为熔岩，中部为火山碎屑岩，上部为沉火山碎屑岩的溢流相→爆发相→火山沉积相，反映火山活动由喷溢到爆发再到宁静的过程，由于本区的火山爆发作用总体不强，所以多数为以溢流相为主的熔岩和爆发相为主的凝灰岩，分布于离火山口中远距离的位置。在靠近滴水泉西断裂附近的滴西 33 井、滴西 34 井可见大段的溢流相→爆发相相序；而在五彩湾井区的大部分井中可见厚度较薄、数量较多的溢流相→爆发相的相序循环；在滴西 18 井区还可见巨厚的由浅层侵入作用形成的花岗斑岩。

表 4-3　火山岩的典型岩相组合

岩相组合序列	典型井	解释
溢流相—爆发相—火山沉积相	分层；GR 0 API 150；深度/m；岩性；RT 0.1Ω·m 1000；AC 120 μs/m 50；DEN 2 g/cm³ 3；镜下照片；岩相 C_2b；3500；3550 火山沉积相；爆发相；溢流相	反映火山活动由弱渐强再到宁静的过程
爆发相—火山沉积相的互层	分层；GR 0 API 150；深度/m；岩性；RT 0.1 Ω·m 1000；AC 120 μs/m 50；DEN 2 g/cm³ 3；岩相 C；2950；3000；3050；3100；3150 爆发相	主要为凝灰岩和泥质粉砂岩的互层，表现为爆发相向火山沉积相的过渡
溢流相—爆发相的重复叠置	分层；GR 0 API 150；深度/m；岩性；RT 0.1Ω·m 1000；AC 120 μs/m 50；DEN 2 g/cm³ 3；镜下照片；岩相 C；3400；3450；3500；3550；3600；3650；3700；3750；3800；3850；3900；3950 爆发相；喷溢相；爆发相；喷溢相；爆发相；喷溢相	反映了火山活动由弱渐强的重复变化，熔岩的岩性也由下部的中性渐变到基性
浅层侵入相	分层；GR 0 API 150；深度/m；岩性；RT 0.5 Ω·m 1000；AC 120 μs/m 50；DEN 2 g/cm³ 3；岩心照片；镜下照片 C；3450；3500；3550；3600	滴西 18 井区出现大范围浅层侵入相的花岗斑岩，厚度达 300 多米

第五节　火山岩相分布特征

在岩性识别和岩石类型划分的基础上，根据火山岩岩相标志，结合岩心、测井、地震等资料进行岩相划分，预测火山岩岩相的平面和纵向的空间分布，编制滴西、滴水泉、五彩湾井区的石炭系火山岩岩相图。

一、岩相剖面展布特征

根据过井剖面的地震反射特征，结合各个井区单井、连井相分析的结果，绘制研究区各井区的火山岩剖面相图，并通过相交测线的剖面进行验证和补充。

根据分层以及对地震剖面的追踪对比可以发现：在滴西井区石炭系顶部可见明显的剥蚀现象，上石炭统厚度较薄，井区东、西部可见巴山组，中部地层已剥蚀消失；下石炭统基本得以保留。滴西井区除下石炭统底部的大套泥质沉积岩外，其余以溢流相和爆发相为主，夹少量火山沉积相（图 4–31）。

五彩湾井区主要位于五彩湾凹陷，虽然地震显示也存在一定风化剥蚀，但石炭系上下统皆有发育。石炭系由西向东地层逐渐变厚，上石炭统主要发育巴山组，主要为溢流相和爆发相，部分地区石炭系顶部可见上石炭统石钱滩组，可见石灰岩或灰质碎屑岩沉积，下石炭统主要发育松喀尔苏组和滴水泉组，松喀尔苏组主要为溢流相和爆发相的组合，滴水泉组主要为泥岩沉积，夹少量火山岩（图 4–32）。

二、岩相平面展布特征

在单井岩相解释和地震岩体刻画的基础上，对工区岩相特征进行分析描述。以滴西井区为例，滴南地区石炭系顶部遭受强烈的风化剥蚀作用，部分火山岩地层缺失，导致滴南地区不同的喷发期次直接与上层岩层不整合接触。由于滴西井区石炭系的多数井都未钻穿，而且下石炭统的埋深较深，故下石炭统的底部旋回难以确定。而下石炭统上部松喀尔苏组到上石炭统巴山组的火山岩几乎覆盖了全区，只有西部离火山口较远的地方有部分岩相的变化。最后期次的火山岩发育在上石炭统上部，但是经历了强烈的风化剥蚀，仅在剥蚀较弱的地方可见。喷发旋回的平面分布呈明显的火山喷发模式分布，火山口为火山角砾岩的爆发相，离火山口较近的区域可见爆发相向溢流相过渡的现象，离火山口较远的地方即在研究区的西部（滴西 24 井附近），在火山的喷发间隙会出现火山沉积相和沉积相（图 4–33）。

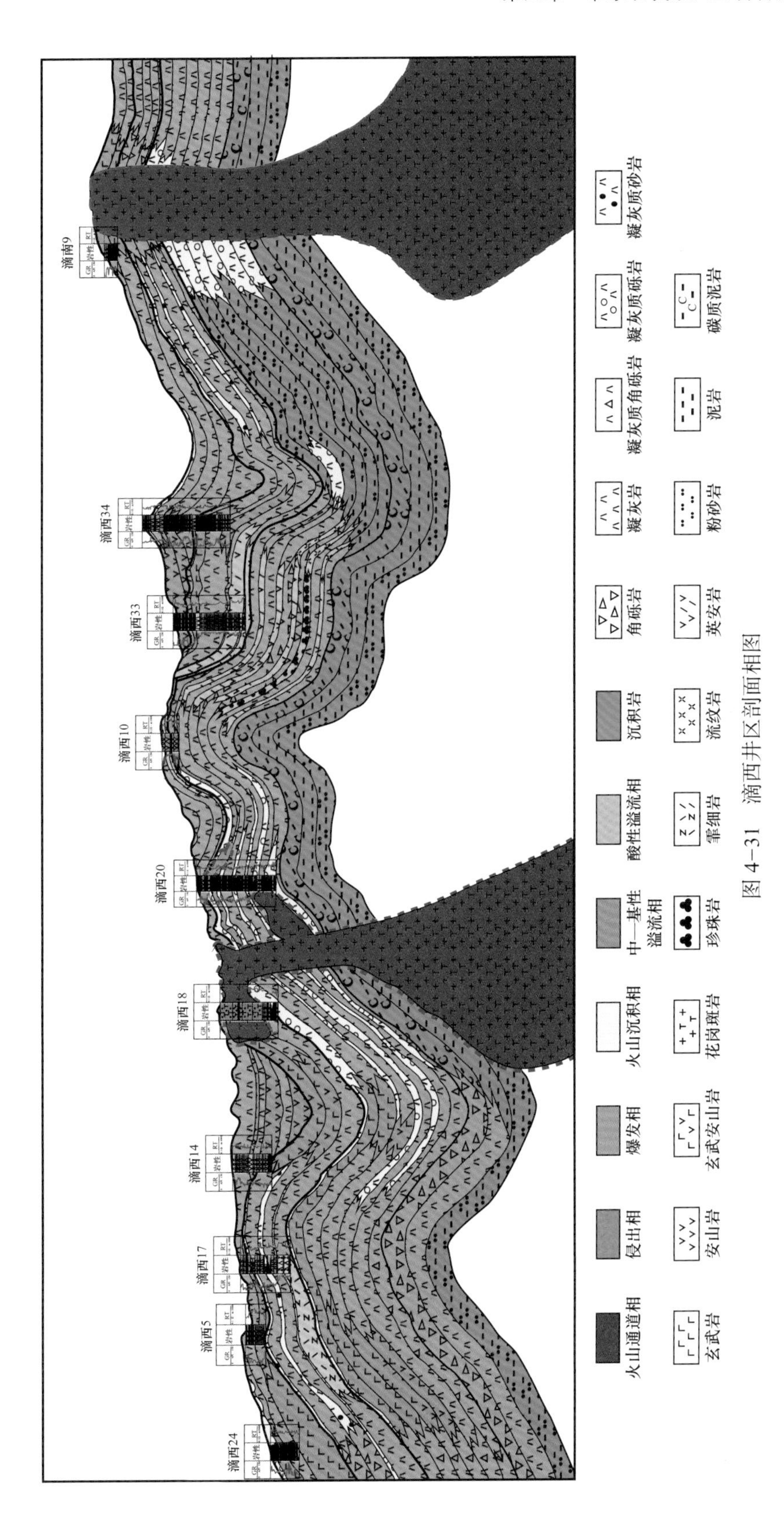

图 4–31　滴西井区剖面相图

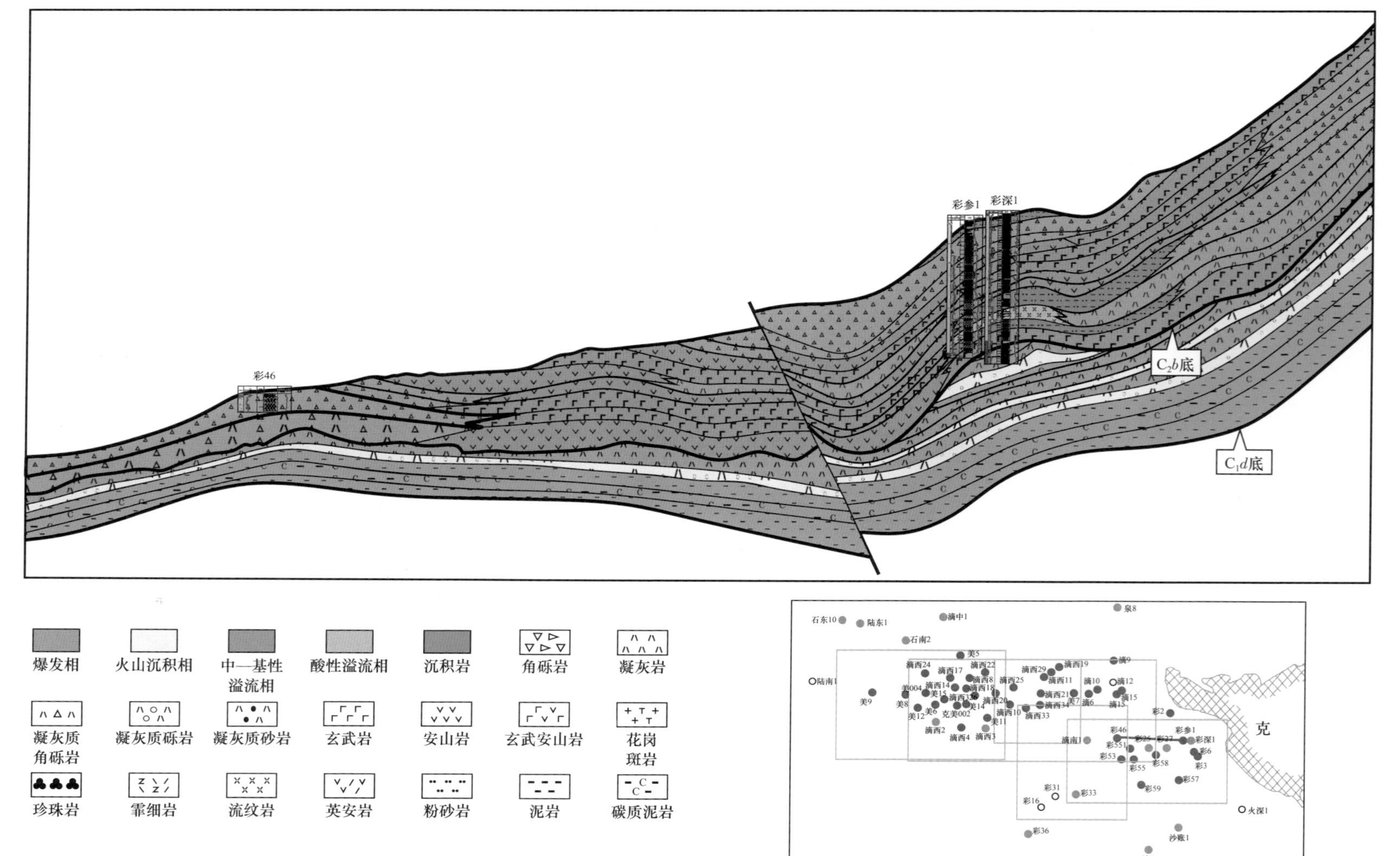

图 4-32　五彩湾井区石炭系地层剖面相图

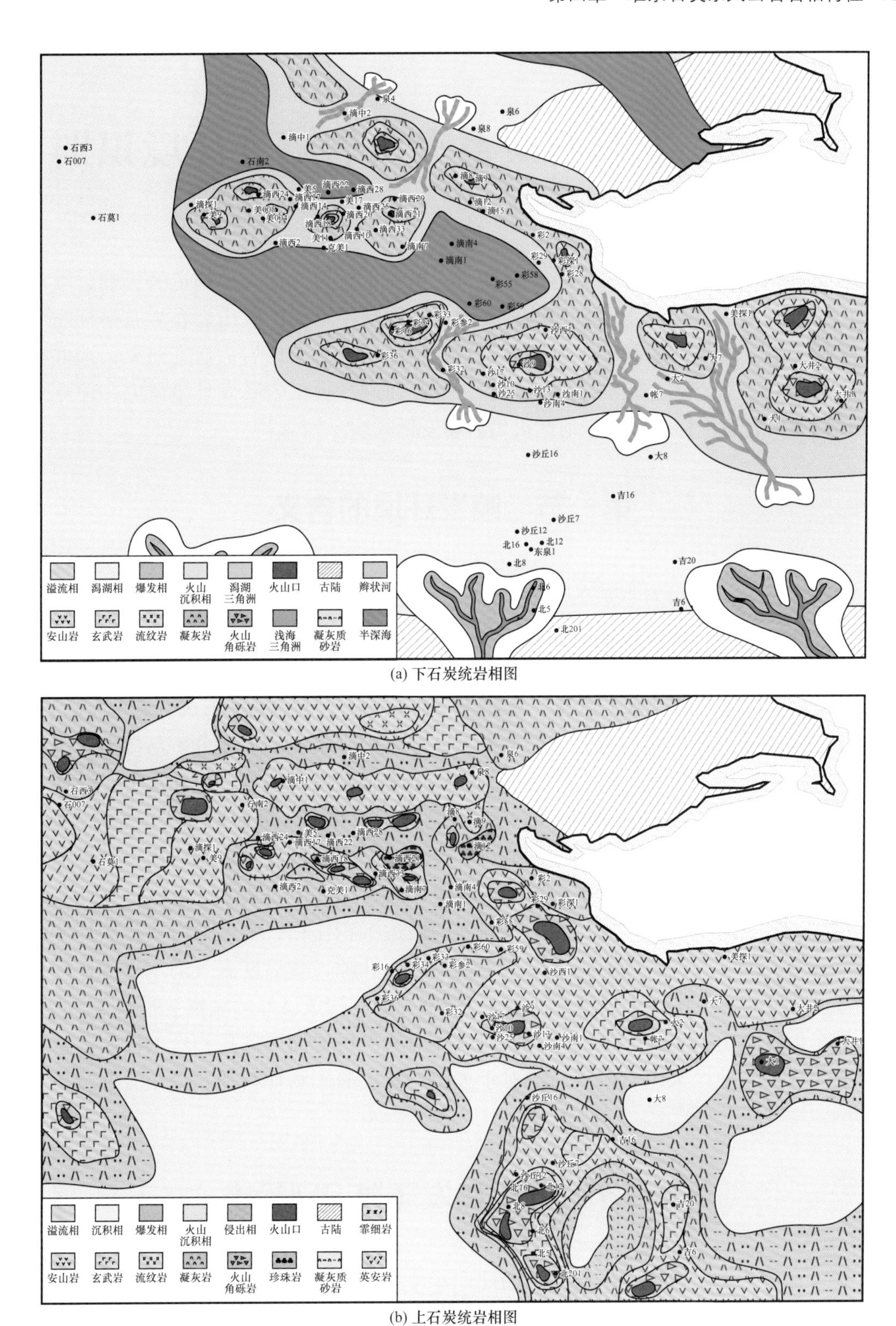

(a) 下石炭统岩相图

(b) 上石炭统岩相图

图 4-33　准东地区石炭系岩相平面展布图

第五章　准东石炭系火山岩喷发环境识别

准噶尔盆地东部石炭系构造运动复杂，火山喷发频繁。受大地构造的影响，准东地区火山岩存在水上喷发和水下喷发两种类型，不同环境形成的火山岩在岩石学标志和地球化学标志上具有不同的特征。以准噶尔盆地东部石炭系火山岩为研究对象，选取典型剖面、典型井，从宏观、微观、地球化学三个方面进行火山岩喷发环境研究，建立不同喷发环境火山岩识别标志和准东地区火山岩喷发模式。

第一节　喷发环境的含义

喷发环境作为火山岩形成的第一环境，对火山岩储层储集空间有至关重要的影响。根据火山岩喷发所在的地理环境可分为水上喷发和水下喷发两种环境，根据后期保存形式，水上喷发又可分为水上喷发水下沉积、水上喷发水上沉积；水下喷发又可分为水下喷发水下沉积、水下喷发水上沉积。喷发环境对火山岩储集空间的形成有着较大的影响，当火山在水体深部喷发时，受静水压力影响，溶解于岩浆中的挥发分不易挥发，因此难以形成孔隙，加之水体高钠的化学成分，使火山岩容易发生蚀变，此外水下还原环境及水体的低温环境对火山岩孔隙与裂缝均有一定程度的影响，进而影响火山岩储层物性。开放水体具有流动性，伴随着强烈的搬运、分选、淋滤、沉淀等沉积作用，对火山岩的孔隙与裂缝同样有着较大的影响。与水下环境相比，当火山在浅水环境或陆上环境喷发时，没有强大的静水压力，高钠环境及强烈的搬运沉积作用，水上环境或浅水环境通常为氧化环境，因此在火山喷发时易形成丰富的原生孔隙，受后期大气降水淋滤作用，还容易形成丰富的次生孔隙，使得孔隙之间连通性变好，构成良好的储集空间。

准东地区火山岩大量发育，然而其形成环境和火山岩储层储集物性的控制因素尚不明确。研究准东地区火山岩形成环境对于火山岩储层储集物性特征及分布有着至关重要的影响。

第二节　不同喷发环境识别标志

水上环境与水下环境火山岩最大的区别在于环境介质的不同：水上环境喷发形成的火山岩在开放的氧化环境下堆积成岩，并接受开放环境中的大气降水；水下环境喷发形成的火山岩在水介质的包围下处于一个封闭的特殊的化学环境。因此不同环境形成的火山岩在岩石学特征与地球化学特征方面有着显著的区别。

一、岩石学标志

不同环境形成的火山岩在宏观构造、岩性组合及微观结构上有着显著的区别。岩石由矿物组成，而矿物是在地质作用过程中，在一定物理化学条件下形成的自然体。岩浆作用是影响矿物形成的重要内生作用之一，当水体参与到岩浆作用之中时，在内生作用与外生作用的共同作用之下，矿物的形成受到极大的影响，进而导致不同环境火山作用形成的岩石具有不同的岩石学特征（表 5-1）。

表 5-1　不同喷发环境火山岩岩石学识别标志

识别标志	喷发环境类型			代表性地区或火山机构
	水上喷发火山岩		水下喷发火山岩	
岩性类型	无特征岩性	皆可发育火山熔岩，火山碎屑熔岩，火山碎屑岩及沉火山碎屑岩	珍珠岩、细碧岩、石泡流纹岩、枕状熔岩等	泉 4 井、滴西 22 井、滴西 21 井、滴西 29 井等
岩性组合	无特征组合	皆可发育火山熔岩，熔岩 + 碎屑熔岩，火山碎屑岩及沉火山碎屑岩	可见火山岩与海相或湖相沉积层互层或夹在其中，可见沉火山碎屑岩夹泥岩或煤、珍珠岩等	白碱沟西沟剖面、滴水泉剖面
构造	气孔构造发育，流纹构造、柱状节理发育	皆可发育气孔杏仁构造、流纹构造、块状构造	气孔构造不发育，大多被绿泥石方解石等充填形成杏仁构造，发育珍珠构造、变形流纹构造、枕状构造等	白碱沟东沟剖面、滴西 10 井、泉 8 井
微观结构	常见间粒结构、间隐结构、填间结构，长石晶形较完整	都发育球粒结构	常见细碧结构、中空骸晶结构、球颗结构、自碎结构、珍珠构造、杏仁构造、冻鱼层构造等	泉 4 井、滴西 34 井、滴西 14 井、滴西 29 井等
蚀变	蚀变相对弱	皆可发生各类蚀变	蚀变强烈，钠长石化明显	彩 203 井、彩 33 井
化石	常与陆相化石伴生		常与海相化石伴生	双井子、滴水泉剖面

1. 宏观岩石学标志

水上喷发火山岩与水下喷发火山岩在宏观标志上具有显著差异，主要表现为以下几点：

（1）水上喷发火山岩处于开放环境与氧气充分接触，通常表现为红色、褐色、棕色等氧化色；水下喷发火山岩处于水体封闭环境，缺乏氧气，通常表现为黑色、灰色、灰白色、灰绿色等还原色。

（2）水上喷发火山岩在大气压下喷出地表，通常较发育气孔构造；水下喷发火山岩在静水压力作用下，通常不发育气孔构造，浅水环境下形成的气孔通常会在水体作用下被绿泥石、海绿石、方解石等充填，形成杏仁构造。

（3）水上喷发火山岩熔岩成分变化大，基性、中性、酸性均有出现；水下喷发火山岩受钠离子影响，多以基性为主，常见细碧岩、角斑岩、珍珠岩等特殊岩性。

（4）水上喷发火山岩通常发育流纹构造、柱状节理等；水下喷发火山岩受水体影响，通常发育变形流纹构造、枕状构造等。

（5）水上喷发火山岩多为岩浆喷出后在空中自由落体或是火山灰在广阔的范围内缓慢飘落，一般成层性较差，分选较差，熔结结构发育，常与含有植物碎屑的沉积岩互层，与下伏地层呈不整合接触；水下喷发火山岩由于开放水体的流动性，通常具有强烈的搬运、分选、淋滤、沉淀等沉积作用，因此成层性较好，分选较好，通常不发育熔结结构但可见冻鱼层构造，通常与含有海相化石的沉积岩频繁互层，与下伏地层呈整合接触。

（6）水上喷发火山岩火山灰飘落在陆相环境，通常形成凝灰岩、凝灰质沉积岩；水下喷发火山灰通常与水体中的沉积物一同沉积下来，沉积范围有限，常形成火山沉积岩，根据距火山口的远近，可分为不同粒级的火山沉积岩。

2. 微观岩石学标志

除宏观标志外，在微观结构上，不同环境形成的火山岩也具有不同的特征（表 5-1）。

水上喷发火山熔岩通常具有常规火山熔岩的微观结构，如间粒结构、间隐结构、填间结构等，通常具有自形程度高，晶型较完整的长石。水下喷发火山熔岩通常具有细碧结构、珍珠构造、中空骸晶结构、隐束结构、球粒结构、自碎斑状结构、杏仁构造等特殊结构，其中中空骸晶结构表现为具有细长条状的钠长石骸晶，其内部中空，边部呈锯齿状，这是由于水下熔岩急剧淬火，温度迅速下降，离子扩散困难，结晶物质供不应求的条件下迅速形成的一种特殊结构，其常与细碧结构伴生；珍珠构造是由于温度骤降使得熔岩形成大量弧形珍珠状裂纹；自碎斑状结构表现为矿物在低温下原地破碎，未发生明显位移；在浅水环境下喷发的熔岩可形成孔隙，但由于被水环境包围，孔隙通常被纯净的绿泥石或海绿石等海相矿物充填，形成杏仁构造，其与水上环境形成的杏仁构造相比，孔隙内部杏仁成分更加单一，更加纯净。

水上喷发形成的火山碎屑岩以正常火山碎屑岩为主，水下喷发形成的火山碎屑岩多为火山沉积碎屑岩，常见水携型沉积构造。水携型沉积构造是火山喷发的各种碎屑物质经水流作用搬运沉积而成，其沉积环境可以是海洋（深海或浅海）、河流、湖泊及三角洲等沉积环境，常常可见和沉积岩类似的各种结构构造，如交错层理、水平层理、平行层理、底冲刷等。水体携带火山碎屑物质流动特征明显，是典型的水下喷发微观结构。

二、地球化学标志

运用地球化学手段来判断火山岩环境特征是一种常用的手段，本次项目从火山岩和沉积岩两个角度出发通过有机地球化学和无机地球化学手段来判断火山岩形成环境。

1. 无机地球化学标志

无机地球化学是判断环境的一种重要方法，利用无机地球化学既可以进行氧化还原性判断，又可以进行古盐度判断。项目利用无机地球化学对与火山岩频繁互层的沉积岩夹层进行氧化还原性判断，进而判断研究区火山岩形成环境。

（1）氧化还原性判断。

氧化系数是判断火山岩喷发环境的重要参数，氧化环境和还原环境具有不同的pH值和Eh值，使得铁呈现不同的价态，氧化环境下铁通常以Fe^{3+}状态存在，在还原条件下铁以Fe^{2+}状态存在，因此利用研究样品的Fe^{3+}和Fe^{2+}可对研究区氧化还原环境进行判断。一般认为$Fe^{2+}/Fe^{3+} \gg 1$为还原环境，$Fe^{2+}/Fe^{3+}>1$为弱还原环境，$Fe^{2+}/Fe^{3+}=1$为中性环境，$Fe^{2+}/Fe^{3+}<1$为弱氧化环境，$Fe^{2+}/Fe^{3+} \ll 1$为氧化环境。但由于受喷发环境、岩浆性质以及成岩作用的影响，该方法并不理想，所以项目采用李明连等（2014）的定义和计算方式来计算氧化系数，即$OX=Fe_2O_3/(Fe_2O_3+FeO)$，结合研究区火山岩的酸碱度，采用鲜本忠（2017）所作喷发环境图版对研究区样品进行环境判断。

铀、钍等放射性元素也可以指示环境的氧化还原性，铀、钍两种放射性元素通常赋存于泥质岩中，铀元素性质活跃，迁移能力较强，因此可以迁移较远的距离，在离岸方向可富集，钍元素迁移能力弱，通常吸附在细粒沉积物中，因此铀、钍比可作为判断氧化还原环境的指标之一，通常情况下氧化环境中U/Th值较低，一般小于0.75，还原环境中$U/Th>1.25$。此外，还可以用$\delta U=U/[0.5\times(Th/3+U)]$来进行氧化还原环境的判断，正常水体环境$\delta U<1$，缺氧还原环境中$\delta U>1$。

氧化还原作用对钒、镍、钴、铬等元素的迁移、共生和沉淀起到重要的作用。这些元素主要被胶体质点或黏土等吸附，钒元素在还原条件下易被吸附，镍、铬、钴元素在还原条件下易富集，因此可用V/（V+Ni）、V/Cr、Ni/Co来判断研究区氧化还原环境。通常情况下，$V/(V+Ni)<0.46$为氧化环境；$0.46<V/(V+Ni)<0.6$为过渡环境（贫氧环境），$V/(V+Ni)>0.6$为还原环境；$V/Cr<2.0$为氧化环境，$2.0<V/Cr<4.25$为贫氧环境，$V/Cr>4.25$为还原环境；$Ni/Co<5$为氧化环境，$5<Ni/Co<7$为贫氧环境，$Ni/Co>7$为还原环境（表5-2）。

铈元素作为变价元素，对氧化还原环境十分敏感，吴明清（1992）认为，海水中的Ce^{3+}活度（浓度）直接与海水的氧分压（即Eh条件）和pH值条件有关，在一定的pH值条件下，若水体为氧化环境，Ce^{3+}会被氧化为Ce^{4+}，若为还原环境，则Ce^{4+}被活化以Ce^{3+}形式释放到海水中，导致沉积物Ce元素亏损。因此把Ce与邻近的La和Nd元素的相关变化称为铈异常，用$Ce_{anom}=\lg[3Ce_n/(2La_n+Nd_n)]$来表示，当$Ce_{anom}>-0.1$时为正异常，还原环境，$Ce_{anom}<-0.1$时为负异常，氧化环境。此外还可以用Ce/La判断，$Ce/La<1.5$时为氧化环境，$1.5<Ce/La<1.8$为贫氧环境，Ce/La大于2.0时为还原环境（表5-2）。

（2）古盐度判断。

古盐度是古代沉积物水体的盐度，是记录古环境的一个重要信息。古盐度的判别方法很多，既可以用常量元素，也可以用微量元素和古生物法，其中微量元素法判别古盐度最为常见，古生物法准确性较高但其对样品要求较严格。鉴于本区以火山岩建造为主，沉积岩分布有限，本项目采取微量元素法进行古盐度分析。

表 5–2　沉积岩氧化指数分级表

判别参数	还原环境	贫氧环境	氧化环境
V/Cr	＞4.25	2～4.25	＜2
V/（V+Ni）	＞0.6	0.6～0.46	＜0.46
Ce/La	＞2	1.5～2	＜1.5
δU	＞1		＜1
Ceanom	＞−0.1		＜−0.1
Ni/Co	＞7	5～7	＜5
U/Th	＞1.25	0.75～1.25	＜0.75
δCe	＞1		＜0.95

硼元素法计算古盐度为最常用的古盐度计算方法之一。研究发现溶液中硼的浓度是盐度的线性函数，而黏土矿物，尤其是伊利石具有很好的吸附和固定硼的能力，因此当水体盐度升高时，其硼元素含量升高，沉积的黏土矿物所吸附的硼也升高，因此硼元素可以很好地反映样品的形成环境。项目采用沃克法计算相当硼含量，将实测硼含量用纯伊利石含量进行校正，得出校正硼含量，然后根据样品氧化钾含量和校正硼含量，利用相当硼散射曲线图版进行投点，得出相当硼含量，研究发现，相当硼含量小于 200mg/L 为淡水环境，200～300mg/L 为半咸水环境，300～400mg/L 为咸水环境，超过 400mg/L 时为超咸水环境。

元素比值法也是判别古盐度的一种常用方法，最常见的有 B/Ga 法和 Sr/Ba 法，此外还有 C/S、Sr/Ca、Fe/Mn、Rb/K 等方法，由于 B/Ga 和 Sr/Ba 法适用范围较广，约束条件少，准确度较高，因此本项目采用以上两种方法来判断古盐度。

B/Ga 法是利用硼与镓不同的化学性质进行比较，硼元素化学性质不稳定，活动性很强，在水中容易发生长距离迁移，海相沉积黏土矿物伊利石、蒙脱石等含量的增加，对硼的吸附力增强，因此随着盐度的增加，沉积物中硼含量增加；与硼相比，镓的活动性低，其迁移能力弱，且在淡水环境下更易沉积，因此利用硼与镓化学性质的差异可判断古环境盐度。不同国家学者对不同盐度范围下的 B/Ga 值有着不同的界定，且不同盆地、不同层位、不同沉积物的硼镓背景值不同，因此 B/Ga 的界值不是绝对的，但同一地区内其盐度关系是明显的，本项目采用国内学者曾提出的方案（表 5–3），B/Ga＜3 为淡水，3＜B/Ga＜4.5 为半咸水，B/Ga＞5 为咸水。

Sr/Ba 法也是常用的盐度判断方法之一。该方法同样利用锶钡两种元素具有不同的化学稳定性进行判断。锶与钡具有相似的化学性质，均可形成重碳酸盐、氯化物和硫酸盐，但与锶相比，钡的化合物溶解度较低，如常见的硫酸钡，具有很强的不溶性，因此易于沉淀。在陆相淡水环境下，锶与钡一般均不易发生沉淀，沉积物中锶钡比很低，但当陆相淡水经过迁移入海（湖）后，发生淡水与咸水的混合，或稳定水体不断咸化，矿化度增高时，钡首先以硫酸钡形式沉淀，即钡在近岸沉积物中富集，仅有少量入海。锶在海水或湖水浓缩至一定程度才会形成硫酸锶沉淀，锶有较强的迁移能力，可迁移至大洋深处沉淀，加之碳酸盐矿物对锶的捕获作用，咸水环境下具有高锶钡比。因此常用锶钡比来判断古盐度。通常认为 Sr/Ba＜0.6 为陆相淡水环境，0.6＜Sr/Ba＜1 为过渡相半咸水环境，Sr/Ba＞1 为咸水环境（表 5-3）。

表 5-3 沉积岩盐度指数分级表

判别参数	咸水环境	半咸水环境	淡水环境
Sr/Ba	＞1	0.6～1.0	＜0.6
B/Ga	＞4.5	3～4.5	＜3
相当 B	＞400×10^{-6}	200×10^{-6}～400×10^{-6}	＜200×10^{-6}
Z	＞120（海相石灰岩）		＜120（湖相石灰岩）

碳酸盐岩同样存在淡水碳酸盐岩和咸水碳酸盐岩，此处淡水碳酸盐岩指相对低盐度湖相环境下形成的湖相碳酸盐岩。利用碳氧同位素判断碳酸盐岩古盐度是常用方法之一，由于水分蒸发 ^{16}O 容易逸出，因而海水中具有较高的 $^{18}O/^{16}O$ 值，陆地淡水主要来自大气降水，因此具有较低的 $^{18}O/^{16}O$ 值。对于碳元素来说，大气中 CO_2 含量很少，陆相淡水环境中的 CO_2 主要来自土壤和腐殖质，而土壤和腐殖质中 CO_2 的 ^{13}C 来源贫乏，所以陆相淡水环境中 $\delta^{13}C$ 值很低，因此采用 Keither 等人的经验公式 $Z=2.048(\delta^{13}C+50)+0.498(\delta^{18}O+50)$ 来判断碳酸盐岩形成环境，当 $Z>120$ 时为海相碳酸盐岩，当 $Z<120$ 时为淡水碳酸盐岩（湖相碳酸盐岩）（表 5-3）。

2. 有机地球化学标志

沉积岩中的甾烷是一种重要的有机物，它可以提供丰富的信息，甾烷包括多种类型，其中 4- 甲基甾烷和甲藻甾烷在环境方面具有重要的指示意义。4- 甲基甾烷（图 5-1a）主要来源于海洋生物沟鞭藻，但在湖相环境中也可存在。甲藻甾烷（图 5-1b）目前认为唯一来源为海洋生物沟鞭藻，具有更强的指示意义。因此泥岩样品中的 4- 甲基甾烷和甲藻甾烷可以指示海相环境或湖相环境。但目前由于研究方法和检测手段有限，需采用双质谱方法进行高精度的分析。与正常甾烷相比，4- 甲基甾烷、甲藻甾烷在环上的 C-4 位都多一个甲基取代基，但甲藻甾烷在 C-23 位上还多一个甲基。利用 GC-MS-MS 在基峰 *m*/*z*231（或 *m*/*z*232）质量色谱图上可检测出二者。

姥鲛烷、植烷和姥植比常用来判断原始沉积环境氧化还原条件。一般认为姥鲛烷和植烷来源于高等植物中的叶绿素，藻菌中的藻菌素在微生物作用下形成植醇，植醇在不同的氧化还原下可向不同方向转化，在弱氧化酸性介质条件下植醇易形成植烷酸，然后进一步脱羧成为姥鲛烷。在还原偏碱性介质条件下，植醇则经过不同的地球化学作用形成植烷。因此用姥植比（Pr/Ph）可以指示有机物形成的氧化还原环境（表5-4），通常认为还原—弱还原环境 Pr/Ph＜3，弱氧化—氧化环境 Pr/Ph＞3。

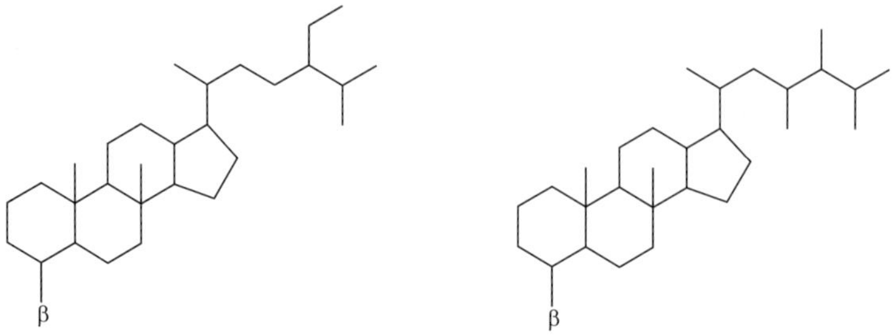

(a) 4-甲基甾烷　　(b) 甲藻甾烷

图5-1　指示环境的甾烷化学式

表5-4　不同沉积环境 Pr/Ph 变化表

沉积相	水介质	Pr/Ph	原有类型
咸水湖盆	强还原	0.2～0.8	植烷优势
淡咸水—微咸水深湖相	还原	0.8～2.8	植烷优势
淡水湖沼相	弱氧化—弱还原	2.8～4.0	姥鲛烷优势

高浓度的三环萜烷及其芳香烃同类物与富含塔斯玛尼亚藻的岩石有关，即它们可能与原始藻类有关。总的看来，与甾烷、藿烷一样，具有广泛的分布，但在高等植物为主的陆相沉积（煤系地层）中，该类化合物的相对含量较海相及湖相明显偏低，在我国塔里木盆地古生界海相石油、准噶尔盆地二叠系湖相沉积物中均有高丰度的三环萜烷化合物，因此可将它作为环境指标。

正构烷烃也是生物标志化合物的一种，通常认为具有奇偶优势的高碳数（大于 C_{23}）正构烷烃的分布可能指示陆源有机质的输入，以 C_{15}、C_{17} 为主，奇偶优势不明显的中等相对分子量（nC_{15}—nC_{17}）的正构烷烃可能指示藻类等水生生物的来源。

第三节　不同喷发环境特征

研究区火山岩喷发模式分为水上喷发水上沉积、水上喷发水下沉积、水下喷发水上沉积、水下喷发水下沉积四种类型，项目按照火山岩和沉积岩最初的保存状态，将水下喷发水下沉积与水上喷发水下沉积共同称为水下环境火山岩，将水下喷发水上沉积与水上喷发水上沉积共同称为水上环境火山岩。项目从宏观、微观、地球化学等角度讨论研究区火山岩形成环境。

一、水下喷发火山岩识别标志

研究区水下喷发火山岩分布范围较小，纵向上主要分布在松喀尔苏组，平面上主要分布在五彩湾地区及滴水泉地区，以白碱沟剖面、双井子剖面，美11井、彩55井、彩58井、彩59井、彩参1井、彩参2井、彩30井、大5井、大井1、滴西10井、滴西14井、滴西22井、滴西25井、滴西34井、美5井、滴西21井、滴9井、滴西22井、滴西29井、泉4井为主要代表。

1. 岩性组合特征

水下喷发火山岩受水体搬运沉积作用影响，出现与沉积岩互层现象，常常表现为火山熔岩或火山碎屑岩与暗色泥岩、炭质泥岩或火山沉积岩互层（图5-2）；且常出现火山沉积岩，具有较好的韵律性层理，火山碎屑粒度也具有一定的变化规律。在与火山岩互层的沉积岩中还可能存在海相化石，可进一步指示喷发环境。研究区白碱沟西沟剖面松喀尔苏组出现大段火山熔岩与暗色泥岩互层段（图5-2a、b）；在滴水泉剖面存在火山沉积岩与沉积岩互层（图5-2c），且在互层的火山沉积岩中发现海百合茎化石和腕足类德比贝化石（图5-2d）；在美004井、滴西14井也见到具有明显韵律特征的沉凝灰岩，指示为水下喷发环境。

(a) 白碱沟剖面松喀尔苏组火山岩—沉积岩互层

(b) 白碱沟剖面松喀尔苏组火山岩—沉积岩互层

(c) 滴水泉剖面滴水泉组火山沉积岩—沉积岩互层

(d) 滴水泉剖面滴水泉组沉积岩夹层德比贝化石

图5-2　准东地区石炭系水下喷发环境典型岩性组合

2. 岩石类型

（1）珍珠岩：珍珠岩（图 5–3a）常被认为是水下喷发环境的重要标志，具有较高的含水量和由于骤冷形成的球形同心裂纹。研究区滴水泉井区滴 9 井、滴西 21 井、滴西 10 井、滴西 22 井均发现大段珍珠岩。

（2）石泡流纹岩：石泡构造（图 5–3b）作为流纹岩的一种特殊构造，同样指示着水下环境。酸性流纹岩与大量水接触，由于内部含有大量挥发性物质，因此发生剧烈反应，形成表面张力较小，结构态较稳定的石泡构造。研究区在白碱沟剖面发现典型的石泡构造。

（3）细碧岩：细碧岩是一种富钠的基性熔岩（图 5–3c），常具有细碧结构和枕状构造，且常与角斑岩共生，被认为是水下火山喷发的产物。研究区在泉 4 井发现细碧岩，细碧结构明显。

（4）火山沉积岩：火山沉积岩种类繁多，但大多都是火山爆发形成的粗碎屑物质和细碎屑物质落入水中，在水流作用下经搬运压实作用形成的特殊岩石类型（图 5–3d），是水下喷发环境的重要标志之一。研究区在白碱沟剖面局部发育沉凝灰岩，在美 12 井、美 004 井、彩 55 井、彩 30 井、滴西 20 井、滴西 14 井、泉 6 井也发育大段沉凝灰岩。

(a) 珍珠岩，滴西21井，3278.6m

(b) 石泡流纹岩，白碱沟西沟，C_1s

(c) 细碧岩，泉4井，2527.27m

(d) 沉凝灰岩，滴水泉剖面，C_1d

图 5–3　准东地区石炭系水下喷发典型岩石类型

3. 岩石结构构造特征

（1）细碧结构：细碧结构（图 5-4a、b）是水下环境火山岩的典型结构，是矿物在海水中冷却结晶的特殊现象，常发育于细碧岩中。由于水下温度低，压力大，电位势和化学环境均与水上环境不同，使得长石结晶不完全，自形程度较低，具有参差不齐的边缘，搭成格架并充填团块状、絮状玻璃质。研究区泉 4 井发现典型的细碧岩，细碧结构明显。

（2）珍珠构造：珍珠构造（图 5-4c、d）是水下环境形成的高含水量的玻璃质岩石的特殊构造，以具有同心圆的球形玻璃裂纹为特征，其球形裂纹是岩浆接触低温水体来不及结晶迅速收缩形成的特殊裂纹。研究区滴水泉井区出现珍珠岩。

(a) 细碧岩，细碧结构，泉4井，2526.96m

(b) 细碧岩，细碧结构，泉4井，2527.27m

(c) 珍珠岩，珍珠构造，滴西22井，3638.98m

(d) 泥化珍珠岩，珍珠构造，滴西29井，2847.2m

图 5-4　研究区石炭系水下喷发火山岩结构构造特征

（3）中空骸晶结构。

中空骸晶结构（图 5-5a）是在海相熔岩中出现的特殊结构。镜下可观察到细长条的钠长石骸晶，其内部中空，大多充填绿泥石或玻璃质，边部呈锯齿状或耙状，形成于温度降低速度快，熔浆黏度不断增大，离子扩散困难，结晶物质供不应求的条件下，是水下熔岩急剧淬火的特征结构之一。研究区在滴西 34 井发现中空骸晶结构。

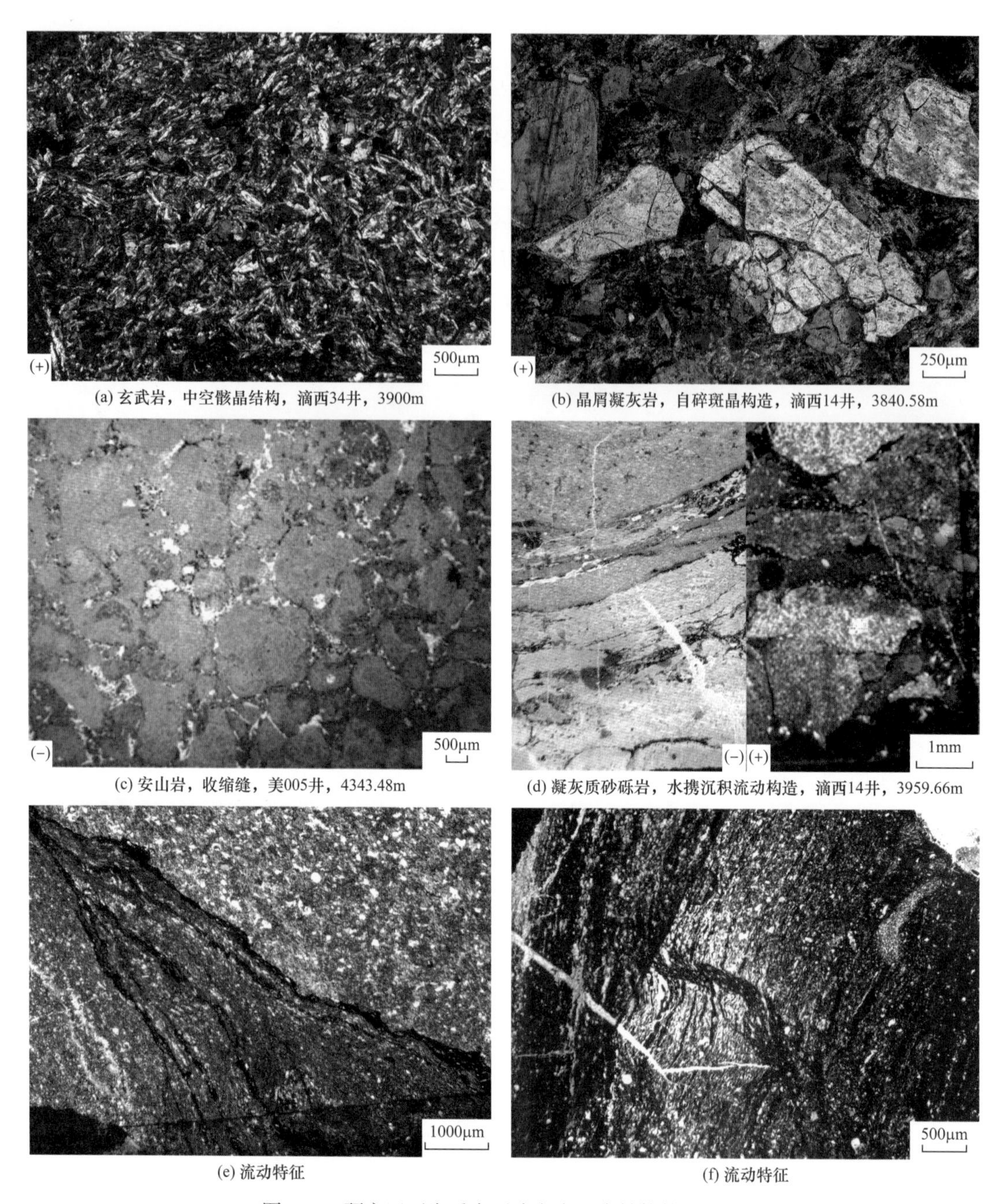

(a) 玄武岩，中空骸晶结构，滴西34井，3900m

(b) 晶屑凝灰岩，自碎斑晶构造，滴西14井，3840.58m

(c) 安山岩，收缩缝，美005井，4343.48m

(d) 凝灰质砂砾岩，水携沉积流动构造，滴西14井，3959.66m

(e) 流动特征

(f) 流动特征

图 5−5　研究区石炭系水下喷发火山岩结构构造特征

（4）自碎斑状结构：自碎斑状结构（图 5−5b）是矿物形成后在低温条件下原地炸裂，未发生明显位移的一种特殊结构。研究区在滴西 14 井和滴西 22 井均发现自碎斑晶结构。

（5）收缩缝：由于水下低温常常会形成龟壳状收缩缝，美 005 井安山岩出现典型收缩缝（图 5−5c）。

（6）水携沉积流动构造：水携型沉积构造主要见于火山碎屑岩中，其形成于水下环境，受到活跃的水下搬运、分选、淋滤、沉淀等沉积作用，细粒的碎屑物质在水流牵引下形成水携型沉积构造，常表现明显的流动特征，研究区滴西 14 井发育典型的水携型沉积构造（图 5-5d、e、f）。

（7）冻鱼层构造：冻鱼层构造（图 5-6a）是一种平行排列并挤压成冻鱼的特殊构造，既具有塑性又具有压结的特点，是岩浆迅速冷却经压结而成，常出现于水下环境，双井子剖面发育典型的冻鱼层构造。

（8）海相化石：大 5 井出现海相化石（图 5-6b）。

（9）高钠成分：水体中具有含量较高的钠离子，且当水体盐度越高钠离子含量越高。当水环境为高钠环境时，会形成钠长石、钠化边（图 5-6c）等，还可形成具有高钠成分的角斑岩。

（10）变形流纹构造：变形流纹构造（图 5-6d）是流纹岩的一种特殊构造，是典型的水下火山岩之一，酸性岩浆喷出之后，在水体扰动作用下，发生变形。该构造在白碱沟剖面有发育。

(a) 双井子剖面，冻鱼层构造　(b) 海相化石

(c) 玄武岩，钠化边，彩203井，3072.91m　(d) 变形流纹岩，变形流纹构造，白碱沟

图 5-6　研究区石炭系水下环境火山岩结构构造特征

（11）球粒结构：放射状球粒结构可形成于水下环境，也可由脱玻化形成。水下环境形成的放射状球粒结构具有核心（图 5-7a），而脱玻化形成的放射状球粒通常没有核心；水下环境形成的球粒通常被流纹构造环绕，或球粒本身构成流纹构造，而脱玻化形成的

放射状球粒通常切割流纹构造，以此可对二者进行区分。研究区在白碱沟西沟松喀尔苏组见到水下环境形成的球粒结构。

（12）枕状构造：水下喷发典型特征，是基性熔岩在海底喷出后遇海水急剧冷却收缩成岩的结果（图 5-7b），在白碱沟松喀尔苏组出现。

（13）还原色：水下喷发环境为缺氧环境，Fe^{2+} 含量通常较高，形成岩性以还原色为主，主要有灰绿色、灰白色、灰色、黑色、灰黑色等。

（14）气孔不发育：水下喷发火山岩常具有低温高压环境，岩浆中的气体在低温作用下收缩，在高压作用下则难以逸出，因此气孔杏仁构造不发育。

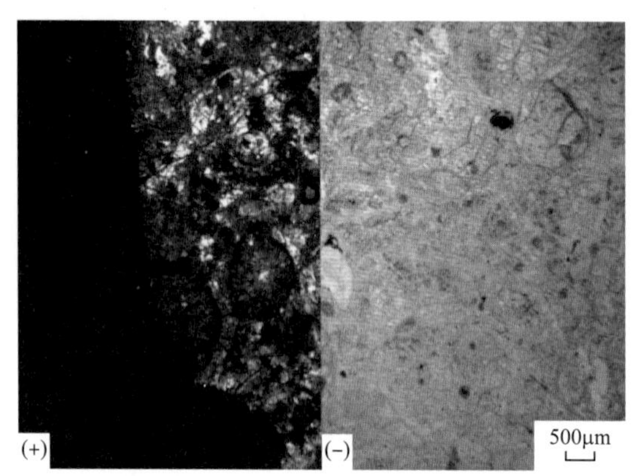

(a) 浊沸石化珍珠岩，见核心球粒，滴西22井，3638.98m

5cm

(b) 枕状熔岩，白碱沟，C_1s

图 5-7　研究区石炭系水下喷发火山岩结构构造特征

4. 地球化学标志

地球化学可以准确地反映样品的化学成分，是环境判断的有力手段。研究区火山岩广泛发育，不同环境形成的火山岩在化学成分上具有显著差别。研究区地球化学方法主要从两方面入手，一方面是火山岩地球化学，利用氧化系数来反映火山岩的氧化还原环境；另一方面是与火山岩互层的沉积岩，利用有机地球化学和无机地球化学来判断沉积岩夹层所处水体的古盐度、古氧化度和所含的生物标志化合物。前人研究认为常用古环境判断指标有：利用 $OX=Fe_2O_3/(Fe_2O_3+FeO)$、U/Th、V/（V+Ni）、V/Cr、Ce/La、Ce_{anom} 以及稳定同位素，判断古环境氧化还原性；利用 Sr/Ba、B/Ga、Rh/K、$(MgO/Al_2O_3)\times 100$ 判断古水体盐度；利用姥植比、甾烷、萜烷分子参数、藿烷分子参数、伽马蜡烷、正构烷烃等作为标志物判断海陆环境。因此结合本区实际情况，总结出准东地区地球化学识别环境分级标准（表 5-5），并挑选适合研究区的地球化学参数，以此进行研究区环境判别。

1）氧化系数

氧化系数是判断火山岩喷发环境的重要指数，但氧化系数同样受喷发介质、岩浆性质、风化作用、埋藏作用等影响，因此选取何衍鑫等（2018）提出的基于氧化系数的火山岩喷发环境判别图版进行判断。选取研究区 75 块火山岩样品进行主量元素分析，并根据 OX=Fe_2O_3/（Fe_2O_3+FeO）进行氧化系数计算，投点于图版如图 5−8 所示，研究表明研究区下石炭统火山岩 OX 值小于 0.5，为还原环境，上石炭统大多大于 0.5，以氧化环境为主，整体表现为自早石炭世至晚石炭世由还原环境过渡至氧化环境。

表 5−5　地球化学识别环境分级标准

<table>
<tr><td colspan="2">判断指标</td><td colspan="4">指标分级</td></tr>
<tr><td rowspan="4">古盐度</td><td>Sr/Ba</td><td>淡水（<0.5）</td><td colspan="2">半咸水（0.5～1）</td><td>咸水（>1）</td></tr>
<tr><td>（MgO/Al_2O_3）×100</td><td>淡水（<1）</td><td colspan="2">半咸水（1～10）</td><td>咸水（>10）</td></tr>
<tr><td>B</td><td>低盐（<200）</td><td colspan="2">半咸水—正常（200～400）</td><td>超咸（>400）</td></tr>
<tr><td>B/Ga</td><td>淡水（<3）</td><td colspan="2">过渡（3～4.5）</td><td>咸水（>4.5）</td></tr>
<tr><td rowspan="6">氧化还原性</td><td>U/Th</td><td>氧化（<0.75）</td><td colspan="2">贫氧（0.75～1.25）</td><td>还原（>1.25）</td></tr>
<tr><td>V/（V+Ni）</td><td>氧化（<0.46）</td><td colspan="2">贫氧（0.46～0.6）</td><td>还原（>0.6）</td></tr>
<tr><td>V/Cr</td><td>氧化（<2）</td><td colspan="2">贫氧（2～4.25）</td><td>还原（>4.25）</td></tr>
<tr><td>Ce/La</td><td>氧化（<1.5）</td><td colspan="2">贫氧（1.5～1.8）</td><td>还原（>2.0）</td></tr>
<tr><td>OX（火山岩）</td><td>氧化（>0.5）</td><td colspan="2"></td><td>还原（<0.5）</td></tr>
<tr><td>Ce_{anom}</td><td colspan="2">氧化（<−0.1）</td><td colspan="2">缺氧（>−0.1）</td></tr>
<tr><td rowspan="4">有机地化</td><td>甾烷</td><td colspan="4">4− 甲基甾烷和甲藻甾烷具有海相或湖相指示意义</td></tr>
<tr><td>正构烷烃</td><td colspan="2">奇偶优势高碳数（>C_{23}）
（陆源有机质）</td><td colspan="2">奇偶优势不明显中等相对分子量
（nC_{15}—nC_{17}）</td></tr>
<tr><td>Pr/Ph</td><td>强还原（0.2～0.8）</td><td colspan="2">还原（0.8～2.8）</td><td>弱氧化—弱还原
（2.8～4.0）</td></tr>
<tr><td>三环萜烷</td><td colspan="2">陆相相对含量低</td><td colspan="2">海相或湖相相对含量高</td></tr>
</table>

2）古盐度与古氧化度

研究区除火山岩之外，还发育有沉积岩，其中与火山岩频繁互层的沉积岩具有很好的环境指示意义，该类沉积岩通常于火山喷发短暂的喷发间隙或火山喷发过程中存在突发的小股海水侵入事件沉积形成，因此在一定程度上代表着火山岩的喷发环境。选取研究区 30 块泥岩样品，21 块沉凝灰岩和凝灰质砂岩样品进行微量元素测定，并进行地球化学分析。

研究表明除个别碳酸盐岩及火山沉积岩，Sr/Ba 值整体小于 1.0（图 5−9a、b），属于淡水至半咸水环境，且下石炭统 Sr/Ba 值明显高于上石炭统 Sr/Ba 值，整体呈现自早石炭世至晚石炭世水体古盐度逐渐降低的趋势（图 5−9c、d）。

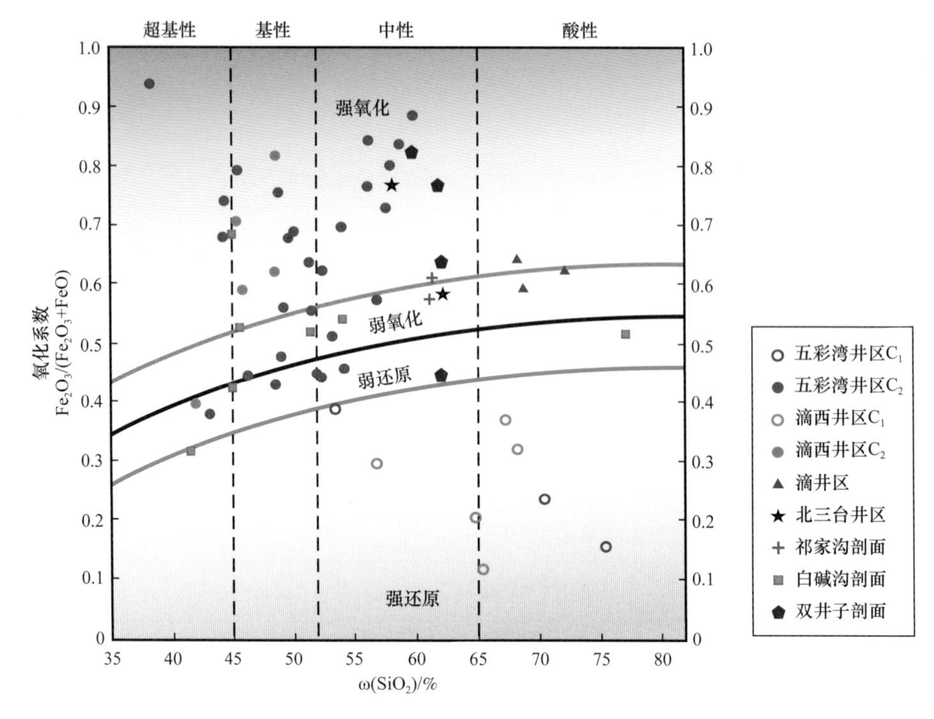

图 5-8　准东地区石炭系火山岩氧化系数散点图

下石炭统以沉积岩为主，研究区钻遇下石炭统的井较少，挑选滴水泉井区典型井样品和滴水泉剖面、白碱沟剖面沉积岩样品进行古盐度分析。根据样品投点作趋势线：滴水泉井区 Sr/Ba=0.22，为淡水环境；白碱沟剖面 Sr/Ba=0.83，为咸水环境；滴水泉剖面 Sr/Ba=1.77，为咸水环境（图 5-10a）。滴水泉井区 B/Ga=2.63，为淡水环境；白碱沟剖面 B/Ga=3.2，为半咸水环境；滴水泉剖面 B/Ga=5.71（图 5-10b），且石灰岩 $\bar{Z}$=125.54，为咸水环境。综上分析下石炭统整体盐度偏高，呈现自西向东水体盐度升高的趋势。

上石炭统火山岩分布广泛，沉积岩分布有限，选取滴水泉井区、五彩湾井区和双井子剖面典型沉积岩样品进行古盐度分析。研究其表明滴水泉井区 Sr/Ba=0.28，为淡水环境；五彩湾井区 Sr/Ba=0.33，为淡水环境，但盐度高于滴水泉井区；双井子剖面 Sr/Ba=0.45，盐度最高（图 5-11a）。滴水泉井区 B 校正 /Ga=15.31；五彩湾井区 B 校正 /Ga=15.2；双井子剖面 B 校正 /Ga=262.57，自西向东 B 校正 /Ga 值逐渐升高（图 5-11b）。由于五彩湾井区和双井子剖面所取部分样品为灰岩，因此采用 Z=2.048（δ^{13}C+50）+0.498（δ^{18}O+50）来判断碳酸盐岩环境，$\bar{Z}$ 五彩湾 =97.81，为淡水灰岩，$\bar{Z}$ 双井子 =122.87，为咸水灰岩。综上分析上石炭统整体表现为淡水—半咸水环境，盐度低于下石炭统，自西向东古盐度逐渐升高。

利用元素比值法判断研究区沉积岩夹层的古氧化度。由于研究区整体属于火山喷发环境，因此样品部分微量元素受火山岩影响较大，经过对比，最终确定 V/Cr、V/（V+Ni）、Ce/La、δU、Ce_{anom} 五种方法进行氧化度判断。五个指数均表明研究区大部分沉积岩夹层古氧化度介于贫氧至缺氧之间（图 5-12a、b），其中下石炭统全部样品均属于贫氧至缺氧环境，上石炭统部分样品属于氧化环境，其中滴水泉剖面及白碱沟剖面沉积岩样品还原性强，五彩湾井区和滴水泉井区相对较弱（图 5-12c、d、e、f）。

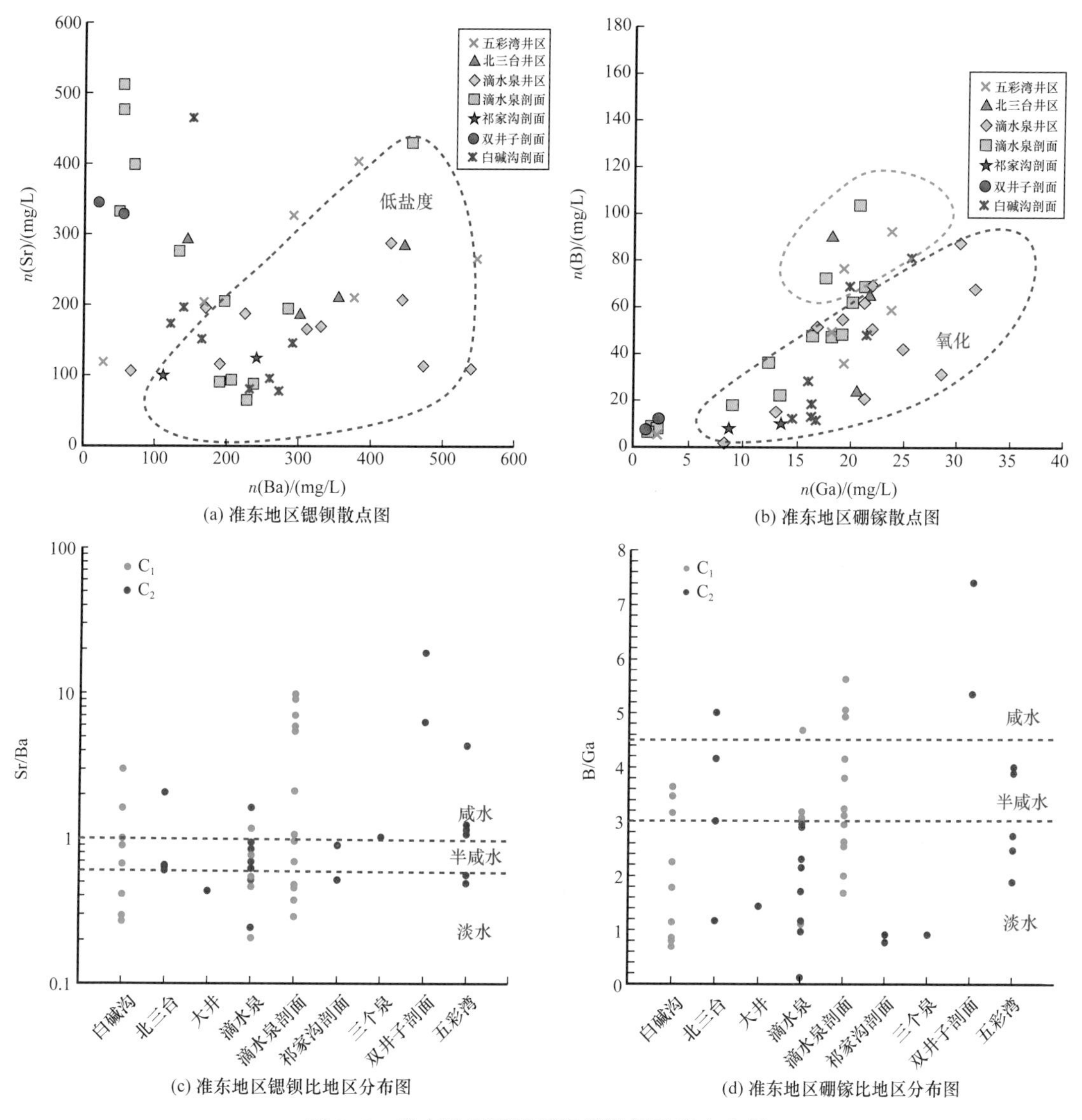

图 5-9　准东地区石炭系泥岩微量元素交会图

3）有机地球化学

选取研究区 15 块样品进行双质谱分析，检测结果表明白碱沟西 -19 井（图 5-13a）、滴水泉 -14 井（图 5-13c）、白碱沟东 -4 井（图 5-13b）三块样品具有相对明显的甲藻甾烷（图 5-13），白碱沟西 -24 井、白碱沟西 -25 井、白碱沟西 -26 井、白碱沟东 -4 井、滴水泉 -28 井、美 11 井 6 块样品含有甲基甾烷，个别样品含有微量甲藻甾烷，滴西 17 井出现少量甲基甾烷和甲藻甾烷。

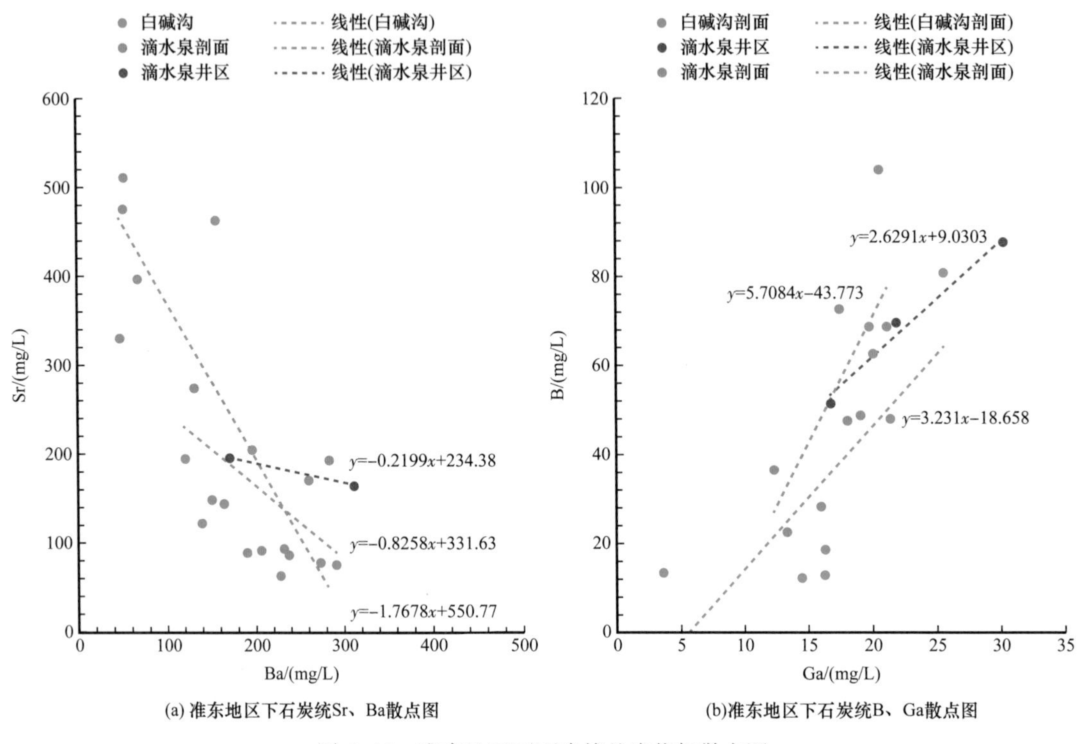

(a) 准东地区下石炭统Sr、Ba散点图

(b)准东地区下石炭统B、Ga散点图

图 5-10 准东地区下石炭统盐度指标散点图

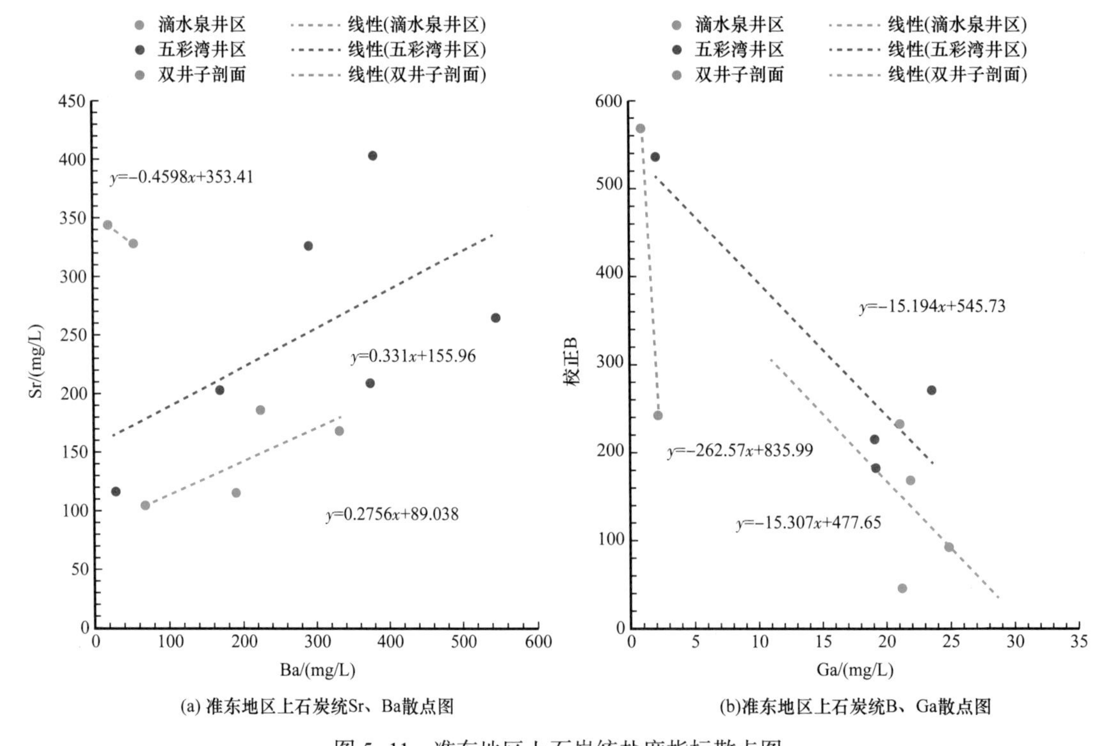

(a) 准东地区上石炭统Sr、Ba散点图

(b)准东地区上石炭统B、Ga散点图

图 5-11 准东地区上石炭统盐度指标散点图

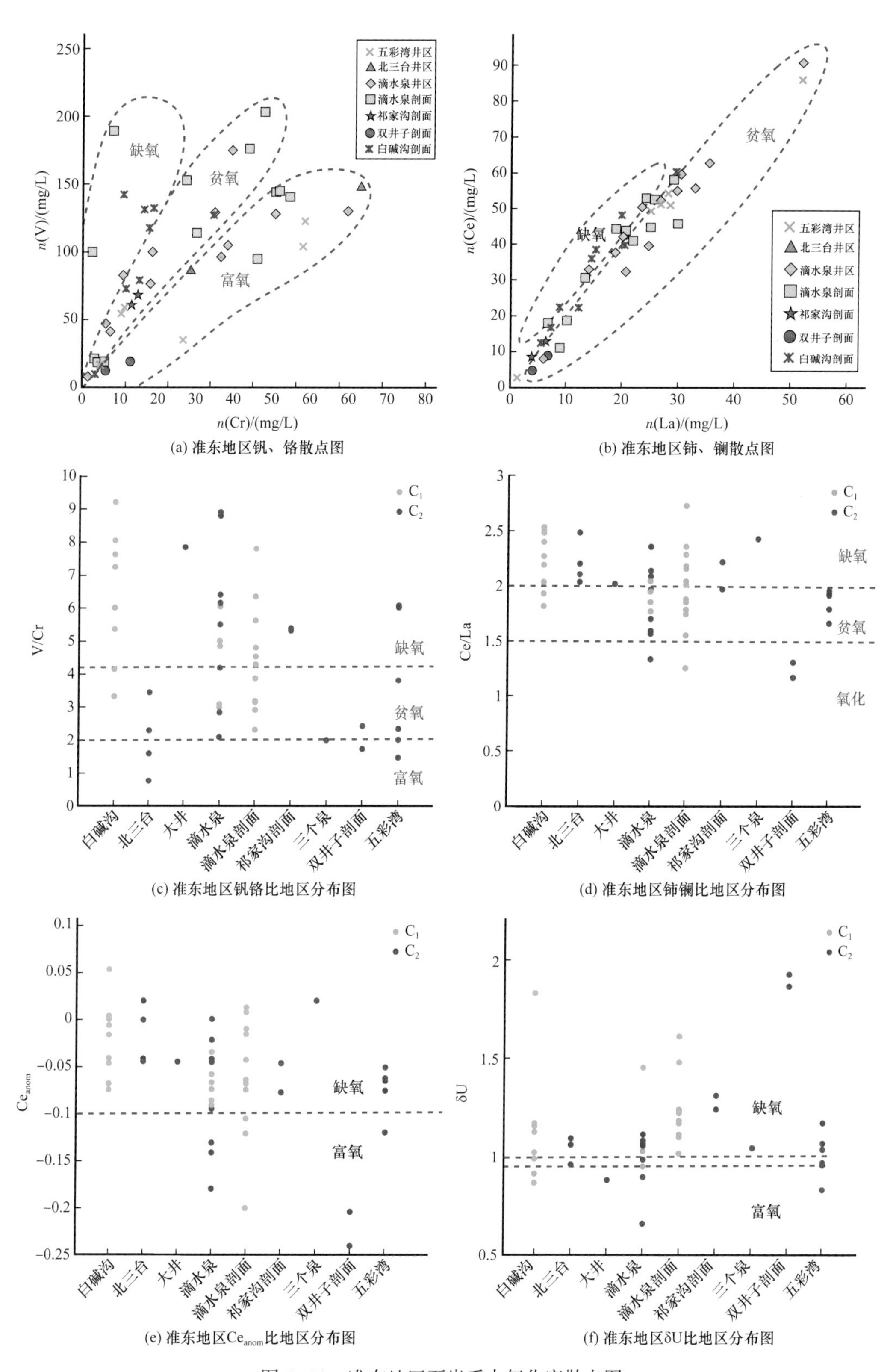

(a) 准东地区钒、铬散点图

(b) 准东地区铈、镧散点图

(c) 准东地区钒铬比地区分布图

(d) 准东地区铈镧比地区分布图

(e) 准东地区Ce_{anom}比地区分布图

(f) 准东地区δU比地区分布图

图 5-12　准东地区石炭系古氧化度散点图

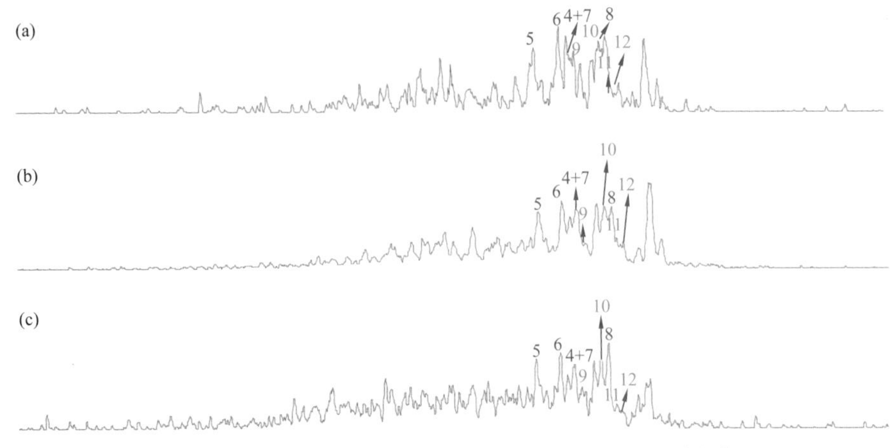

图 5-13　准东地区石炭系典型样品甲藻甾烷双质谱峰值

对研究区15块样品进行姥植比分析，认为研究区Pr/Ph中等偏高，大多集中在1.0～3.0，指示还原—弱氧化环境（图5-14）。

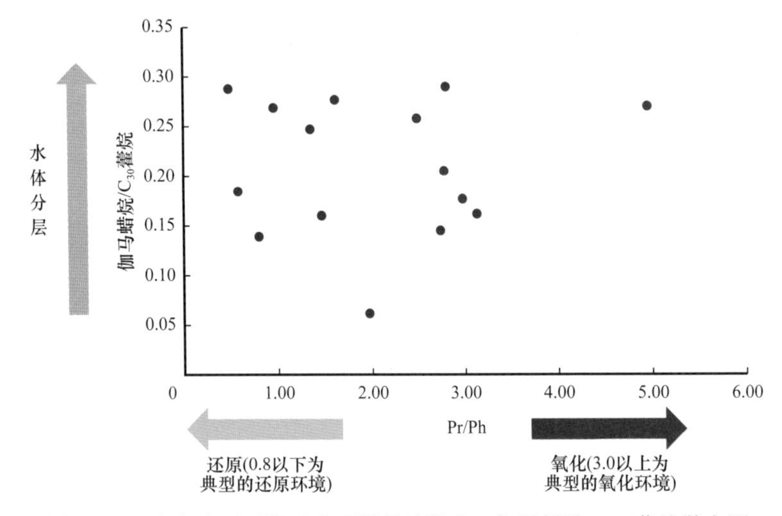

图 5-14　准东地区石炭系典型样品姥植比—伽马蜡烷 /C_{30} 藿烷散点图

三环萜烷作为生物标志化合物的一种，同样对环境具有指示作用，在海相及湖相环境中相对含量明显高于陆相环境相对含量，通常作为指示海相及湖相的标志。研究区常规三环萜烷丰度整体偏高，其中大部分样品的 C_{23} 三环萜烷高于 C_{21} 三环萜烷，呈 C_{23} 占优势的正态分布，指示为海相或咸水湖盆相沉积，母质来源以藻类为主；C_{28}–C_{30} 三环萜烷丰度较高，也指示沉积环境为海相或咸水湖盆（图5-15）。

正构烷烃碳原子优势可指示油气来源，进而反映其所处环境。通常认为具有奇偶优势的高碳数（大于 C_{23}）正构烷烃的分布可能指示陆源有机质的输入，以 C_{15}、C_{17} 为主，奇偶优势不明显的中等相对分子量（nC_{15}–nC_{17}）的正构烷烃可能指示藻类等水生生物的来源。研究区所取样品正构烷烃整体分布面貌以单峰—前峰型为主，最高碳数 C_{15}–C_{18}，系海相母质或湖相母质特征（图5-16）。

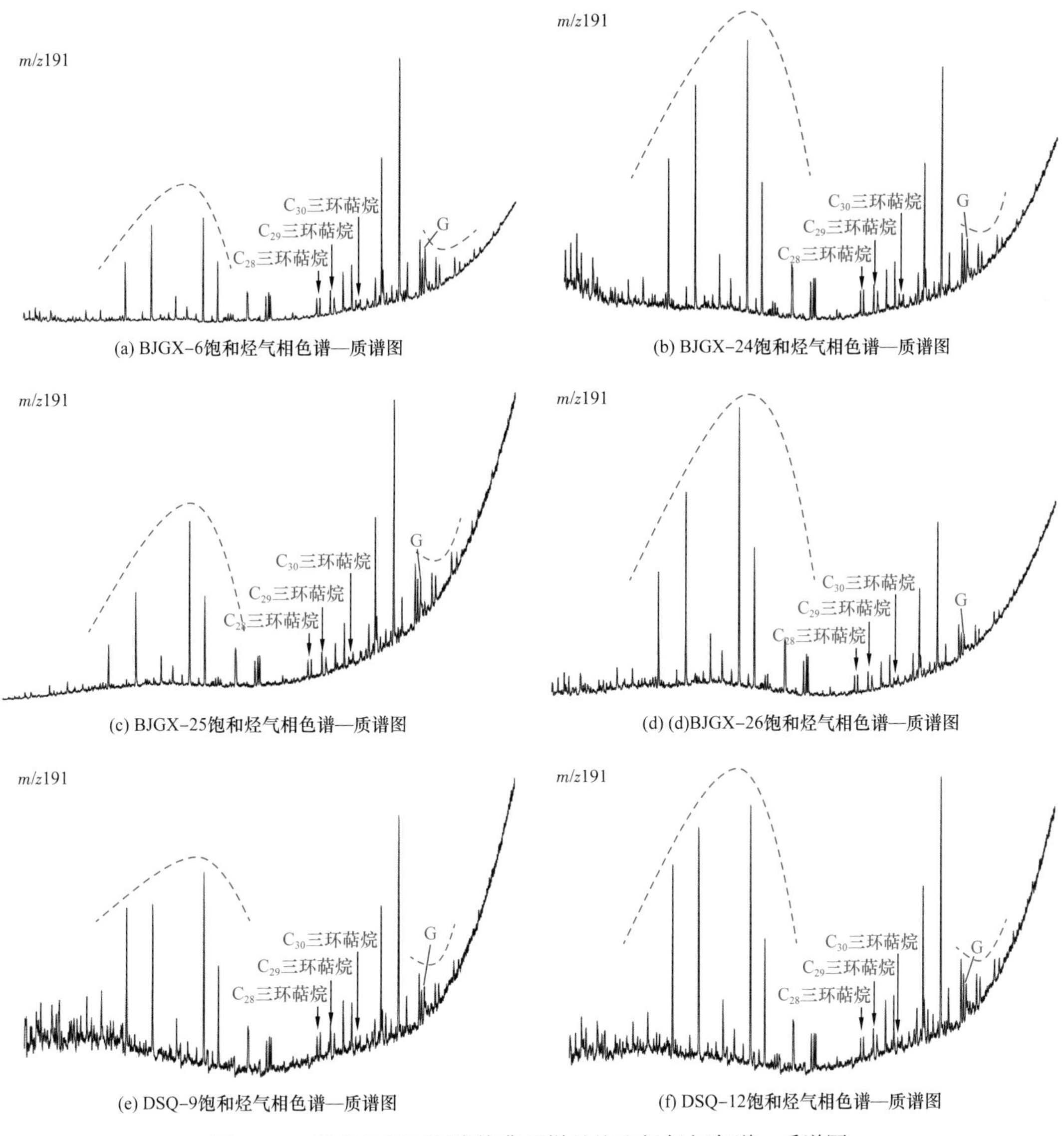

图 5-15　准东地区下石炭统典型样品饱和烃气相色谱—质谱图

通过古盐度及古氧化度分析，认为研究区自早石炭世至晚石炭世由海相环境逐渐过渡至陆相环境，水体由半咸水—咸水过渡至淡水，研究区内滴水泉剖面和白碱沟剖面及附近的大井井区具有典型的水下喷发火山机构，滴水泉井区和五彩湾井区部分地区出现水下喷发火山机构。

二、水上喷发火山岩识别标志

由于研究区巴山组厚度大，分布广泛，且自巴山组至上石炭统绝大部分均属于海陆过渡相或陆相，因此水上喷发环境同样有着较为广泛的分布范围。相比于水下喷发环境，水上喷发环境形成的火山岩及沉积岩夹层均具有较为常规的表现。

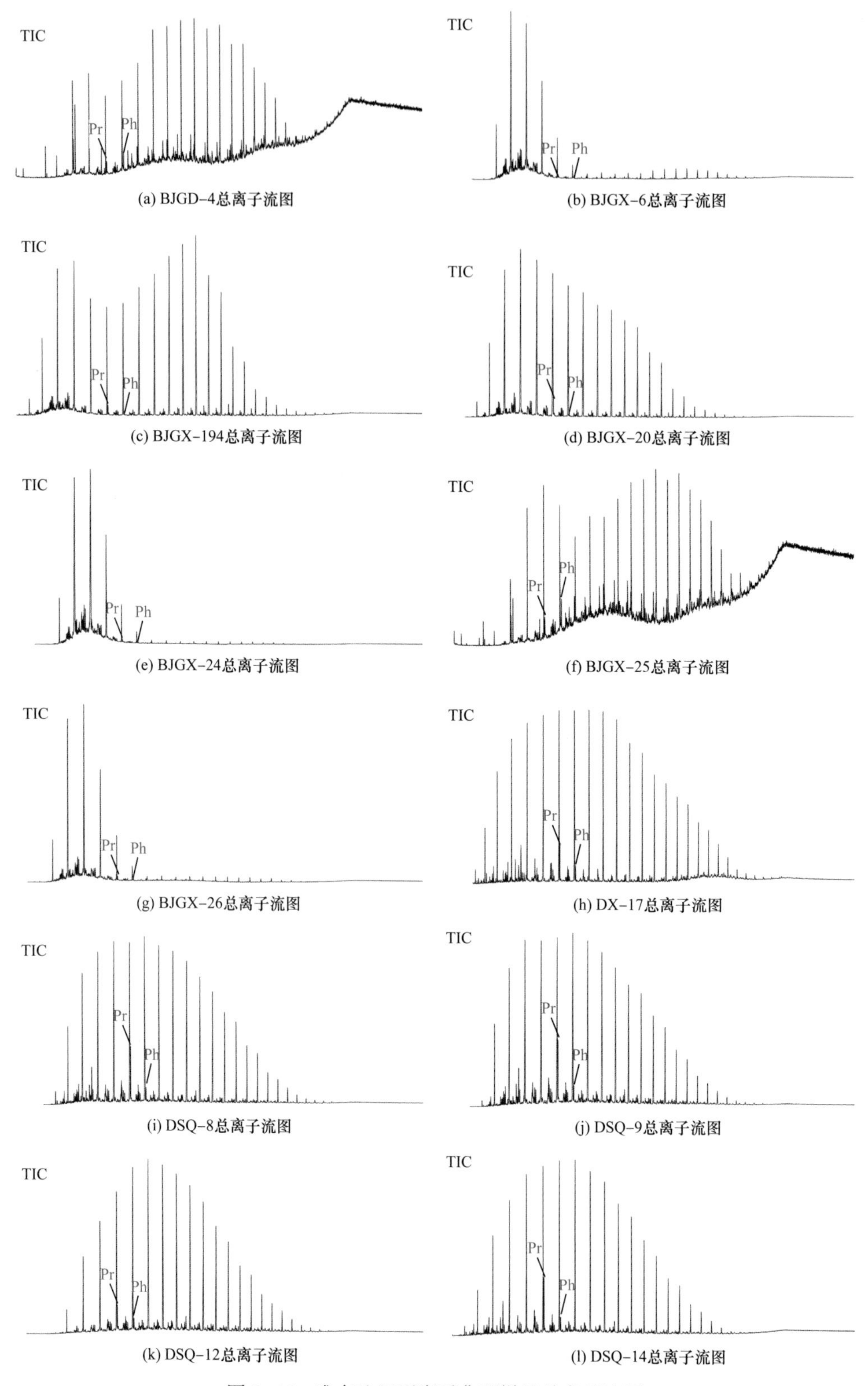

图 5-16 准东地区石炭系典型样品总离子流图

1. 岩石类型

相比于水下喷发环境形成的火山岩，水上喷发环境火山岩并没有典型的特征岩性及岩性组合，以广泛发育的火山熔岩为特征。

火山口附近的火山颈亚相是水上喷发火山岩的重要特征之一，与空气直接接触的岩浆不会受到强静水压力和水下低温的影响，因此能够按照常规方式形成大套的火山集块熔岩或角砾熔岩（图 5-17a、b、c）和气孔状熔岩（图 5-17d）。该现象在白碱沟剖面巴山组发育，在滴西井区部分井较为发育。

(a) 氧化色集块岩，祁家沟剖面，C_3l

(b) 隐爆角砾岩，白碱沟东沟

(c) 集块岩，白碱沟西沟

(d) 气孔状玄武岩，白碱沟西沟，C_2b

图 5-17 准东地区石炭系水上喷发火山岩岩性特征

2. 岩石结构构造特征

与水下喷发火山岩相比，陆上环境形成的火山岩及火山碎屑岩的特征相对简单常见，主要有以下几点：

1）柱状节理

柱状节理是水上喷发典型特征之一，在双井子地区出现（图 5-18a）。

2）斑状结构

相较于水下喷发火山岩，水上喷发火山岩形成环境较为稳定，因其不受静水压力，水下低温，水体矿化度等的影响，形成晶体自形程度通常较高，晶型完整，以斑状结构为特征（图 5-18b、c、d），有时还可以形成聚斑。由于水上环境形成的火山岩接触水体少，缺乏复杂的水体环境，因此蚀变程度通常较低。且由于低温水体引起的收缩缝，自碎斑晶等也极少见。研究区上石炭统玄武岩和安山岩普遍具有斑状结构，晶形完整，蚀变较弱。

(a) 火山口附近，柱状节理，双井子剖面

(b) 安山岩，斑状结构，彩6井，1848.26m

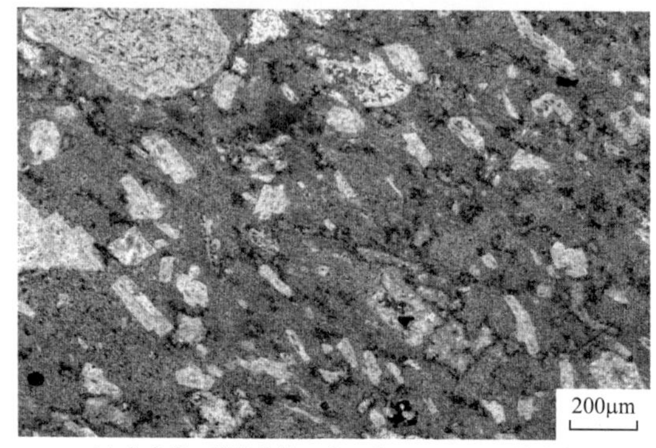

(c) 安山岩，斑状结构，彩25井，3038.4m，单偏光

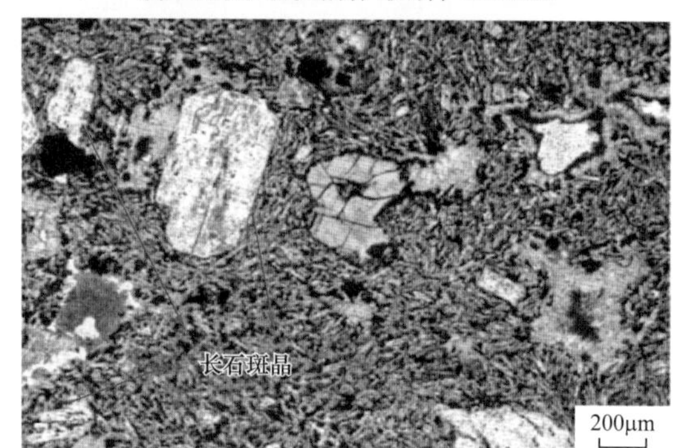

(d) 玄武岩，斑状结构，彩25井，3233.28m

图 5-18　准东地区石炭系水上喷发火山岩微结构构造特征

3）间粒结构

间粒结构形成于冷却速度缓慢的环境，矿物有足够的时间结晶，因此具有自形程度高的斜长石微晶，矿物颗粒则充填于斜长石微晶所搭建的格架中，研究区上石炭统玄武岩广泛发育该结构（图 5-19a、b、c、d、e）。

4）气孔杏仁构造

水上喷发火山岩不受水体高压影响，岩浆内的气体可及时逸出，因此常形成发育的气孔构造（图 5-19f），在后期的蚀变中，气孔常被绿泥石、方解石等充填形成气孔杏仁构造。

5）玻屑

水上喷发形成的凝灰岩，不受高压限制通常形成鸡骨状、弧面棱角状玻屑（图 5-20）。

6）火山角砾成分

陆上环境形成的火山角砾岩由于未受到水体的搬运沉积作用，通常角砾成分复杂，分选较差，磨圆差—中等。

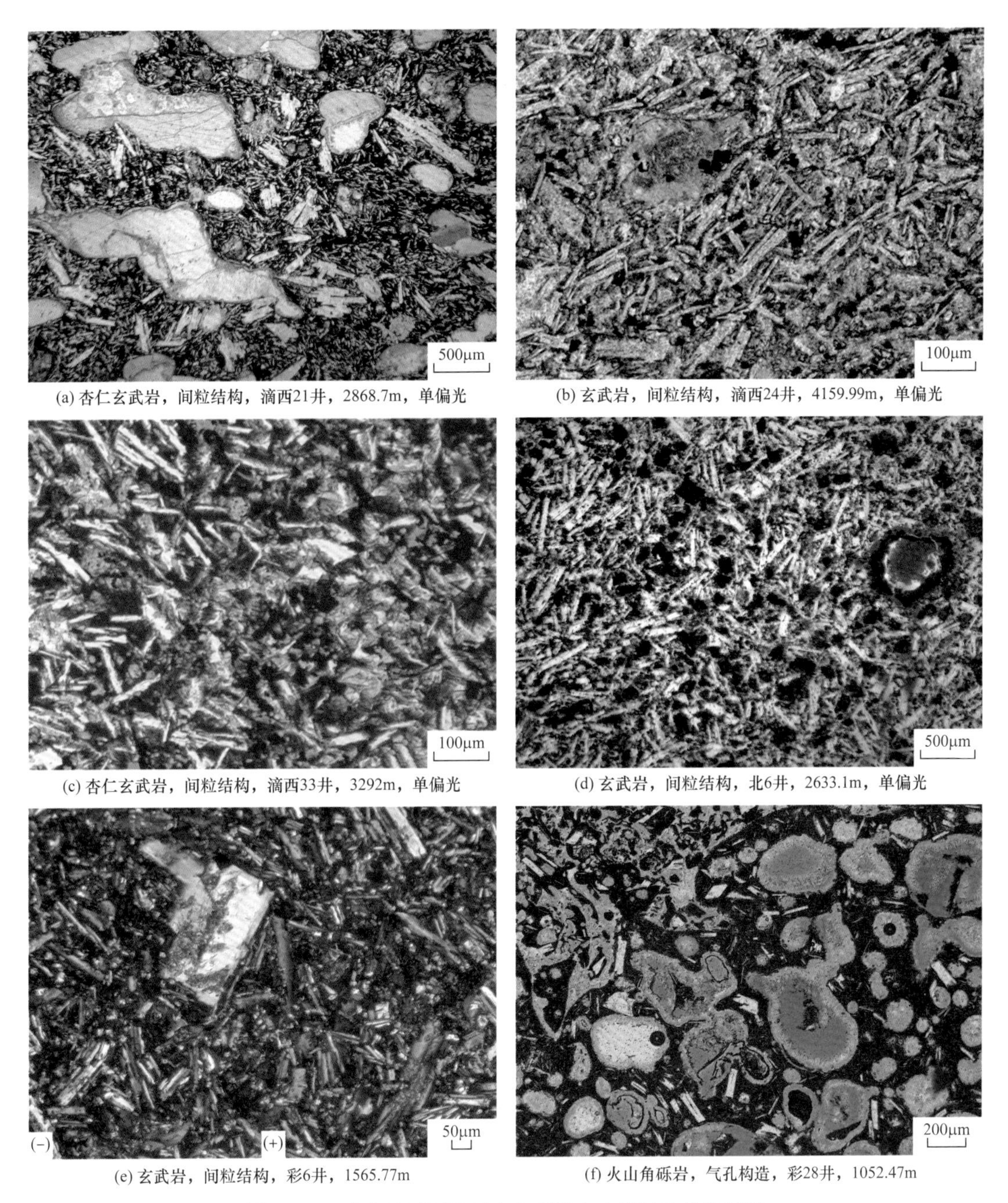

(a) 杏仁玄武岩，间粒结构，滴西21井，2868.7m，单偏光

(b) 玄武岩，间粒结构，滴西24井，4159.99m，单偏光

(c) 杏仁玄武岩，间粒结构，滴西33井，3292m，单偏光

(d) 玄武岩，间粒结构，北6井，2633.1m，单偏光

(e) 玄武岩，间粒结构，彩6井，1565.77m

(f) 火山角砾岩，气孔构造，彩28井，1052.47m

图 5-19　准东地区石炭系水上喷发火山岩结构构造特征

3. 地球化学标志

氧化系数图版表明，研究区上石炭统氧化系数基本大于 0.5，为氧化环境，个别地区氧化系数小于 0.5，为还原环境；研究区下石炭统氧化系数大部分小于 0.5，为还原环境，主要分布在白碱沟剖面和五彩湾井区局部地区。

滴水泉井区上石炭统个别沉积岩同时符合低盐度高氧化度环境，推测为水上环境。

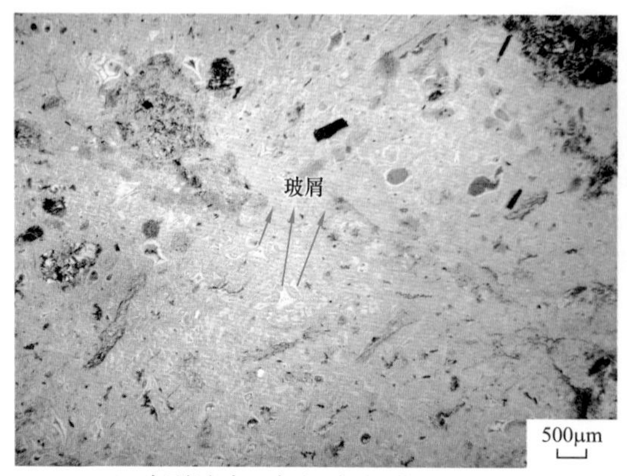

(a) 玻屑凝灰岩，玻屑，滴西32井，3804.19m

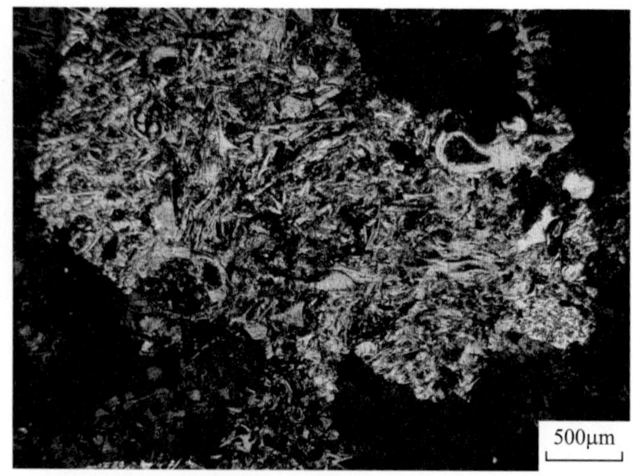

(b) 强浊沸石化玻屑凝灰岩，鸡骨状玻屑，美5井，4347.41m

图 5-20 准东地区石炭系水上喷发火山岩微结构构造特征

第六章 准东石炭系火山岩喷发模式及分布规律

准东石炭系发现的火山岩的喷发模式有两种：水上喷发模式与水下喷发模式。不同的喷发模式其火山岩的岩石类型和分布规律有较大差异，其储集条件和成藏条件也很大不同。

第一节 准东火山岩喷发模式

根据研究区岩相展布特征及环境展布规律，将研究区火山岩喷发模式分为水上喷发与水下喷发两大类，每一种喷发模式又具有不同的保存状态，根据其保存状态又可细分为水上喷发水上沉积、水上喷发水下沉积、水下喷发水上沉积、水下喷发水下沉积。

一、水上喷发水上沉积

水上喷发水上沉积模式（图 6–1）以水上环境火山岩为典型特征，通常发育粗火山碎屑岩、具有熔结结构的火山碎屑岩和熔岩，通常表现为氧化色，发育较多的气孔杏仁构造，熔结结构较为明显，火山岩中长石晶形较为完整。

研究区滴西 25 井存在典型的水上喷发水上沉积，其岩相组合为爆发相热碎屑流亚相与溢流相交替出现，热碎屑流亚相熔结凝灰岩具有丰富的熔结结构，并且发育玻屑，其中长石斑晶晶形完整，部分熔结凝灰岩为红色，为典型的水上喷发水上沉积。

研究区水上喷发水上沉积模式在滴水泉井区南部、五彩湾井区中部、沙帐地区中东部上石炭统均发育。

二、水上喷发水下沉积

水上喷发水下沉积（图 6–1）主要发育在火山口远端，其岩相组合表现为溢流相、远口爆发相、火山沉积相、沉积相交替出现，具有火山沉积岩与凝灰岩交替出现的特征。水上喷发水下沉积模式是由于火山爆发后，火山灰可以在空中悬浮较长的时间，飘落至较远的地方，落入水中形成火山沉积岩，在距离火山口稍近的地方还会出现溢流相和爆发相。

研究区滴西 24 井为水上喷发水下沉积模式，其岩相组合为爆发相—溢流相—火山沉积相，喷发间歇存在厚层沉积岩。其溢流相玄武岩发育气孔杏仁构造，晶型较完整。存在大段的火山沉积岩，为典型的过渡环境，属于水上喷发水下沉积模式。

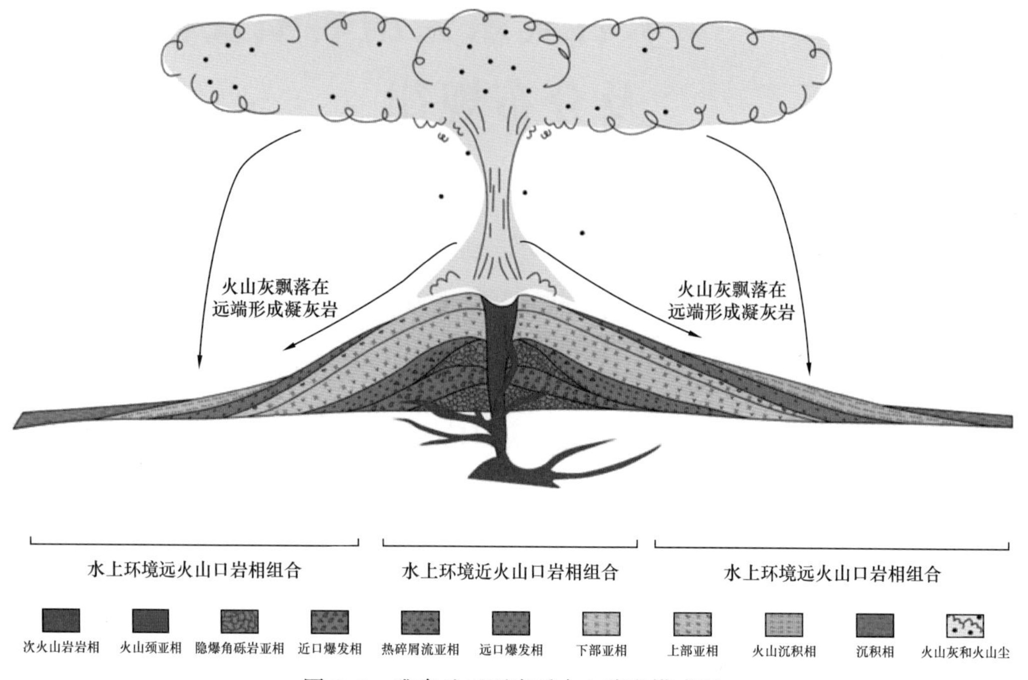

图 6-1 准东地区石炭系水上喷发模式图

研究区水上喷发水下沉积在全区分布广泛，这是由于频繁的火山活动产生的火山灰大多可降落在离火山口较远的水体环境中，既可以是河流、湖泊，也可是海洋。

三、水下喷发水下沉积

水下喷发模式在研究区下石炭统发育，早石炭世准噶尔盆地尚未形成，研究区呈现多岛格局，各大洋盆也尚未闭合，海侵事件尚存，火山活动较弱，因此早石炭世以水下喷发为主。到晚石炭世，局部地区依旧存在水环境，因此在晚石炭世也存在水下喷发。

水下喷发水下沉积（图 6-2）通常伴随有珍珠岩、细碧岩等典型岩性，岩相组合以火山通道相—近口爆发相—侵出相—溢流相—火山沉积相为特征。该模式岩浆在喷出的过程中立马淬火，因此常形成典型珍珠岩或细碧岩，同时火山碎屑物质立马与水体混合伴随着火山沉积相和沉积相的出现。

研究区泉 4 井出现细碧岩，为典型水下喷发水下沉积模式。滴水泉井区滴西 21 井、滴西 22 井、滴西 29 井、滴西 10 井接连出现珍珠岩，并伴随着沉积岩的出现，且在滴西 17 井出现焦化鱼骨化石，因此认为该区为典型的水下喷发水下沉积。研究区水下喷发水下沉积在滴水泉局部地区，白碱沟剖面均有出现。

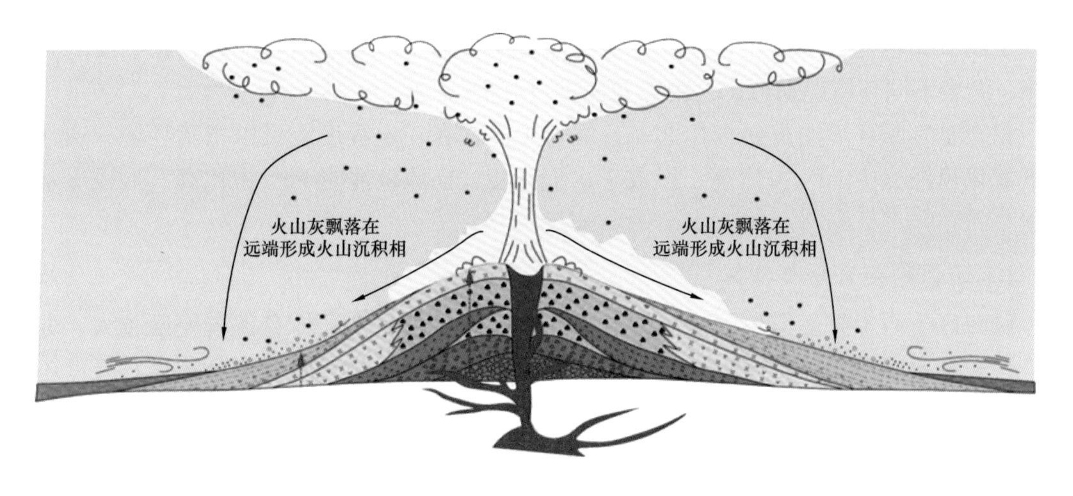

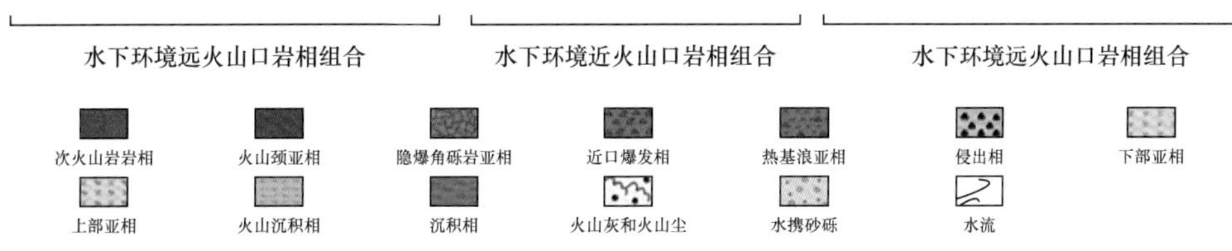

图 6-2　准东地区石炭系水下喷发模式图

四、水下喷发水上沉积

通常情况下火山机构在水下喷发后直接在水体中保存成岩，但在浅水环境下，具有较大能量的火山机构喷发后，一部分火山喷出物质会在高能量下喷出水面，悬浮在空中，当悬浮在空中的轻火山喷出物飘至陆地时便形成了水下喷发水上沉积。在研究区水下喷发模式以水下喷发水下沉积为主，基本未见水下喷发水上沉积。

第二节　准东火山岩喷发环境分布规律

基于野外露头资料、岩心资料、镜下资料、地球化学资料、测井录井资料、地震资料，对研究区不同喷发环境火山岩展布特征进行研究，由点及面，绘制研究区不同岩性岩相厚度图和剖面图，结合不同环境岩性组合特征、岩石类型特征、岩石结构构造特征和地球化学特征确定研究区不同环境的展布规律。

一、早石炭世喷发环境展布特征

1. 早石炭世喷发环境单因素分析

关于早石炭世不同环境火山岩的展布特征，仅靠火山岩的岩石学特征和地球化学识别标志是具有局限性的，为了将点扩大到面，采取单因素研究方法，即利用测井和录井资料绘制氧化色泥岩厚度图、还原色泥岩厚度图，通过研究不同岩性岩相在平面的展布规律，结合不同环境识别标志，由点及面进行分析。

泥岩是判断环境的重要指标之一，泥岩中的铁在一定程度上可以指示环境，通常情况下氧化色泥岩中 Fe^{3+} 占比高，形成于水上环境，还原色泥岩 Fe^{2+} 占比高，形成于水下环境。

1）还原色泥岩分布特征

研究区下石炭统还原色泥岩厚度分布图如图 6-3 所示。还原色泥岩厚度越大，分布越广，表明水体越深，水下环境分布越广。研究区还原色泥岩厚度图显示早石炭世还原色泥岩整体厚度较大，分布较广，覆盖整个研究区；其中在滴西井区东部和南部、五彩湾井区东部，克拉美丽山前地区，还原色泥岩厚度大，且东部彩参 2 井出现还原色泥岩最大厚度值，高达 244m。此外，位于克拉美丽山前的两条剖面白碱沟剖面和滴水泉剖面下石炭统也均发育大段暗色泥岩。

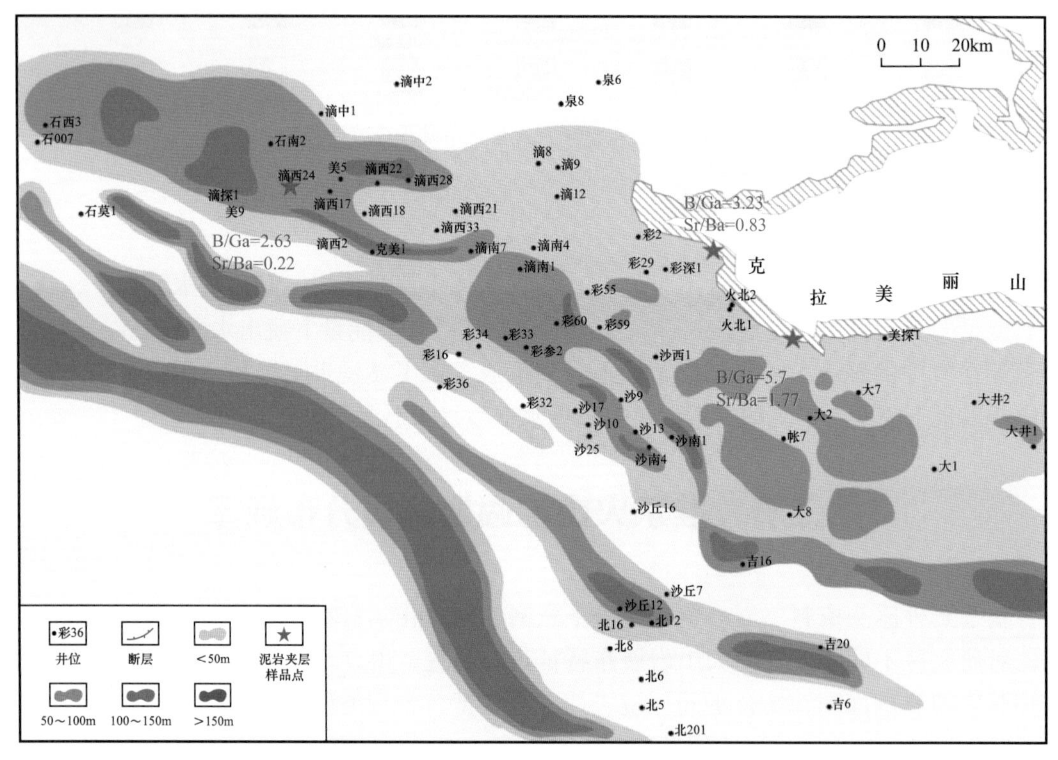

图 6-3 准东地区下石炭统暗色泥岩厚度图

2）氧化色泥岩分布特征

氧化色泥岩通常代表氧化环境，因此可利用氧化色泥岩厚度判断水上环境。研究区氧化色泥岩厚度图（图 6-4）显示早石炭世氧化色泥岩分布较局限，且厚度较小，大部分地区厚度小于 40m，仅在滴西井区中部地区、五彩湾南部局部地区及研究区东部存在相对较厚的氧化色泥岩，表明研究区水上环境分布局限且持续时间短。

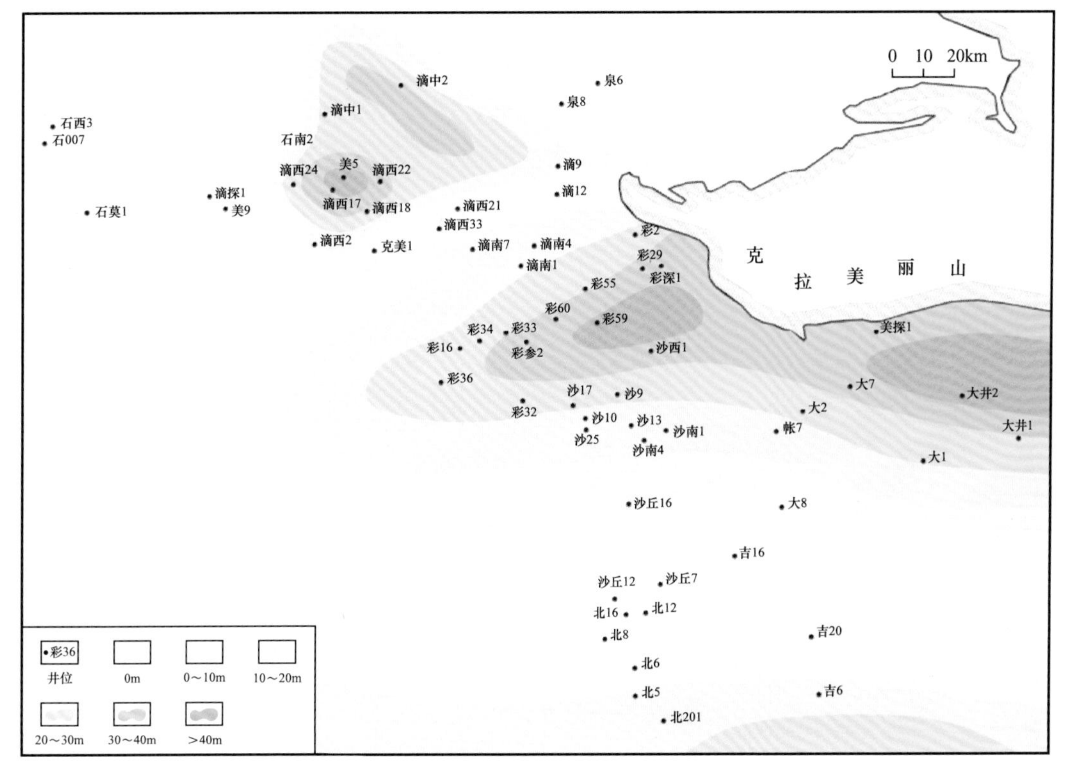

图 6-4 准东地区下石炭统氧化色泥岩厚度图

2. 早石炭世不同喷发环境火山岩展布特征

研究区石炭系地层构造运动复杂，早石炭世为多岛格局，准噶尔—吐哈微板块与西伯利亚板块发生碰撞拼接，东西准噶尔洋发生大规模海侵，之后东西准噶尔有限洋盆关闭，达拉布特洋盆与克拉美丽洋盆关闭，克拉美丽造山，准噶尔盆地西北缘与东缘界山形成。受构造运动影响，早石炭世准东地区火山岩形成的构造环境多样。研究认为早石炭世整体以水下喷发环境为主，火山活动不强烈，水体盐度自西向东逐渐升高，由淡水经半咸水到咸水，水体深度由浅变深。

综合还原色泥岩厚度图与氧化色泥岩厚度图分析，早石炭世水下环境分布广泛，几乎在全区均有分布，但厚度不同。根据还原色泥岩厚度图，研究区滴西井区至五彩湾井区，还原色泥岩厚度大，水体深；从五彩湾井区起至大井井区还原色泥岩厚度略薄，整体变化不大，水体相对西部地区浅。结合野外资料及镜下资料，在东部滴水泉剖面存在大段厚层暗色泥岩，并且泥岩裂缝中夹有由文石转化而成的石灰岩，文石为海相生物贝壳、骨骼的重要组分，可形成于外生作用存在于海底沉积物中，此外在滴水泉剖面还发现海百合茎和海相化石德比贝类；在东部白碱沟剖面下石炭统则发现石泡流纹岩和无斑流纹岩，皆为典型水下喷发环境火山岩。东部的滴水泉剖面与白碱沟剖面黑色泥岩盐度指标较高，白碱沟剖面下石炭统泥岩夹层 Sr/Ba=0.83，为咸水环境；滴水泉剖面下石炭统泥岩夹层 Sr/Ba=1.77，为咸水环境；滴西井区下石炭统泥岩夹层 Sr/Ba=0.22。白碱沟剖面泥岩夹层 B/Ga=3.2，为半咸水环境；滴水泉剖面泥岩夹层 B/Ga=5.71，且石灰岩 Z=125.54，为咸水环境，滴西井区下石炭统泥岩夹层 B/Ga=2.63。此外，下石炭统泥岩夹层古氧化度具有同样趋势，自西向东氧化性降低，还原性升高。因此认为东部地区水体更深，盐度更高，研究区自西向东，自滴水泉井区，经五彩湾井区至白碱沟剖面由浅海环境逐渐过渡至咸化潟湖（图 6-5）。

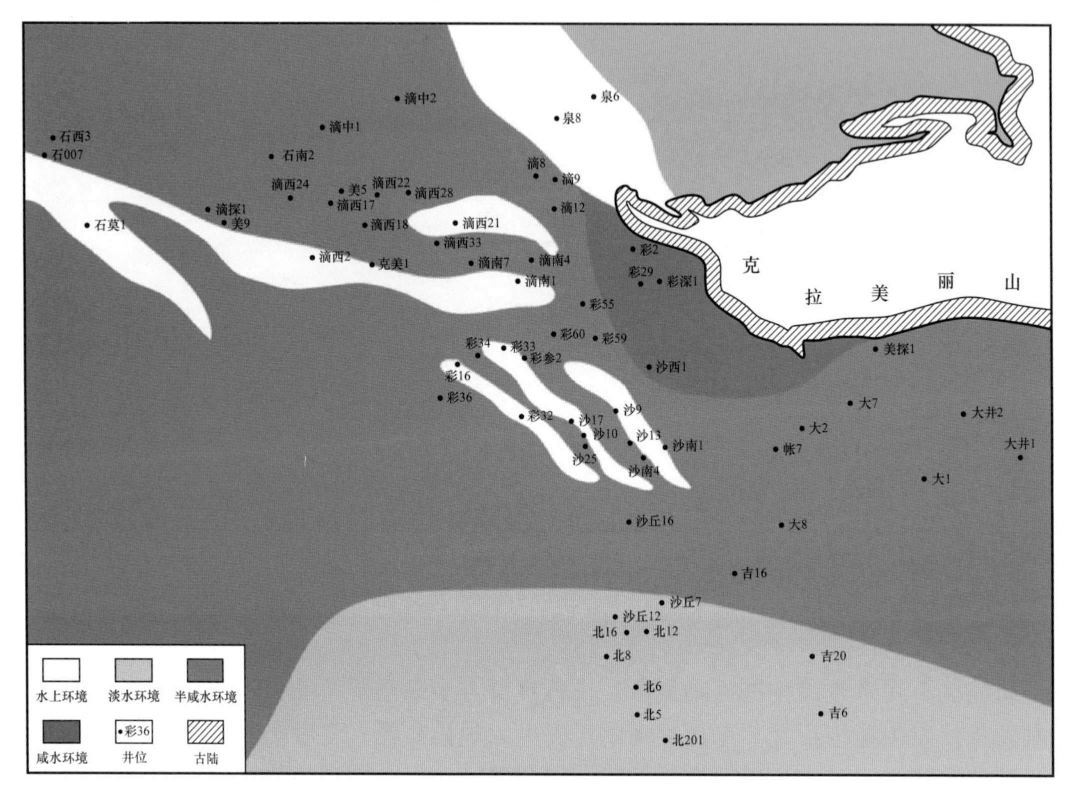

图 6-5　准东地区下石炭统环境分布图

选取研究区典型剖面，过美 8 井—美 6 井—滴西 32 井—滴西 18 井—滴西 20 井—滴 101 井—滴西 21 井—美 7 井—滴 6 井—滴 16 井—滴 15 井，结合该剖面地震资料和测录井资料绘制剖面图（图 6-6），研究表明，下石炭统自西向东，暗色泥岩厚度增加，沉积岩和火山沉积岩比重增加，火山岩比重减少，且向东逐渐出现珍珠岩，结合前述研究结果，认为研究区下石炭统整体形成于水下环境，水体较深，自西向东水体逐渐加深，盐度加大；东部出现海相化石，而西部滴西井区水体相对较浅。

二、晚石炭世喷发环境展布特征

1. 晚石炭世喷发环境单因素分析

大地构造研究表明到晚石炭世，各板块拼贴挤压，裂陷槽也开始闭合，南北向断裂加强，准噶尔进入原型盆地发育期，在晚石炭世中期发生一次大规模海侵，之后准噶尔北部

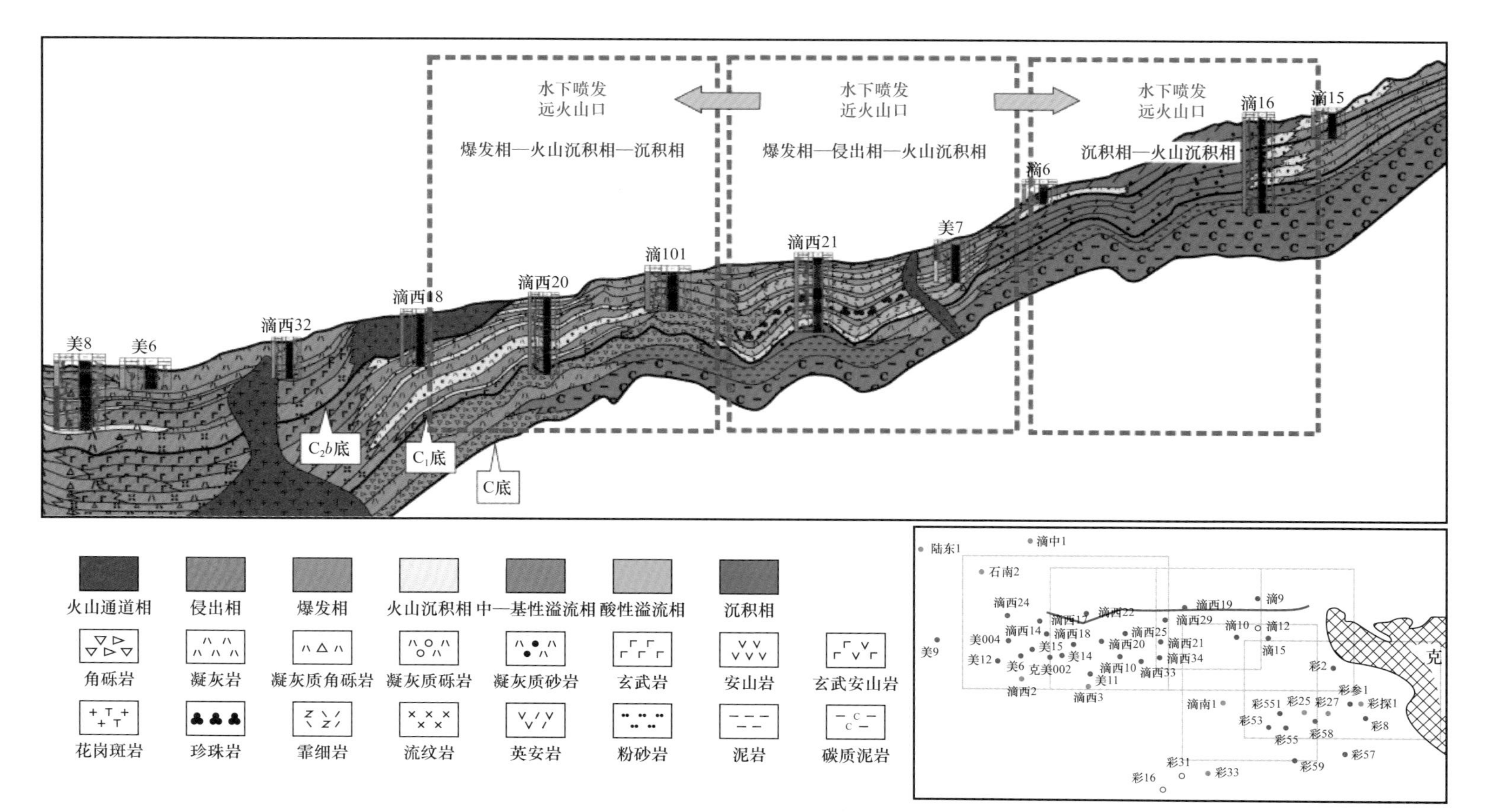

图 6-6　滴西地区 T726 地震格架岩相剖面分布图

地区隆起，海水向南退却并形成北陆南海格局。晚石炭世火山喷发强烈，火山岩和火山碎屑岩厚度大且广泛分布，既存在水上环境形成的火山岩，也存在水下环境形成的火山岩。根据上石炭统氧化色泥岩厚度图、还原色泥岩厚度图进行晚石炭世单因素展布规律研究。

1）还原色泥岩分布特征

研究区还原色泥岩厚度图表明，还原色泥岩在上石炭统分布局限，在研究区北部局部地区、滴西井区局部地区、五彩湾井区东部及南部地区、大井井区、北三台井区北部地区零散分布，且厚度不大。在五彩湾井区东部地区以及大井井区东部地区分布有较厚层泥岩，其余大部分地区厚度小于50m，表明研究区晚石炭世水下环境分布局限且浅水环境居多（图6-7）。

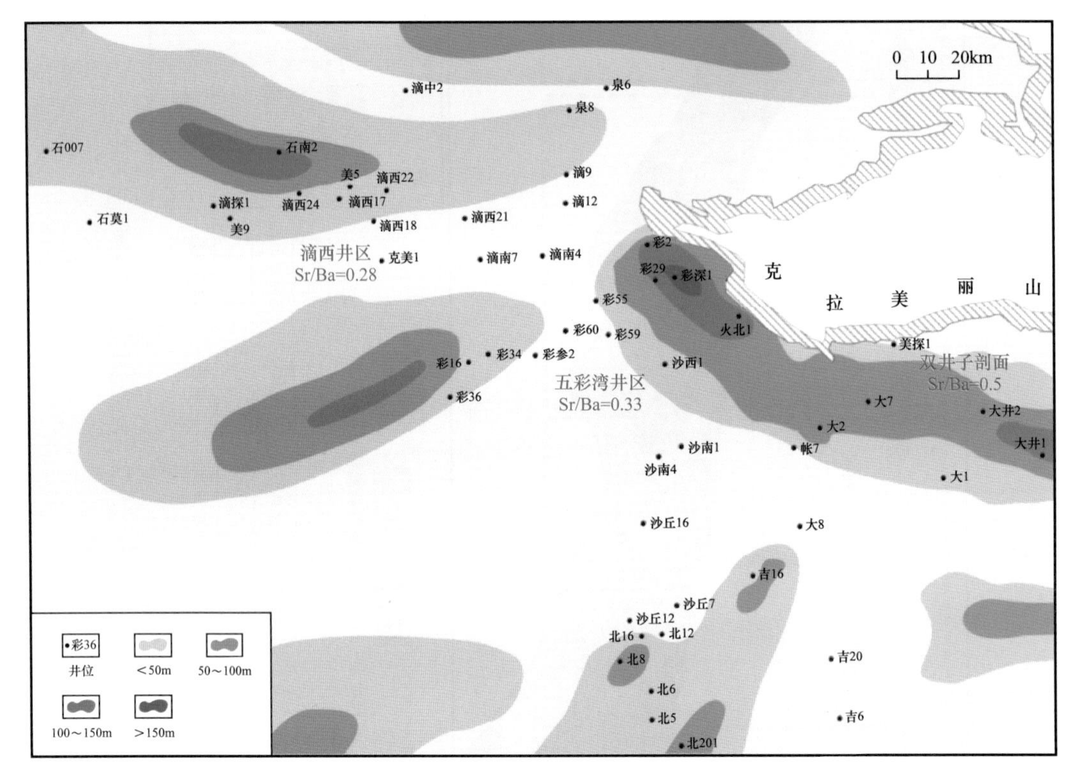

图6-7 准东地区上石炭统暗色泥岩厚度图

2）氧化色泥岩分布特征

研究区氧化色泥岩厚度图表明氧化色泥岩在全区广泛分布，但厚度不同，在滴西井区中部和东部地区、沙帐井区中部和北部地区以及大井井区具有相对较大的厚度，且在沙帐井区西部阜17井出现氧化色泥岩厚度极大值，高达270m。全区整体表现为水上环境广泛分布（图6-8）。

2. 晚石炭世不同喷发环境火山岩展布特征

到晚石炭世，北天山洋盆与博格达裂陷槽闭合，中天山地体向准噶尔、吐哈地体拼接碰撞而形成觉罗塔格造山褶皱带和博格达褶皱带，东西准噶尔有限洋盆闭合，盆地中央的裂陷槽也开始闭合，在准噶尔盆地中央沿克拉美丽山前至中央隆起带再次发生陆内伸展构造运动，进入原型盆地发育期。

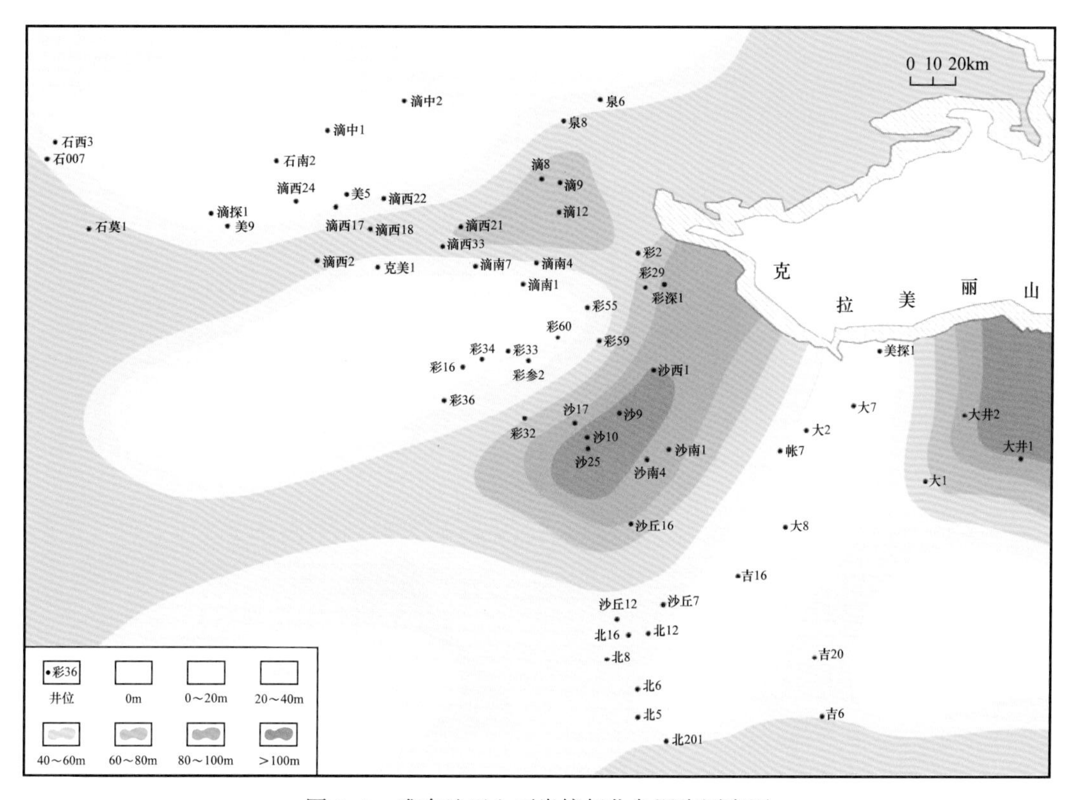

图 6-8　准东地区上石炭统氧化色泥岩厚度图

通过上石炭统泥岩厚度图可知研究区上石炭统氧化色泥岩广泛分布而还原色泥岩仅局部分布且厚度不大，因此认为研究区晚石炭世为水上喷发环境，在局部地区存在水下喷发环境，滴南凸起中部及北部地区还原色泥岩厚度较小，且分布局限，在滴西 10 井、滴西 29 井上石炭统发育水下环境珍珠岩，但厚度不大，在该区周围分布有较厚的沉火山碎屑岩，向外逐渐减薄并过渡至凝灰岩，因此认为滴西井区存在局部浅水环境；五彩湾凹陷东部彩深 1 井附近为全区钻遇水体最深处，发育厚层还原色泥岩，泥岩厚度可达 300m，除分布有厚层的暗色泥岩外还发育较厚的火山沉积岩，其中夹有溢流相安山岩与少量爆发相火山角砾岩、凝灰岩，判断为水下环境且水体较深；沙帐井区北部及东部大井井区均出现厚层泥岩，沙西 1 井还原色泥岩厚度高达 204m，大 5 井还原色泥岩厚度高达 241.5m 且均未钻穿，此外在大 5 井和双井子剖面上石炭统还发现海相化石和海百合茎化石，因此认为研究区东部为局部水下环境且水体较深。

地球化学结果表明，自西部滴西井区至东部大井井区，还原色泥岩古盐度逐渐升高，由淡水环境过渡至半咸水环境，与还原色泥岩厚度图展布特征相符。

根据前述研究认为准东地区晚石炭世火山岩喷发环境整体表现为水上喷发环境，在局部地区如滴西井区中部、五彩湾井区东部、大井井区、北三台井区北部存在水下环境，且水体较浅，具有自西向东自北向南水体盐度逐渐升高，深度逐渐增加的特征（图 6-9）。

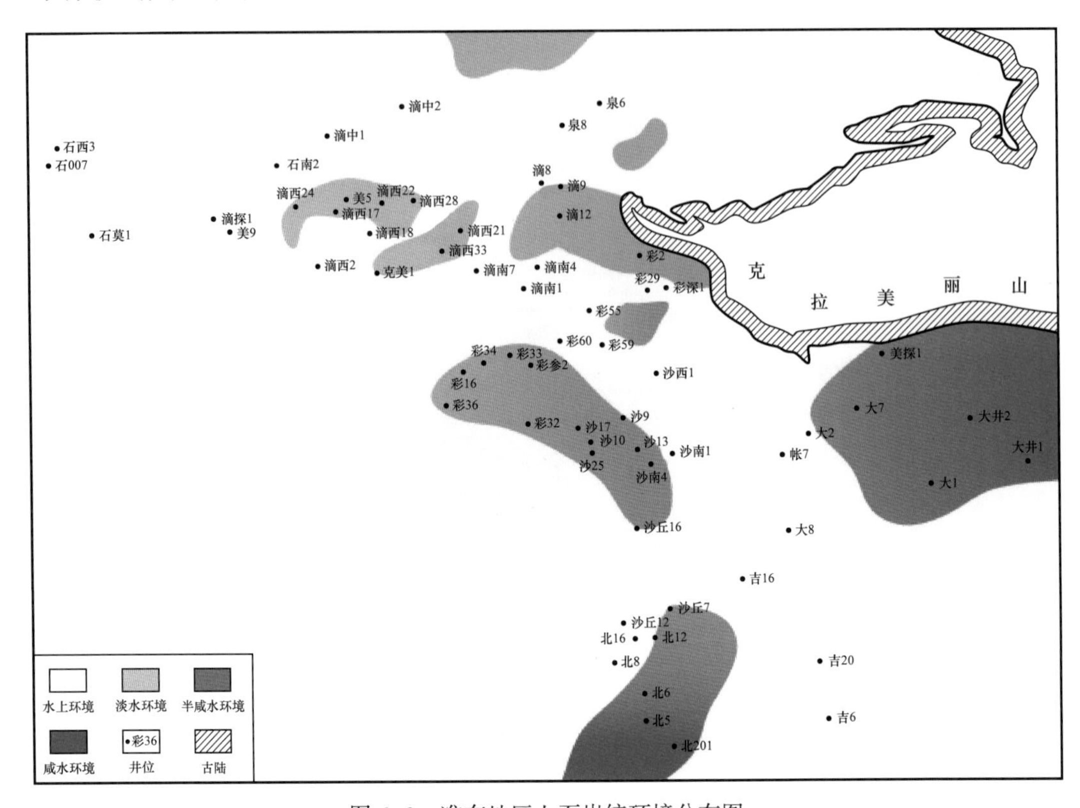

图 6-9 准东地区上石炭统环境分布图

第七章　准东石炭系不同喷发环境火山岩储层特征

火山岩储层受储集空间控制，储集空间的发育程度直接影响了火山岩储层的储集性能。而火山岩储层储集空间类型多，孔隙结构复杂，受次生成岩作用影响强烈，从微观到宏观都表现出极强的非均质性，孔、洞、缝交织在一起，储层物性有很大的差异性和突变性。岩浆在地下深处或喷出地表后经过冷却、凝固、结晶形成火山岩岩石，虽然也存在所谓的孔隙空间，但一般来说，连通性差，甚至不连通。往往具有孔隙但缺乏渗透性，不经过次生作用的改造很难成为有效的储集空间。经过风化、溶蚀及构造运动等次生作用产生的缝、孔、洞，把原来彼此不连通或连通性很差的孔隙连接起来，并改造原生的孔隙，从而逐渐发育成连通程度不一的孔隙网络。

火山岩储集空间类型多样，根据研究目的及研究程度的不同，分类结果也不相同，但大体上可以将火山岩储集空间分为孔隙和裂缝两大类；储集空间与其赋存岩性、岩相关系复杂，表现出同种储集空间赋存于不同岩性岩相、多种储集空间赋存于同种岩性岩相、特殊储集空间赋存于特殊岩性岩相等特征。

不同的喷发环境（水上、水下）会导致火山岩岩性类别、组合方式、结构构造等方面具有明显的差异，而储层发育又受到了以上性质的影响。因此，环境的差异会导致储层特征的差异，进而影响储集性能。

第一节　储集空间类型及特征

火山岩储层是一种由多种类型孔隙组合而成的复合型储层，往往是不均一，并且不同学者对不同地区的火山岩储层的类型和分类方案也有所差别，因此，要研究火山岩储层，首先要对该地区火山岩储层类型开展归纳总结并建立一个适用于本次研究的储层分类方案。

赵澄林等（1997）把火山岩储集空间划分为孔隙和裂缝两大类，孔隙可进一步分为10个亚类：气孔、杏仁体内孔、斑晶间孔、收缩孔、微晶晶间孔、玻晶间孔、晶内孔、溶蚀孔、膨胀孔和塑流孔；裂缝可进一步分为6个亚类：构造缝、隐爆裂缝、成岩裂缝、风化裂缝、竖直节理和柱状节理。陈发景等（2000）将火山岩储集空间分为原生孔隙（原生气孔、杏仁体内孔），次生溶蚀孔隙（斑晶溶蚀孔、基质内溶孔、溶蚀裂缝）及原生裂缝（构造裂缝）3大类6种类型。王岫岩等（2000）将火山岩储集空间分为孔隙和裂缝两大类，孔隙包括气孔、杏仁内孔、微晶晶间孔和溶蚀孔；裂缝分为构造裂缝和风化裂缝。

通过对研究区石炭系火山岩岩心观察、普通及铸体薄片镜下鉴定，本区火山岩储集空间总的特点是：储集空间类型多，孔隙结构相对复杂，原生和构造裂缝皆有发育。参照前人对火山岩储层的分类，基于准噶尔盆地研究区石炭系勘探的实际需求，通过对研究区的野外剖面踏勘测量、重点井岩心观察、镜下薄片、铸体薄片鉴定等方法，对本区石炭系火山岩储集空间类型及特征进行总结和划分，将火山岩主要的储集空间按照孔隙形成的成岩阶段分为原生孔隙、原生裂缝和次生孔隙、次生裂缝4个大类16个亚类（表7-1），其中孔隙包括原生气孔、杏仁体残余孔、杏仁体收缩孔、粒（晶）间孔、杏仁体溶蚀孔、基质溶孔、斑晶溶孔和脱玻化孔。裂缝分为原生裂缝和构造裂缝两类：原生裂缝主要是指火山岩冷凝固结成岩过程中，由于冷凝收缩形成的各种裂缝，如收缩缝、解理缝等。构造裂缝是由于后期构造运动形成的，构造缝除了常见的由构造应力直接形成的裂缝空间外，还包含了充填溶蚀和充填残余的构造裂缝。

上述储集空间一与岩石形成后的物理作用有关，如冷凝收缩缝、原生气孔等；二与岩石形成的物理化学环境有关，取决于岩石与流体的相互作用，如斑晶溶蚀孔、杏仁残余孔、杏仁溶蚀孔、基质溶蚀孔等；三与构造应力作用有关的裂缝和微裂缝。

不同的岩石类型具有不同的孔隙类型。气孔是火山岩溢流相上部最常见的孔隙类型。气孔的发育为流体提供了通道和空间，因此气孔的发育在一定程度上决定了次生孔隙的发育。气孔中常充填石英、沸石、方解石等，堵塞了部分储集空间，形成残余气孔。火山岩溢流相上部亚相和下部亚相中长石、碳酸盐类矿物等被部分溶蚀，可形成次生孔隙。粒间孔为火山角砾岩、火山沉积岩及沉积岩的重要孔隙类型。晶间孔则为部分火山岩玻璃质脱玻化或岩浆结晶过程中形成的晶间孔隙。原生裂缝受岩性的控制，砾间缝一般特指火山角砾岩中角砾间形成的缝隙；而收缩缝中，网状缝发育在流纹岩中、球状缝发育在珍珠岩里；而酸性岩发育层状节理，中—基性岩发育柱状节理；炸裂缝主要出现于斑晶发育的火山岩中。

一、孔隙

孔隙分为原生孔隙和次生孔隙，前者形成于火山岩固化成岩阶段，后者形成于火山岩成岩之后。

1. 原生孔隙类型

1）原生气孔

岩浆喷溢出地表，其中的挥发组分在成岩过程中膨胀溢出，待岩浆完全冷凝固结后便形成原生气孔。原生气孔在含有大量气液包裹体的火山物质喷出中均能见到。一般肉眼可以直接观察到，分布呈无序或顺流纹构造排列，部分原生气孔为不连通的独立孔，少部分气孔相互连通。气孔大小、形态不一，呈圆形、拉长状、不规则状等，成像测井

表 7-1　准噶尔盆地东部石炭系火山岩储集空间类型和特征

成岩作用阶段		储集空间类型		亚类	成岩作用	形成机制	特征	代表岩性
原生成岩作用	冷凝固结成岩作用	原生孔隙	原生气孔		挥发分逸散	挥发分逸散后留下的孔洞	弧形边缘，形状不规则；常见于熔岩中上部和角砾岩等碎屑内部	玄武岩 安山岩 火山角砾岩
			杏仁体残余孔		准同生期热液沉淀	未完全被杏仁体充填而残余的孔隙	杏仁体内矿物自形，孔隙形状不规则，很少与外界连通	玄武岩 安山岩
			杏仁体收缩孔		冷凝收缩	由于杏仁体成分冷凝收缩形成的孔隙	沿杏仁体边缘形成圈状	玄武岩 安山岩
			粒间孔 / 晶间孔		火山碎屑压实、岩浆结晶	岩浆结晶或火山碎屑岩经成岩压实后颗（晶）粒间形成的孔隙	形状不规则，沿颗粒或晶粒边缘分布	次火山岩 火山碎屑岩
		原生裂缝	收缩缝	网状收缩缝	冷凝收缩	失水、冷凝收缩	裂缝交织成网状，顺流面方向长度较长，垂直流面方向长度较短	流纹岩
				层面节理缝	冷凝收缩	平行流面方向冷凝收缩	平行流面，平直，成组出现，与层理相似	流纹岩
				柱状节理缝	冷凝收缩	垂直流面方向冷凝收缩	与流面高角度相交，交面呈多边形	安山岩 英安岩
				球状裂理缝	冷凝收缩	同心圆状冷凝收缩	大量弧形或半圆形同心状裂纹，且多沿裂纹发生脱玻化	珍珠岩
			解理缝	解理缝	矿物结晶	矿物结晶	沿斑晶解理发育，成组出现	斑状熔岩
			自碎缝	斑晶炸裂缝	斑晶炸碎作用	压力 / 温度骤降气体膨胀	筛状孔，裂缝发育，但形状几乎保持原始晶型，沿碎屑边缘分布	安山岩 玄武岩
			砾间缝		火山碎屑堆积压实	火山角砾之间未被充填的间隙	火山角砾之间可沿角砾边缘发育	火山角砾岩

续表

成岩作用阶段		储集空间类型		亚类	成岩作用	形成机制	特征	代表岩性
次生成岩作用	埋藏作用 热液作用 淋滤作用	次生孔隙	脱玻化孔	脱玻化孔	脱玻化	火山玻璃脱玻化在微晶之间形成孔隙	多见于酸性熔岩及岩屑中	中—酸性熔岩
			溶蚀孔	晶内溶蚀孔	溶蚀	晶体被溶解、水解或交代形成孔隙	多见于解理发育的斑晶内部	含斑晶的火山岩
				基质溶蚀孔	溶蚀	基质中的微晶、火山玻璃等被溶蚀形成的孔隙	筛状孔，具有一定的连通性	火山熔岩 火山碎屑岩
				杏仁体蚀孔	溶蚀	杏仁体或充填物被溶蚀形成的孔隙	形状不规则	具杏仁体火山岩
		次生裂缝	溶蚀缝	收缩溶蚀缝	冷凝收缩溶蚀	收缩缝被水解、溶蚀扩大的缝隙	宽度变化大，多呈不规则脉状，内边缘较平滑，常见残余矿物	中酸性熔岩
			构造缝	构造缝	构造应力	构造应力	穿层、切割层理成组出现、延伸较远	全部
				充填溶蚀构造缝	构造应力充填、溶蚀	构造裂缝被水解溶蚀而扩大	穿层、切割层理成组出现、延伸较远，宽度变化大，裂缝相交处容易构成溶蚀孔	全部
				充填残余构造缝	构造应力充填	构造裂缝被充填残余的空间裂缝	整体平直，边缘不规则	全部

显示为暗色斑点特征（图 7-1），若充填有杏仁体且为高阻矿物，则会呈现亮色斑点特征（图 7-1b）。研究区多见于玄武岩、安山岩及其过渡岩类中（7-2a）。

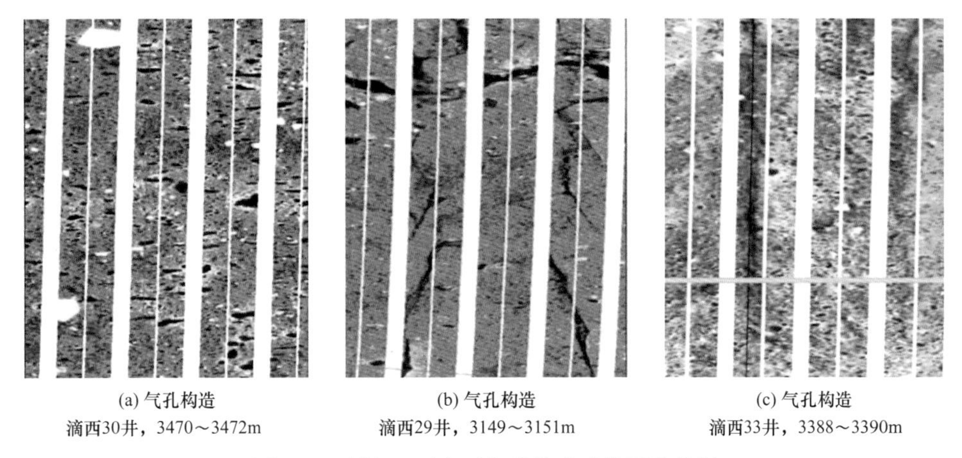

图 7-1　研究区石炭系气孔构造成像测井特征

2）残余孔

火山岩形成的原生气孔被后期或同期热液中单一矿物或几种矿物充填而形成杏仁体，但杏仁体未完全充填气孔而残留的孔隙空间为残余孔。杏仁体内常见的矿物有长英质、钙质、沸石、绿泥石和葡萄石等。杏仁体内残余孔形态一般为不规则状，可形成于各种具有气孔—杏仁构造的火山岩中。研究区彩参 1 井、滴西 17 井等多见杏仁体残余孔，且被钙质不完全充填（图 7-2b、c）。

3）收缩孔

在研究区彩参 1 井中观察到典型的杏仁体收缩孔，该孔隙介于杏仁体与孔洞边缘之间，呈不规则状。这种孔隙是岩浆冷凝时，由于杏仁体和岩浆由于化学成分的差异，冷凝速率及程度有所不同而形成（图 7-2d）。

4）晶间孔 / 粒间孔

晶间孔指火山岩斑晶、微晶之间的细小孔隙，边缘多成规则的多面体状，结晶程度越高，边缘形状越规则，该种孔隙越发育。在研究区滴西 17 井、滴西 18 井及彩 25 井等多个井区均有分布，一般常见于玄武岩、安山岩的长石晶体间（图 7-3a、e、f）或花岗斑岩中长石、石英晶体之间（图 7-3b），孔隙一般较小。

粒间孔一般指火山碎屑颗粒在经过压实等作用后，颗粒间剩余的孔隙空间。大小、形态各异，受火山碎屑的组合形态控制，并且大小与埋深呈反比例趋势。粒间孔主要发育于火山碎屑岩、火山碎屑熔岩及火山沉积岩中（图 7-3c、d）。

2. 次生孔隙类型

该区火山岩中次生储集空间主要由溶蚀孔组合而成，主要发育在富含气孔的玄武岩、安山岩、火山角砾岩及裂缝发育的珍珠岩中，形成于风化淋滤、构造、有机酸溶蚀、深部热液溶蚀等作用，沿风化接触面、裂隙和构造高部位发育。

火山岩在风化淋滤阶段及埋藏后由于流体进入形成不同程度的溶蚀孔隙，按照溶蚀溶解位置可分为杏仁体内溶蚀孔、基质溶蚀孔和斑晶溶蚀孔。溶蚀孔在本区具有两种特征，一种为火山物质与流体反应，形成产物被热液运移而形成的孔洞；一种为火山物质与流体反应，形成固态产物（新矿物）并原地沉淀，沉淀矿物充填溶蚀部位后残余孔隙，如绿泥石化、沸石化。在显微镜下两者有时并无明显区别，但在电子显微镜尺度下可明显地辨别。溶蚀孔是本区火山岩储层中最为常见的孔隙，各类火山岩均可形成，是火山岩最主要的次生储集空间。

(a) 玄武岩，原生气孔，白碱沟剖面，松喀尔苏组

(b) 玄武岩，杏仁体残余孔，白碱沟剖面，松喀尔苏组

(c) 玄武岩，杏仁体残余孔，彩参1井，3636.2m

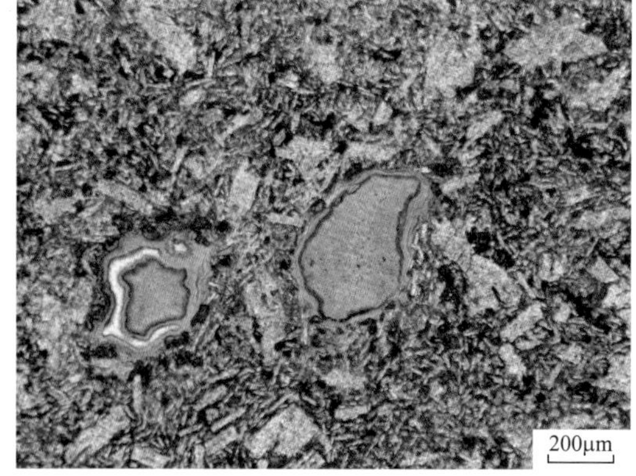

(d) 玄武岩，杏仁体收缩孔，彩参1井，3064.4m

图 7-2　准东地区石炭系原生孔隙图

1）脱玻化孔

由于脱玻化作用，岩石基质内的火山玻璃或火山碎屑岩内的玻屑逐渐转化为雏晶或微晶，这些雏晶和微晶间的孔隙即为脱玻化孔。此类储集空间在盆缘和盆内均有发育，多见于流纹岩、英安岩、珍珠岩、安山岩等中—酸性火山熔岩及相应的火山碎屑中，在研究区的珍珠岩中常见这种孔，其中滴 9 井的较为典型，连通性较好，多由裂缝进行沟通（图 7-4）。

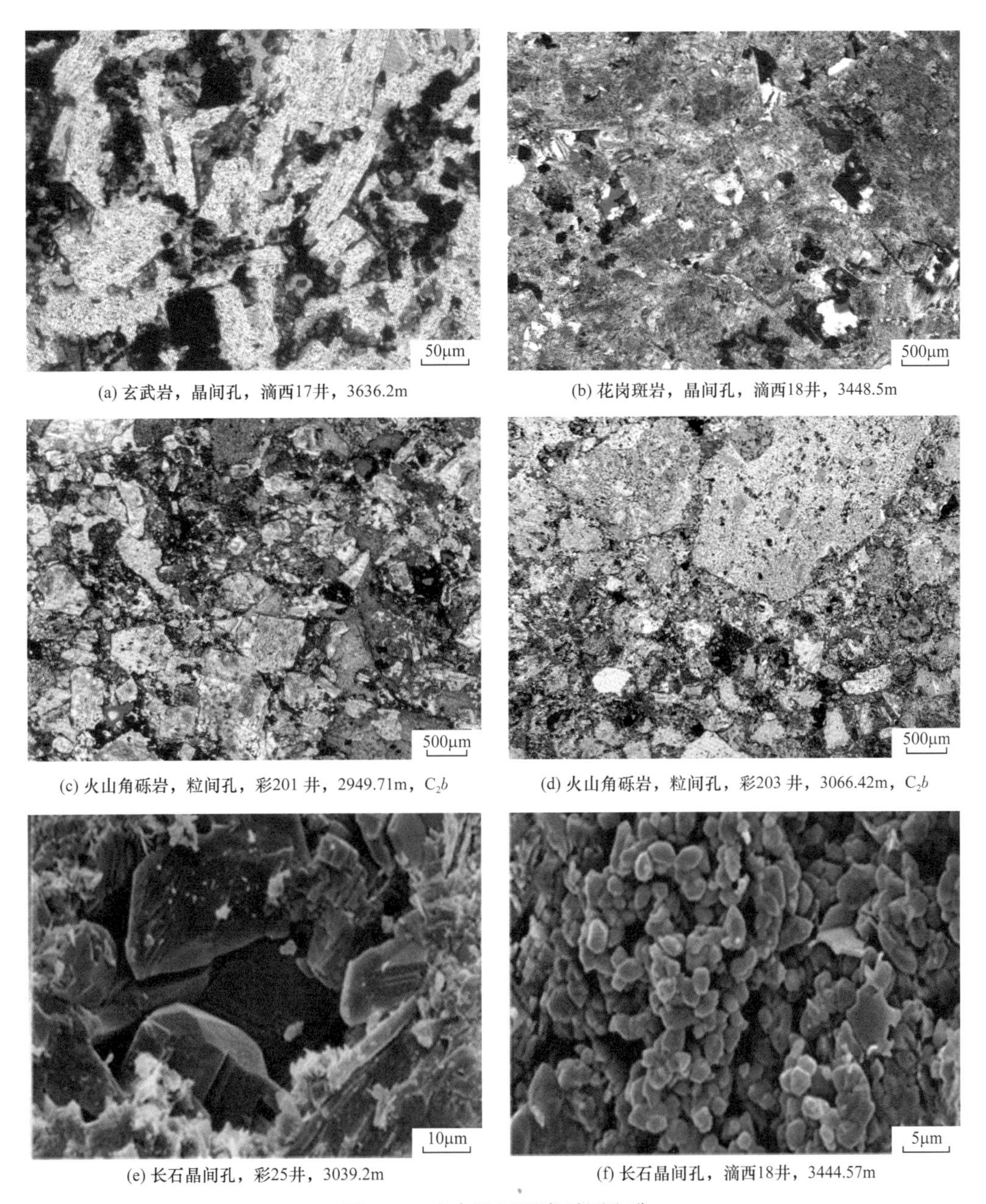

(a) 玄武岩，晶间孔，滴西17井，3636.2m　(b) 花岗斑岩，晶间孔，滴西18井，3448.5m

(c) 火山角砾岩，粒间孔，彩201 井，2949.71m，C_2b　(d) 火山角砾岩，粒间孔，彩203 井，3066.42m，C_2b

(e) 长石晶间孔，彩25井，3039.2m　(f) 长石晶间孔，滴西18井，3444.57m

图 7-3　准东地区石炭系原生孔

2）基质溶孔

火山碎屑岩、火山沉积岩或沉积岩中晶体间的基质被溶蚀形成的次生孔隙。研究区的凝灰岩多见基质溶孔，在野外白碱沟剖面松喀尔苏组的凝灰岩中该溶孔孔隙较小，呈不规则状，且分布较为不均匀（图 7-5）。

3）杏仁体内溶孔

中—基性熔岩中常发育气孔，气孔被沸石类或方解石等矿物充填形成杏仁体，杏仁体部分被溶蚀便形成杏仁体内溶孔。主要发育于中—基性熔岩，在研究区常见于玄武岩、安山岩及其过渡岩类中。这种溶孔在研究区广泛分布，其中滴西 17 井最为典型，杏仁体常见为绿泥石充填，少部分见沸石或碳酸盐矿物充填，后期被溶蚀形成溶蚀孔，在边缘或中心常见残余杏仁体（图 7-6）。

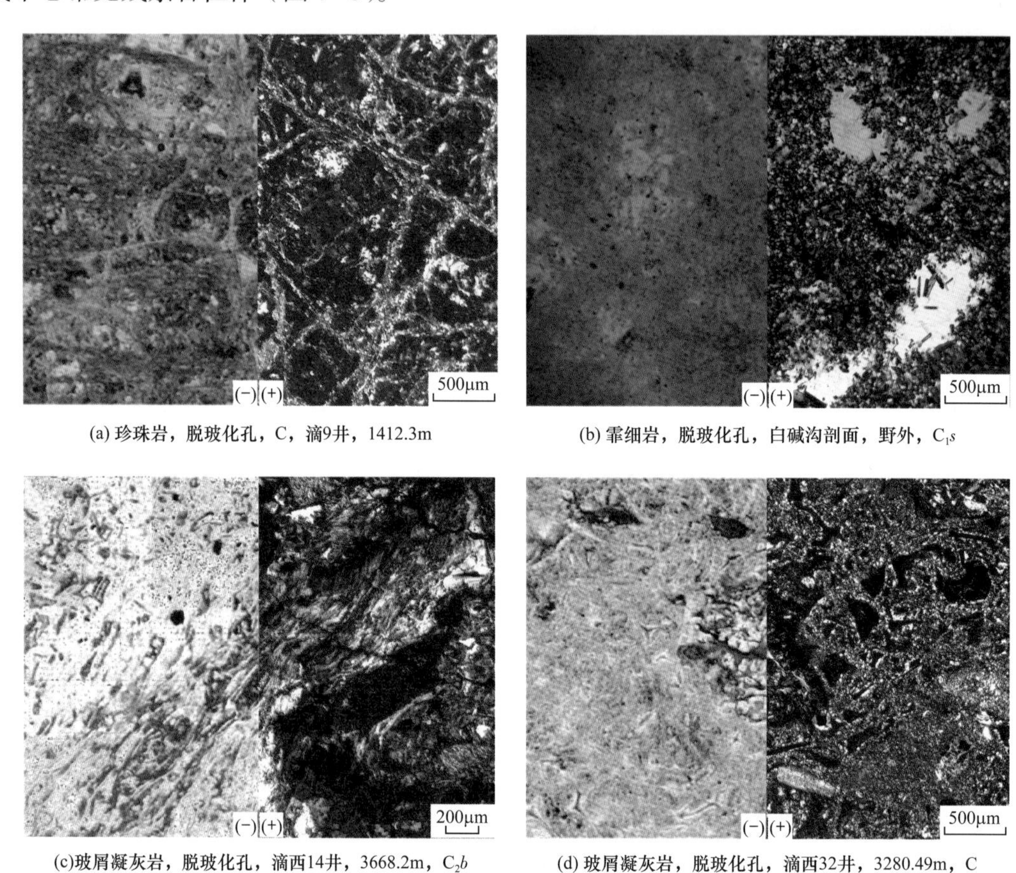

(a) 珍珠岩，脱玻化孔，C，滴9井，1412.3m　(b) 霏细岩，脱玻化孔，白碱沟剖面，野外，C_1s

(c)玻屑凝灰岩，脱玻化孔，滴西14井，3668.2m，C_2b　(d) 玻屑凝灰岩，脱玻化孔，滴西32井，3280.49m，C

图 7-4　准东地区石炭系脱玻化孔

(a) 砂岩，基质溶孔，滴西123井，2635.2m　(b) 凝灰岩，基质溶孔，白碱沟剖面,松喀尔苏组

图 7-5　准东地区石炭系基质溶孔

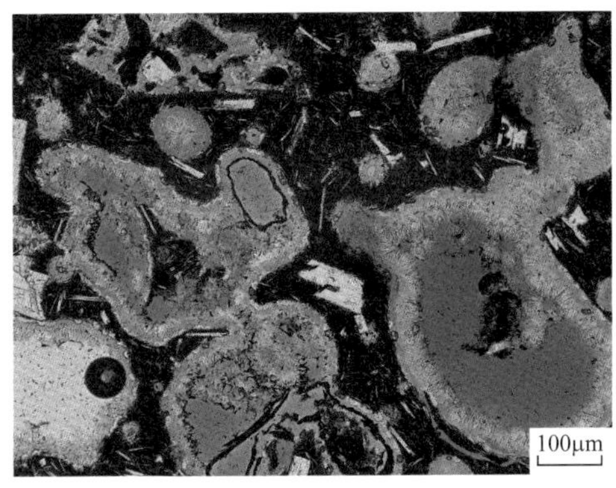

(a) 安山岩，杏仁体内溶孔，彩28井，1052.47m　　(b) 玄武岩，杏仁体内溶孔，滴西17井，3636.2m

图 7-6　准东地区石炭系杏仁体内溶孔

4）斑晶溶孔

为中—基性火山熔岩中的斑晶被溶蚀形成的次生孔隙。该次生孔隙主要受到后期成岩作用影响形成，溶蚀的斑晶主要为长石晶体（图 7-7），沿着解理缝优先发生溶蚀，在滴西 18 井区和滴西 20 井区的花岗斑岩中还能看见硅质晶体的溶蚀，斑晶溶孔是熔岩中斑岩或玢岩的主要储集空间。

(a) 花岗斑岩，斑晶溶孔，滴西20井，3377.4m　　(b) 玄武岩，斑晶溶孔，白碱沟剖面，松喀尔苏组

(c) 晶内溶孔，滴西14井，3602.5m　　(d) 粒内溶孔，美004井，4618.87m

图 7-7　准东地区石炭系斑晶溶孔

二、裂缝

通过对火山岩储层的研究，前人普遍认为火山岩中裂缝起了良好的储层改造作用。通过对准噶尔盆地东部石炭系火山岩野外典型剖面、岩心及镜下鉴定的研究，研究区火山岩裂缝主要包括原生裂缝和次生裂缝两大类，其中原生缝隙主要包括收缩缝（图 7–8a）、解理缝、自碎缝和砾间缝，次生缝隙主要有溶蚀缝和构造缝（图 7–8b、c）两类。

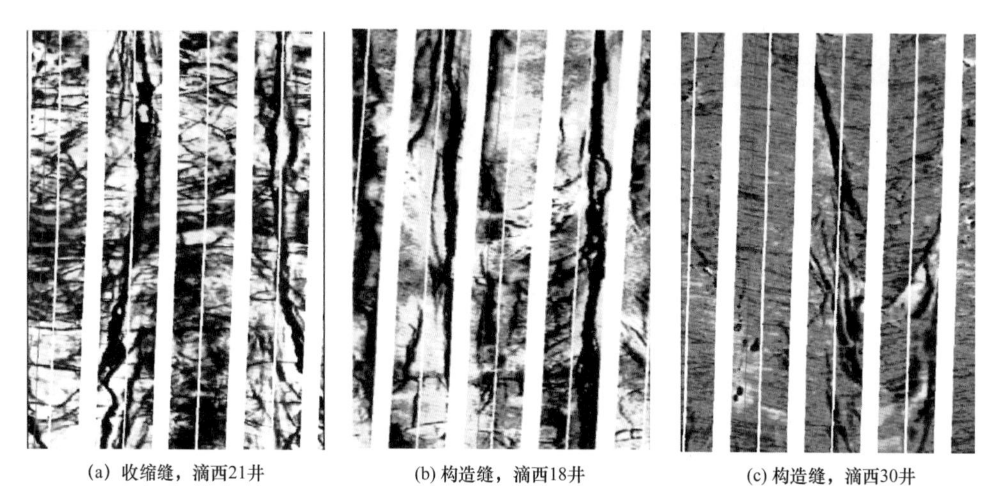

(a) 收缩缝，滴西21井　(b) 构造缝，滴西18井　(c) 构造缝，滴西30井

图 7–8　准东地区石炭系裂缝成像测井特征

1. 原生裂缝

原生裂隙主要指岩石生成时伴生的各种裂隙。因此，原生裂隙是岩石脱水，压实，发生体积变化、温度压力变化和物理—化学变化时，产生内应力作用的结果。根据野外和镜下观察结果，研究区原生裂缝主要有：收缩缝、解理缝、自碎缝和砾间缝四类。

1）收缩缝

岩浆冷凝过程中形成的裂缝。其成因是：岩浆冷凝过程中由于不均匀收缩，会在熔岩体内造成裂缝，特别是岩浆入水快速冷却时，不仅会形成大量冷凝收缩缝，还会形成炸裂缝。收缩缝多见于熔岩中，研究区主要发育节理（裂理）缝，可见中—基性岩柱状节理、酸性岩层状节理（图 7–9e），以及珍珠岩的球状裂理（图 7–9f）。滴西 14 井的凝灰岩中发育有典型的网状收缩缝，该裂缝被钙质和硅质充填，呈张开式，虽网状裂开但裂开规模不大；裂开部分只呈拉开而不错动，裂开面有柔性变形痕迹（图 7–9 b、c）。

2）解理缝

解理缝是由于矿物结晶作用而形成的一种储集空间，沿斑晶发育，成组出现。此类裂缝广泛分布在各种岩性的斑晶中，在野外白碱沟剖面的流纹岩中观察到典型的解理缝，滴西地区的滴西 21 井和滴西 14 井的镜下也可观察到解理缝（图 7–10）。

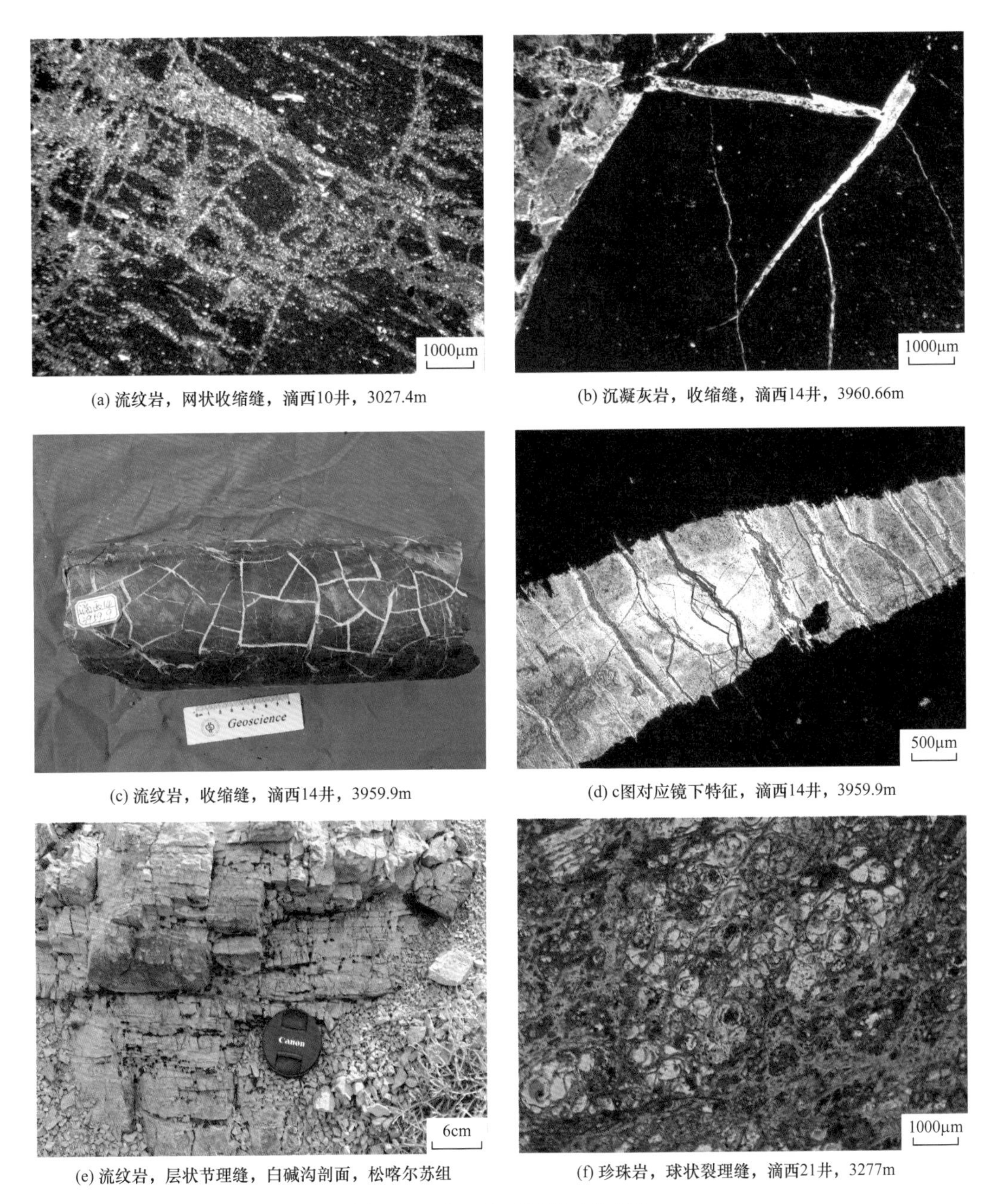

(a) 流纹岩，网状收缩缝，滴西10井，3027.4m

(b) 沉凝灰岩，收缩缝，滴西14井，3960.66m

(c) 流纹岩，收缩缝，滴西14井，3959.9m

(d) c图对应镜下特征，滴西14井，3959.9m

(e) 流纹岩，层状节理缝，白碱沟剖面，松喀尔苏组

(f) 珍珠岩，球状裂理缝，滴西21井，3277m

图 7-9 准东地区石炭系收缩缝

3）自碎缝

在火山喷发的过程中，由于压力的快速释放导致岩浆自身压力骤减，岩浆中先期形成的斑晶在压力骤减和岩浆快速爆发作用的双重影响下破碎形成裂缝。晶内自碎缝的形态完整，常穿切斑晶，但斑晶多裂而不碎，同时伴有斑晶的熔蚀现象。常见于细粒含有晶屑的火山碎屑岩中。在研究区滴西 14 井的凝灰岩和滴西 22 井的珍珠岩可观察到长石斑晶的自碎缝，可能因为在喷发过程中遇水骤冷炸裂而形成（图 7-11）。

4）砾间缝

砾间缝一般沿火山碎屑外缘分布，多贴近火山角砾边缘，主要见于火山碎屑粒径较粗的火山碎屑岩中，在五彩湾地区的彩2等井的火山角砾岩中可见该种裂缝（图7-12）。

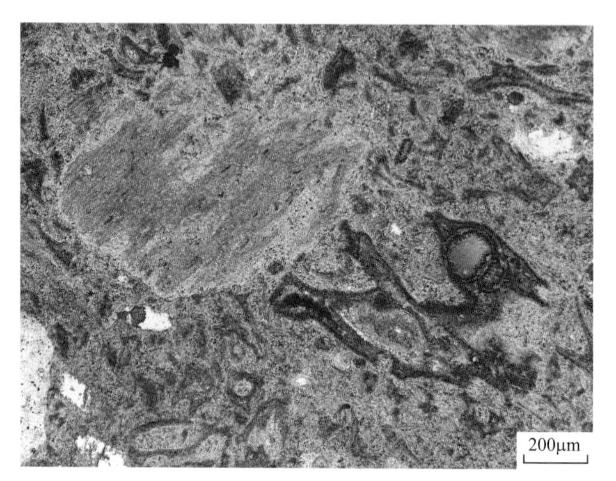

凝灰岩，解理缝，滴西14井，3603.9m

图7-10 准东地区石炭系解理缝

(a) 凝灰岩，自碎缝，滴西14井，3840.58m

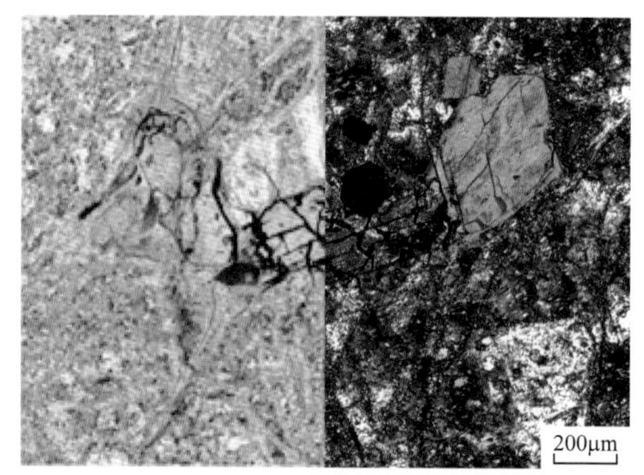

(b) 珍珠岩，自碎缝，滴西22井，3637.72m

图7-11 准东地区石炭系自碎缝

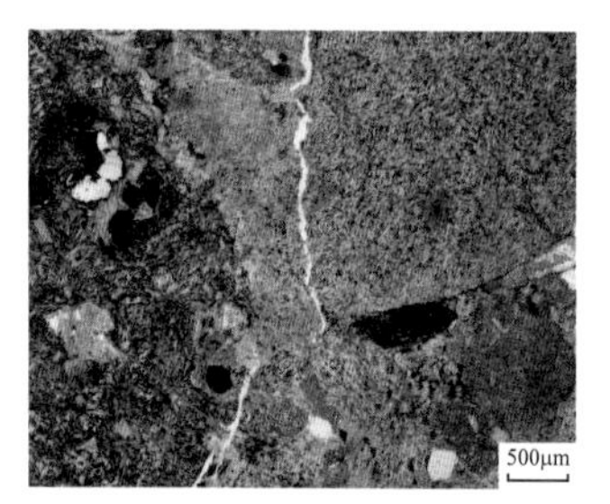

(a) 火山角砾岩，砾间缝
大5井，2931.8m，C_2b

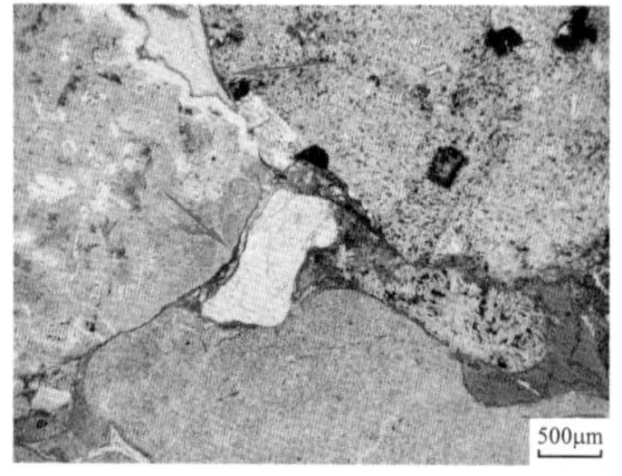

(b) 凝灰质砂砾岩，砾间缝
彩2井，2167.2m

(c) 火山角砾岩，砾间缝
彩30井，2283.5m，C_2b

图7-12 准东地区石炭系砾间缝

2. 次生裂缝

1）溶蚀缝

熔岩和斑岩基质被溶蚀形成的裂缝，或者构造缝被充填后被溶蚀扩大形成的溶蚀缝，溶蚀缝一般延伸不远，且形状极不规则，缝宽及延伸长度不及构造缝。在研究区广泛分布，其中滴西22井、滴9井及滴10井均可观察到典型溶蚀缝，原有的微裂缝或砾间发生溶蚀作用形成这种形状极不规则的裂缝（图7-13）。

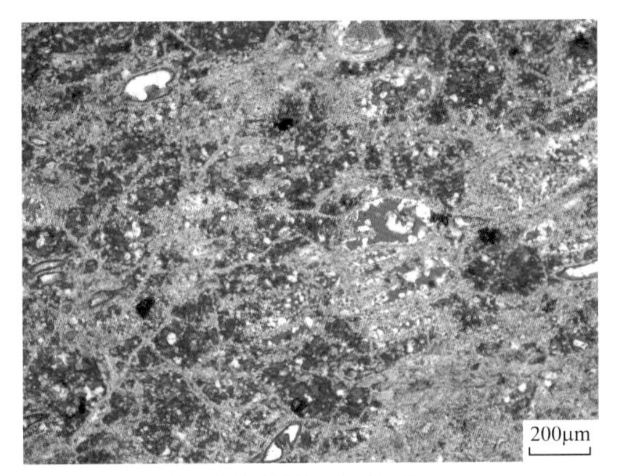

(a) 珍珠岩，收缩溶蚀缝，滴西22井，3639.3m

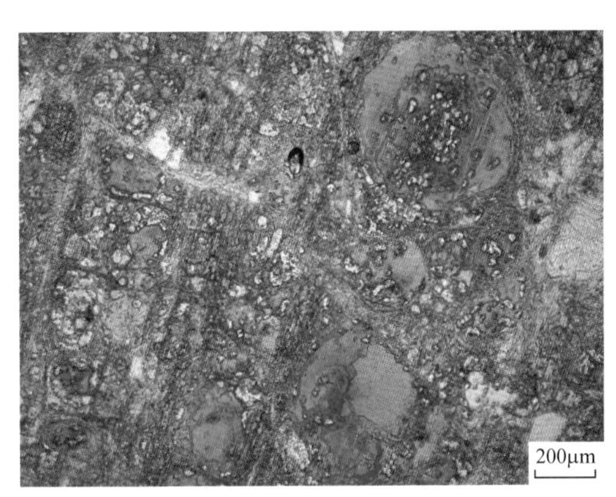

(b) 珍珠岩，收缩溶蚀缝，滴9井，1412.3m

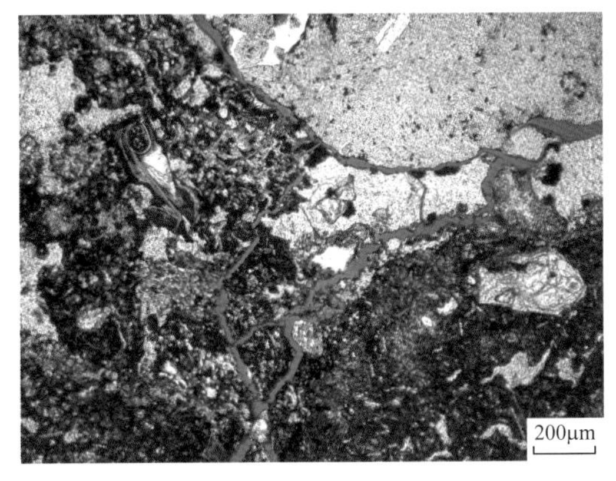

(c) 收缩溶蚀缝，滴10井，1827.5m

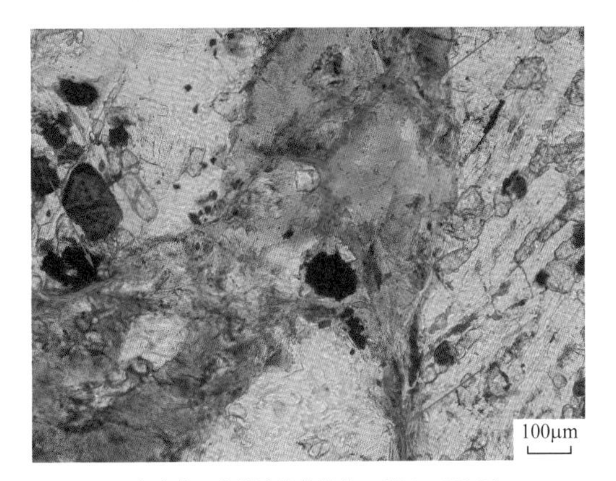

(d) 玄武岩，充填溶蚀构造缝，彩28，859.56m

图7-13　准东地区石炭系溶蚀缝

2）构造缝

构造缝对火山岩储层物性改造具有至关重要的作用，不仅可以沟通孔隙使其成为有效储集空间，而且由于构造缝的沟通渗流作用会使火山岩储层进一步发生溶蚀作用扩大储集空间。构造缝可以切穿杏仁体、斑晶等，多见于熔结成因的火山熔岩和次火山岩中，火山碎屑岩中发育较少，一般形成微裂缝。构造缝是研究区数量最多、分布最广的裂缝类型，在野外滴水泉、双井子和白碱沟剖面均可观察到宽大的构造缝，裂缝面较为平直，延伸较远（图7-14）。

(a) 砂岩，构造缝，滴水泉剖面，滴水泉组　(b) 玄武岩，构造缝，双井子剖面，巴山组

(c) 玄武岩，构造缝，白碱沟剖面，松喀尔苏组　(d) 玄武岩，充填残余构造缝，白碱沟剖面，松喀尔苏组

图 7-14　准东地区石炭系构造缝

第二节　不同喷发环境储集空间组合特征

通过对准东地区石炭系典型剖面的踏勘测量、岩心的观察及对储集空间的归类总结，发现水上喷发火山岩更发育气孔，而水下喷发火山岩更发育裂缝。研究区石炭系不同喷发环境火山岩发育的储层空间组合类型不一样。水下喷发火山岩储集空间主要发育 4 种组合类型，水上喷发火山岩主要有 5 种组合类型（表 7-2）。

一、水下喷发火山岩

研究区水下喷发火山岩储集空间以裂缝型储层最为发育，脱玻化孔、溶蚀孔缝较发育，气孔型储集空间欠发育或不发育。

1. 脱玻化孔型

研究区水下形成的火山岩由于快速冷凝淬火，会形成较多的玻璃质，这些玻璃质在后期容易发生蚀变，脱玻化形成微晶，同时发育大量的细小脱玻化孔，有助于增加储集空间。在研究区以玻屑凝灰岩为主要代表。

表 7–2 研究区石炭系火山岩储集空间组合

组合类型	主要发育环境	发育岩性	典型照片
气孔型	水上	以火山熔岩为主，在火山碎屑岩及过渡岩类中也可见。以玄武岩、安山岩为主要代表  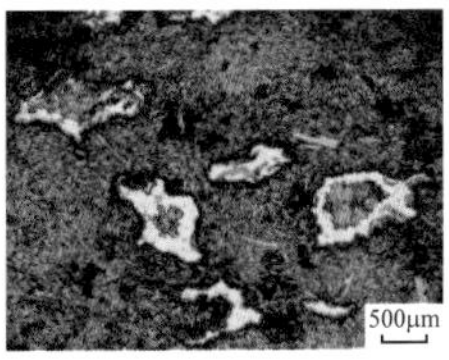	
气孔＋溶蚀孔型	水上	主要发育在靠近断裂和风化壳的火山岩中，与气孔型发育的岩性类似 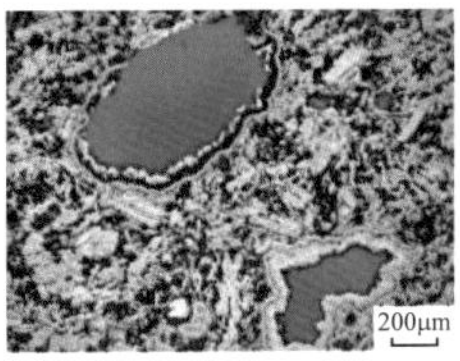 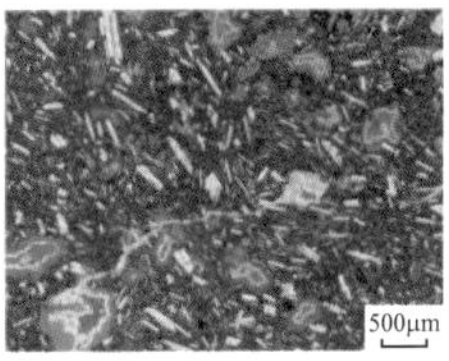	
溶蚀孔＋粒间孔	水上	主要发育在火山碎屑岩及其与熔岩的过渡岩类中。在火山角砾岩中常见 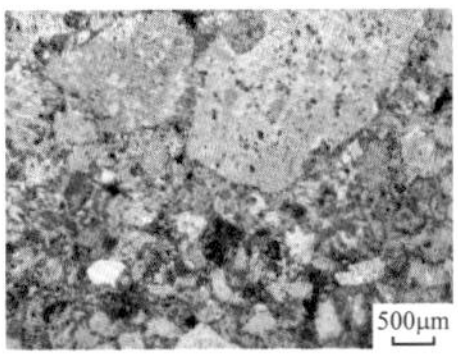 	
气孔＋溶蚀孔＋裂缝型	水上、水下	主要发育于火山熔岩和火山碎屑岩 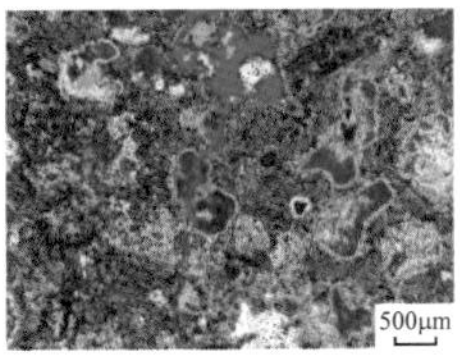 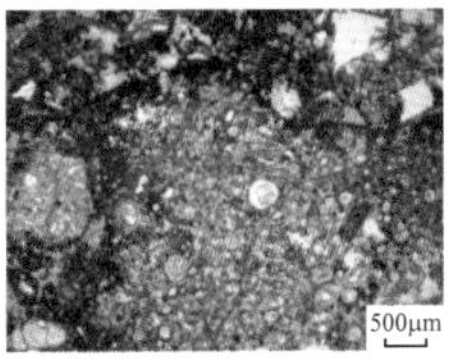	
裂缝型	水上、水下	主要发育在靠近断裂或水下喷发形成的火山岩中 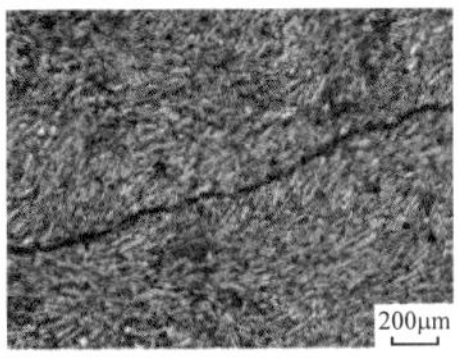 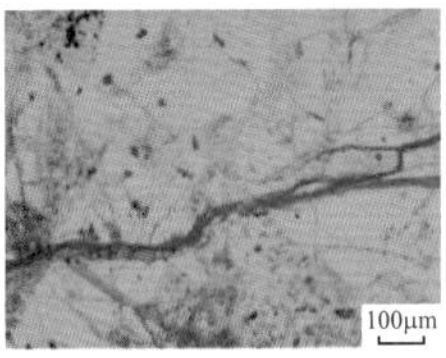	
脱玻化孔型	水下	主要发育于玻璃质含量较高的火山熔岩和火山碎屑岩中。以玻屑凝灰岩为代表 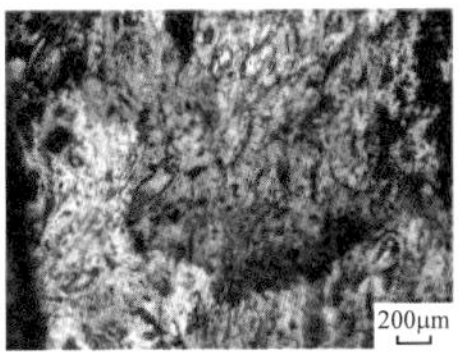 	
脱玻化孔＋裂缝型	水下	主要发育于玻璃质含量较高且裂缝发育的火山熔岩和火山碎屑岩中。以珍珠岩为代表 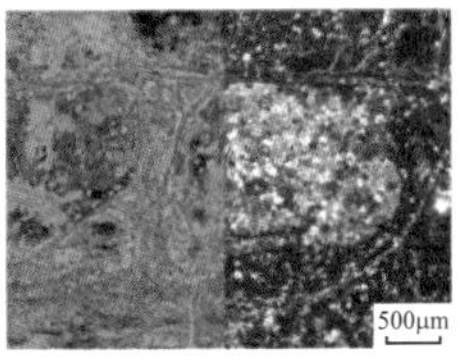 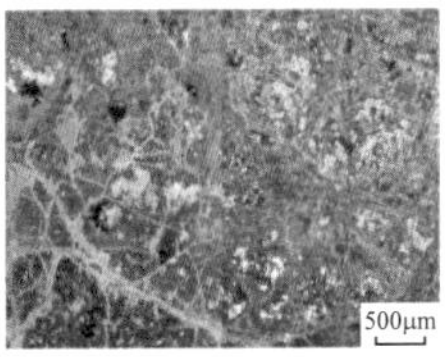	

2. 脱玻化孔 + 裂缝型

研究区水下喷发形成的火山岩，由于冷凝淬火作用和后期构造作用，会形成许多原生裂缝和构造裂缝。这些裂缝和脱玻化孔可以连通许多独立的孔洞，大大提高火山岩的储集性能。这类储集空间组合主要在珍珠岩中。

3. 裂缝型

通过镜下薄片的观察，水下喷发环境形成的火山岩裂缝非常发育，远远大于水上喷发火山岩，多见收缩缝、自碎缝等冷凝收缩成因的裂缝及构造成因的构造缝。在水下喷发环境的典型珍珠岩中，镜下可见丰富的且相互连接的球状弧形裂理。这些裂缝可以很好地改善储集性能，同时还能为流体提供通道。

4. 溶蚀孔 + 裂缝型

由于水下喷发火山岩原生裂缝非常发育，为外界酸性流体的进入提供了良好条件，不仅形成溶蚀孔，还在原有裂缝的基础上溶蚀扩大裂缝，形成溶蚀孔 + 裂缝型储集空间。

二、水上喷发火山岩

研究区水上喷发火山岩的储集空间类型非常丰富，除了由于急速冷却淬火形成的珍珠岩弧形收缩裂理、流纹岩石泡、斑晶自碎缝以外的孔隙空间均有发育。主要发育气孔型、气孔 + 溶蚀孔型、气孔 + 裂缝型、缝裂型储集空间组合。

1. 气孔型

气孔发育常见于中—基性熔岩及对应的火山角砾岩中。气孔一般数量较多，但多被绿泥石、硅质等次生矿物充填，形成杏仁体残余孔，在研究区大部分地区均可观察到。由于气孔多以孤立的形态呈现，如果没有裂缝等通道的沟通，难以形成有效的储集空间。

2. 气孔 + 溶蚀孔型

此类组合类型主要见于火山熔岩、火山碎屑熔岩中，溶蚀多发生在斑晶和杏仁体中，如滴西 17 井，镜下可观察到气孔被绿泥石充填后，又被部分溶解，同时长石晶体也出现部分溶蚀，从而构成气孔 + 溶蚀孔的组合类型。

3. 粒间孔 + 溶蚀孔型

研究区内多发育在火山碎屑岩和火山沉积岩中。是在原生粒间孔隙的基础上受到后期溶蚀改造形成，孔隙多呈筛状，密而多，能够成为良好的储集空间。

4. 气孔 + 溶蚀孔 + 裂缝型

此类储集空间组合类型见于发育气孔杏仁构造和石泡构造的火山熔岩、火山碎屑熔岩等岩性中。主要见于气孔发育的玄武岩、安山岩及流纹岩中。野外和镜下可见气孔被裂缝连通，裂缝多为构造裂缝。同时由于水上喷发形成的火山岩一般暴露在地表大气环境中，更容易受到大气淡水淋滤，溶蚀孔缝非常发育，镜下可见晶体、杏仁体及裂缝中的充填矿物被溶蚀，有利于储集物性的改善。

5. 裂缝型

水上喷发火山岩裂缝类型主要见节理缝和构造缝。水上环境形成的裂缝不容易发生充填作用，并且这些裂缝给水上环境中的大气淡水提供了良好的通道，对火山岩储层储集性能的改善起到了良好的促进作用。

第三节　不同喷发环境火山岩储层物性特征

一、水下喷发火山岩储层物性特征

通过对克拉美丽山前石炭系典型露头滴水泉剖面、白碱沟剖面和双井子剖面中不同喷发环境火山岩样品的物性分析测试，以及准噶尔盆地东部地区各个井区的11口钻遇石炭系且火山岩中具有明显环境特征井的岩心孔渗分析测试数据，共获得了283组不同喷发环境火山岩样品物性测试结果（水上喷发164组，水下喷发125组），得出准东石炭系不同喷发环境火山岩的储层物性特征。

1. 水下喷发火山岩储层物性特征

由野外样品和岩心实测孔隙度和渗透率的数据统计图可以看到，水下喷发火山岩孔隙度范围在0.6%～28.8%之间，平均值为9.31%，大部分岩样孔隙度在2.5%～10%，占总数的一半。渗透率范围在0.001～59.5mD之间，平均为1.85mD，半数以上样品的渗透率都低于1mD（图7-15）。

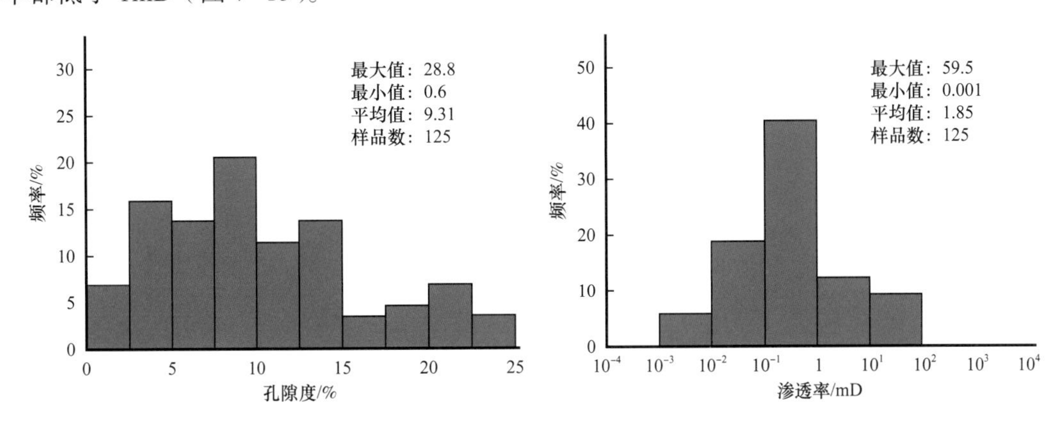

图7-15　准东地区石炭系水下喷发环境火山岩孔隙度渗透率分布直方图

珍珠岩作为研究区常见的水下侵出形成的特征岩性，本次研究将其从熔岩中单独区分并进行统计研究。分别做水下喷发熔岩、火山角砾岩、凝灰岩和珍珠岩的孔隙度和渗透率分布直方图（图7-16）。

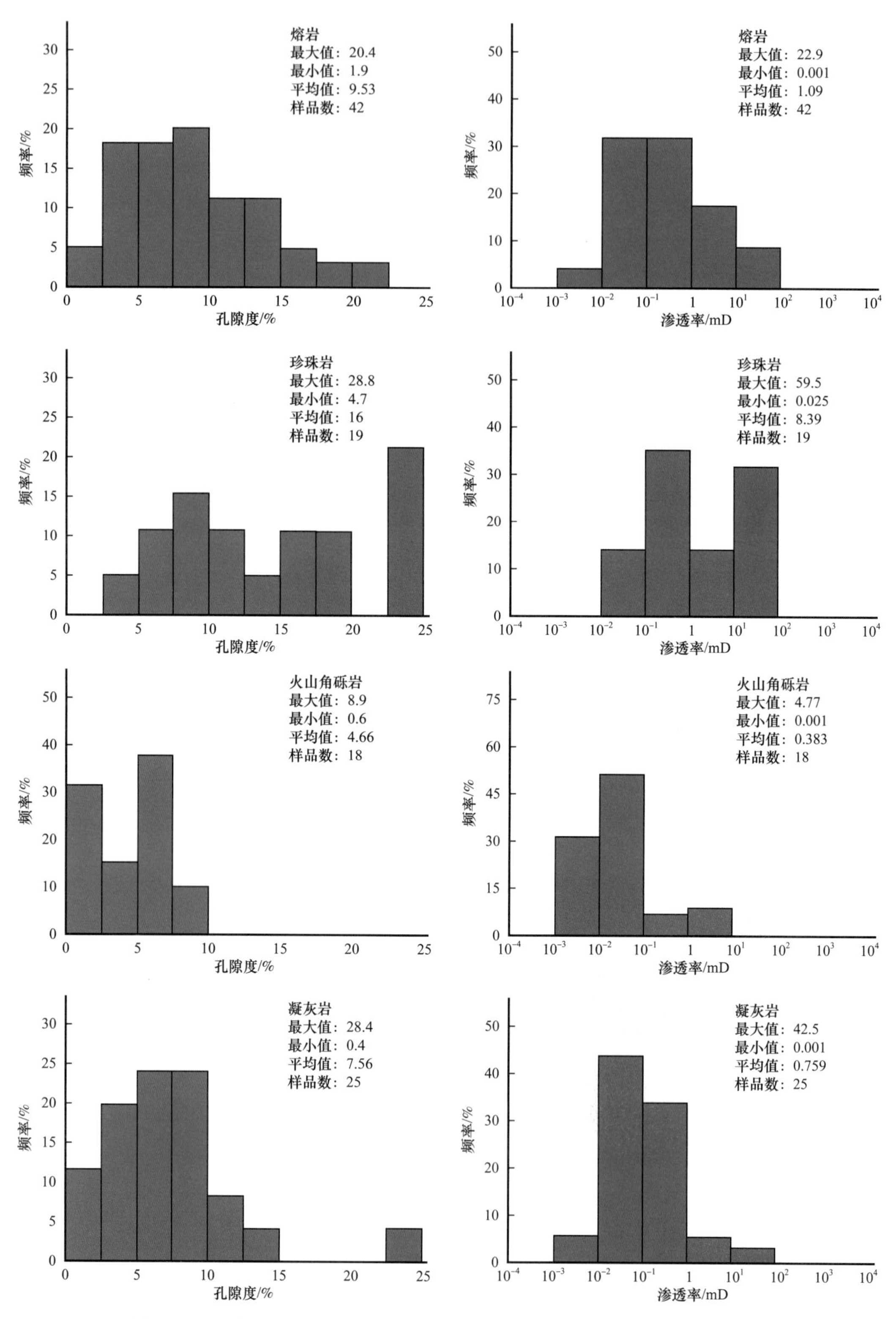

图 7-16　准东地区石炭系水下喷发环境不同岩性孔隙度渗透率分布直方图

由图7–16可以看出水下喷发环境形成的火山岩储层物性最好的是珍珠岩，孔隙度最高达到了28.8%，平均16%，渗透率最高达到了59.5mD，平均值为8.39mD；其次为水下喷发熔岩，孔隙度范围主要在2.5%～15%之间，渗透率分布范围为0.01～1mD之间；再次为水下凝灰岩，孔隙度分布范围略低于水下喷发熔岩，为5%～10%，渗透率分布区间和熔岩相当，为0.01～1mD。凝灰岩孔隙度渗透率普遍不高，但依旧存在高值，多为含角砾且发生脱玻化的凝灰岩；物性最差的为火山角砾岩，虽然孔隙度和凝灰岩相差不远，但是渗透率普遍偏低，基本低于0.1mD，初步分析认为水下形成的火山角砾岩由于喷发产物受到水体限制大多就近沉积，砾间的孔缝多被更细的火山灰、火山活动平静期的细粒沉积物所充填，加上后期胶结等作用充填且溶蚀作用有限，导致其物性严重下降。整体看来，水下喷发环境中，珍珠岩为储集物性最好的岩性，其次为火山熔岩和凝灰岩。

据我国2011年石油天然气行业标准中对火山岩储层物性的划分标准（表7–3）对准东地区石炭系水下喷发火山岩储层储集物性进行定量评价。

表7–3　火山岩储层孔隙度渗透率划分标准

储层分类	孔隙度/%	孔隙度评价	渗透率/mD	渗透率评价
Ⅰ	$\varphi \geqslant 15$	特高孔	$K \geqslant 10$	特高渗
Ⅱ	$10 \leqslant \varphi < 15$	高孔	$5 \leqslant K < 10$	高渗
Ⅳ	$5 \leqslant \varphi < 10$	中孔	$1 \leqslant K < 5$	中渗
Ⅴ	$3 \leqslant \varphi < 5$	低孔	$0.1 \leqslant K < 1$	低渗
Ⅵ	$\varphi < 3$	特低孔	$K < 0.1$	特低渗

根据划分标准，对比数据的结果显示：水下喷发火山岩储层中特低孔占10%，低孔占13%，中孔占34%，高孔占25%，特高孔占18%。渗透率方面，特低渗占29%，低渗占47%，中渗占13%，高渗占2%，特高渗占9%。其中中孔和中渗以上岩性都为珍珠岩和水下喷发熔岩。

通过孔隙度和渗透率交会图（图7–17）发现，水下喷发环境中形成的珍珠岩和熔岩呈现出高孔隙度特征，而珍珠岩和火山角砾岩呈现出高渗透率特征。通过交会图可以看到，水下喷发环境形成的火山岩孔隙度和渗透率相关性普遍偏低。前人通过分析和研究认为主要由于准噶尔盆地东部火山岩储层为孔隙和裂缝双重介质，火山岩的非均质性和裂缝的发育导致了火山岩储层孔隙度和渗透率相关性弱。

2. 水下喷发火山岩储层孔隙结构特征

孔隙度和渗透率这两个常规物性作为储层的基本特性，是孔隙结构最直接的表现，但是依旧无法对孔隙结构进行有效评价。一般选用孔喉大小、孔喉分选性和孔喉连通性作为表征孔隙结构的三类参数。本文选取压汞测试参数中反映上述三类参数的6类实验数据，对准噶尔盆地东部石炭系不同喷发环境火山岩储层孔隙结构进行分析。

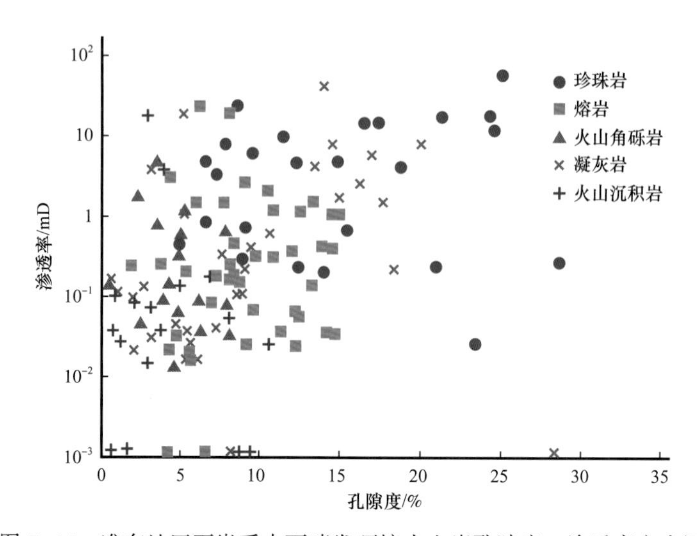

图 7-17　准东地区石炭系水下喷发环境火山岩孔隙度—渗透率交会图

1）孔喉大小

选取最大孔喉半径和平均孔喉半径两个参数作为准东地区石炭系不同环境喷发火山岩孔喉大小表征的参数。本次孔喉分类的标准采用中国石油天然气总公司开发专业委员会于 1994 年根据国内已有火山岩油气藏制定的石油天然气行业标准储层描述方法中的火山岩孔喉分类标准（表 7-4）。

通过压汞实验结果的统计，研究区水下喷发火山岩的最大和平均孔喉半径的分布特征如图所示（图 7-18）：最大孔喉半径最小值为 0.01μm，最大值为 5.11μm，平均值为 1.27μm。平均孔喉半径最小值为 0.01μm，最大值为 9.61μm，平均值为 0.33μm。按照孔喉半径分类标准，平均孔喉半径以微孔为主，占 46%，其次为小孔，占 27%，中孔占 9%，大孔占 18%。根据以上的结果，可以看出，研究区水下喷发火山岩孔喉半径以微孔和小孔为主，二者占总体的 73%。

表 7-4　火山岩储层孔喉半径分类标准

孔喉半径类型	喉道半径 /μm
大孔	≥0.5
中孔	0.25～0.5
小孔	0.1～0.25
微孔	≤0.1

2）孔喉分选性

孔喉的分选性是反映喉道大小分布集中程度的参数，常用分选系数（*Sp*）来表示，分选系数越大，孔喉大小越分散，反之越集中，孔喉越均一。研究区水下喷发火山岩分选系数为 0.35 到 3.88，均值为 1.41。

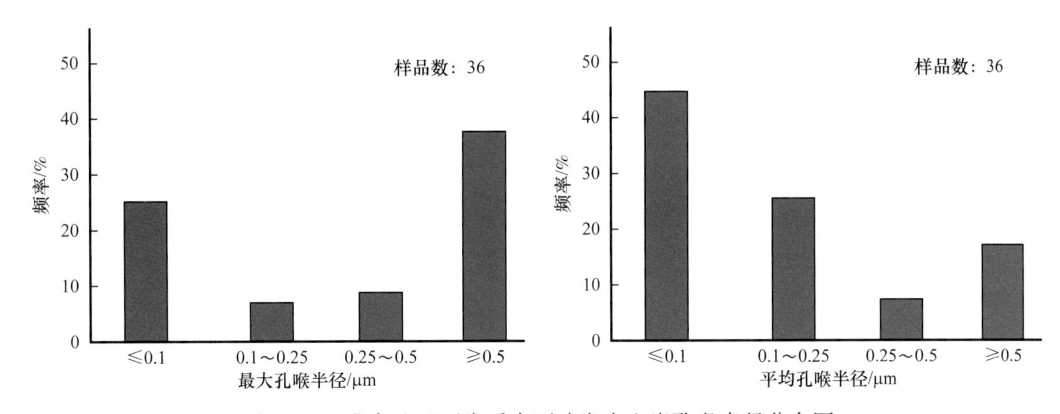

图 7-18　准东地区石炭系水下喷发火山岩孔喉半径分布图

3）孔喉连通性

本文选取了最小非饱和孔喉体积百分数、退汞效率、排驱压力作为本次研究孔喉连通性的三个参数，对研究区水下喷发火山岩储层的孔喉连通性开展评价。

最小非饱和孔喉体积百分数与储层物性之间具有良好的负相关性。最小非饱和孔喉体积百分数越小说明对应岩样的小孔隙喉道所占的体积约少，有效大孔隙的数量越多，占比越大，孔隙结构越好。准噶尔盆地东部石炭系水下喷发火山岩储层最小非饱和孔喉体积百分数介于 11.14% 到 88.86% 之间，平均值为 48.68%。

退汞效率反映的是非润湿相毛细管效应采收率，孔隙度和孔喉直径控制了孔隙内水银退出的效率，退汞效率越高，岩样的孔喉连通性越好。研究区石炭系水下喷发火山岩储层退汞效率介于 7.09% 到 62.42% 之间，平均值为 27.37%。

排驱压力是最大连通孔隙喉道所对应的毛细管压力，与渗透率有密切关系，即排驱压力的大小可以反映出储层的储集物性的优劣。准噶尔盆地东部石炭系水下喷发火山岩排驱压力介于 0.02MPa 到 5.08MPa 之间，平均值为 0.94MPa。

二、水上喷发火山岩储层物性特征

1. 水上喷发火山岩储层物性特征

由实验实测数据和收集到的准东地区石炭系井下样品分析化验资料得出的统计图（图 7-19）可以看到，准噶尔盆地东部地区石炭系水上喷发火山岩孔隙度在 0.2%～30.3% 范围内，平均值为 11.64%，大部分岩样孔隙度在 5%～15%。渗透率为 0.001mD～100mD，平均渗透率值为 0.573mD。其中大部分样品在 0.01～1mD。

分别完成水上喷发熔岩、火山角砾岩、凝灰岩的孔隙度和渗透率分布直方图（图 7-20），水上喷发环境形成的火山岩储层物性最好的是火山角砾岩，孔隙度主要分布范围为 20% 以上，最高达到了 30.3%，平均值 18.8%，渗透率最高达到了 1.54mD，平均值为 0.3mD，主要分布在 0.1～1mD；其次为水上喷发熔岩，大多数孔隙度分布在 5%～15% 之间，渗透率集中分布在 0.01 到 1mD 之间；最次为凝灰岩，孔隙度分布略差于水下喷发熔岩，为5%～10%之间，渗透率分布区间和熔岩相当，为0.01～1mD。但值得一提的是，凝灰质中也存在着高渗透率的样本。通过对凝灰岩中这些样本岩心、镜下观察，发现这些凝灰岩都含有角砾，同时还伴随着裂缝发育。去除这些样本，凝灰岩平均渗透率由8.77mD陡降为0.097mD。

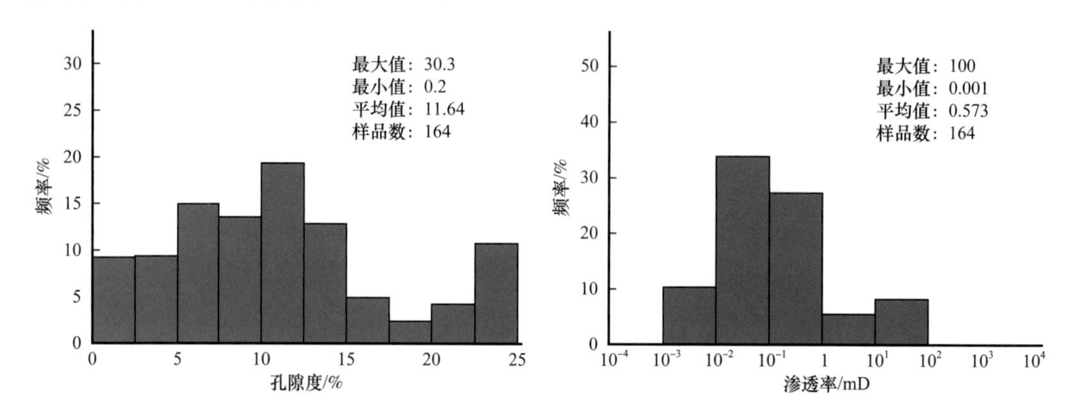

图7-19　准东地区石炭系水上喷发火山岩孔隙度渗透率分布直方图

根据火山岩储层孔隙度和渗透率划分标准，水上喷发火山岩储层以中孔—高孔为主，特低孔占8%，低孔占10%，中孔占29%，高孔占32%，特高孔占21%，其中高孔比例相比水下喷发环境高7%。渗透率方面，特低渗占52%，低渗占32%，中渗占3%，高渗占4%，特高渗占9%，渗透率以特低渗—低渗为主。

通过水上喷发环境火山岩的孔隙度和渗透率的交会图（图7-21）可以看到，水上喷发环境中火山角砾岩储集物性最好，其次为熔岩。相比于水下喷发的火山岩，水上喷发火山岩样品的物性数据中孔隙度明显要好于水下喷发火山岩样品，水上喷发环境高渗的火山岩样品明显比水下喷发环境的样品比例少一些。

2. 水上喷发火山岩储层孔隙结构特征

1）孔喉大小

通过对分析检验结果的整理和统计，研究区水上喷发火山岩的最大和平均孔喉半径的分布特征如下（图7-22）：最大孔喉半径最小为0.02μm，最大值为6.09μm，平均值为1.34μm，微孔占23%，小孔占6%，中孔占23%，大孔占49%。平均孔喉半径最小为0.01μm，最大为1.34μm，平均值为0.34μm，微孔占29%，小孔占17%，中孔占29%，大孔占26%。根据以上结果可以看出，研究区水上喷发火山岩孔喉半径以中孔—大孔为主，占55%，相比水下喷发火山岩大孔喉比例明显增加。

2）孔喉分选性

研究区水上喷发火山岩分选系数为0.68～2.57，均值为1.47。分选系数分布范围更小，均值和水下喷发环境的火山岩样品相差不大。

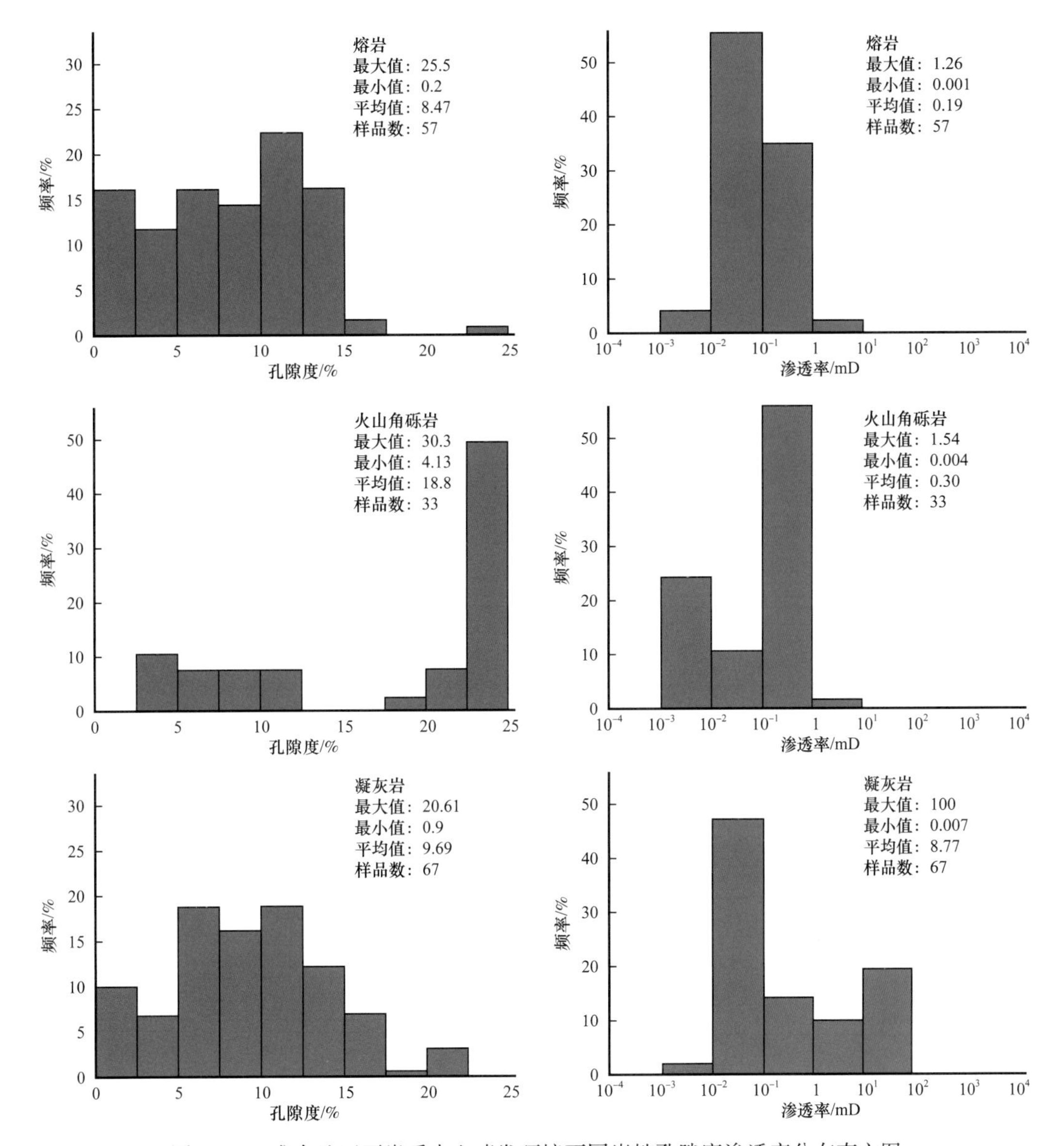

图 7-20 准东地区石炭系水上喷发环境不同岩性孔隙度渗透率分布直方图

3）孔喉连通性

准噶尔盆地东部石炭系水上喷发火山岩储层最小非饱和孔喉体积百分数介于 2.63%～90.42% 之间，平均值为 48.83%。退汞效率介于 7.71%～57.41% 之间，平均值为 26.83%。储层排驱压力介于 0.01～4.3MPa 之间，平均值为 1.43MPa。

总的来说，无论是水下喷发环境还是水上喷发环境形成的火山岩孔隙度和渗透率相关性都普遍偏低，但就孔渗高低分布的区间来说，水上喷发环境形成的火山岩虽然渗透率略低于水下喷发环境形成的火山岩，但储集空间组合类型更多，孔隙度明显更高且孔隙结构参数更好。

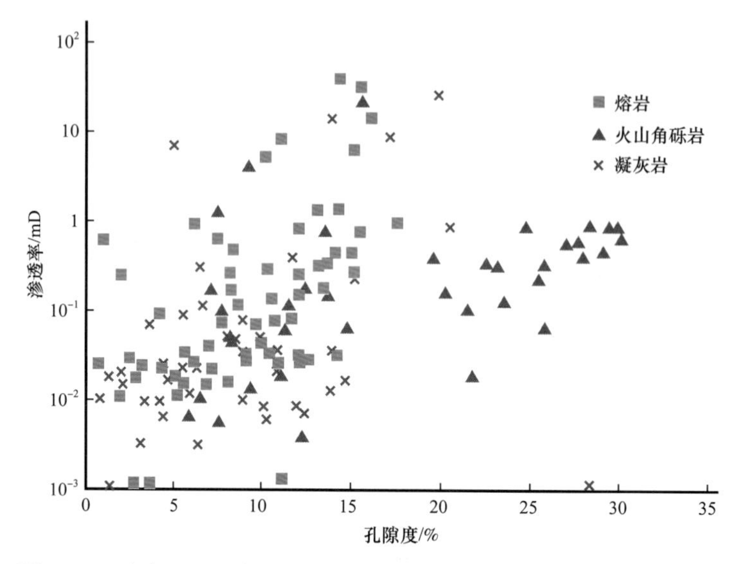

图 7-21　准东地区石炭系水上喷发环境火山岩孔隙度—渗透率交会图

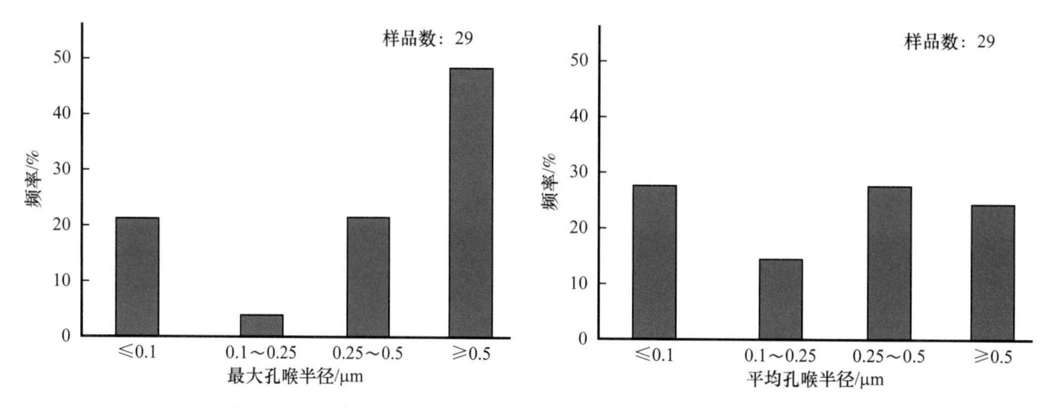

图 7-22　准东地区石炭系水上喷发火山岩孔喉半径分布图

三、典型地区火山岩储层物性特征

1. 滴西地区

滴西地区石炭系火山岩物性统计表明，不同类型火山岩的孔隙度和渗透率差异明显。总体来说，该区熔结角砾岩、火山角砾岩、英安岩和安山岩的储层物性最好，流纹岩、熔结凝灰岩、凝灰岩次之。

滴西地区石炭系火山岩储层埋深在 2800～4500m 区间内孔隙较为发育，最大孔隙度可达 30%；相应渗透率数值的分布范围也较广，受裂缝影响，渗透率最大值可达 850mD（图 7-23）。该区火山岩有效孔隙度在 0.1%～25% 之间，平均孔隙度为 9.56%；渗透率在 0.01～844mD 之间，平均渗透率为 10.66mD，整体表现为中孔中低渗储层。大部分样品的孔隙度在 0～15%、渗透率 0.01～10mD 之间（图 7-24）。主要有安山岩、玄武岩、凝灰岩、火山角砾岩、流纹岩等，在各个井区都有分布，岩石较为致密，少部分发育有溶孔（洞）和微裂缝；安山岩和玄武岩孔隙度在0～15%、渗透率在10～100mD；玢岩和花岗斑岩孔隙度在15%～30%、渗透率在0.01～10mD，主要分布在滴西18井区；凝灰岩和火山角砾岩孔隙度在15%～30%、渗透率在10～100mD，这些样品物性较好是因为发育有较多的裂缝和微裂缝。

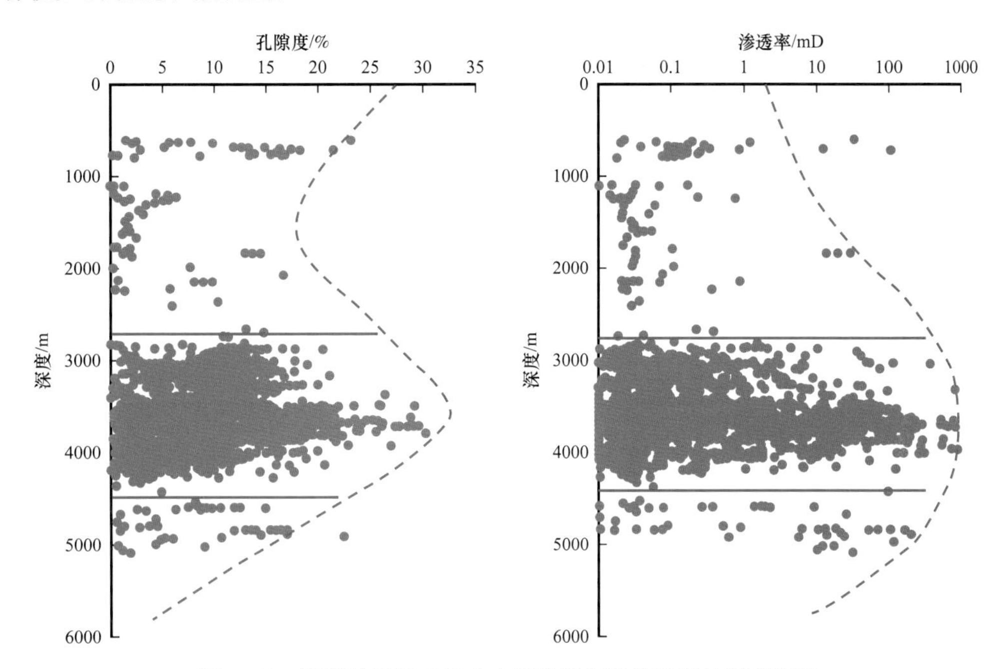

图7-23 滴西地区石炭系火山岩孔隙度和渗透率与深度关系

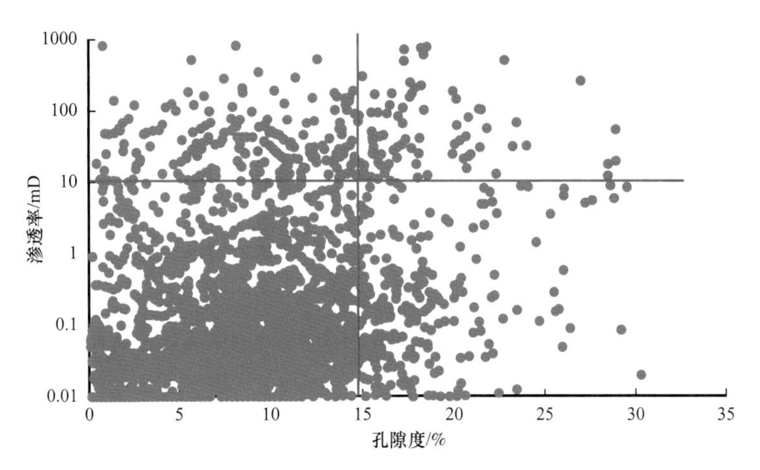

图7-24 滴西地区石炭系火山岩孔隙度和渗透率交会图

滴西地区不同的岩石类型，孔隙度和渗透率的差异较大（表7-5和图7-25）。

1）火山熔岩物性特征

火山熔岩类中，英安岩和安山岩物性最好，其中英安岩平均有效孔隙度和平均有效渗透率分别为 9.98% 和 11.65mD，安山岩平均有效孔隙度和平均有效渗透率分别为 9.06% 和 14.47mD。

表 7-5 准噶尔盆地滴西地区石炭系火山岩物性统计表

岩石大类	岩石类型	样品数 / 个	有效孔隙度 /%			水平渗透率 /mD		
			最大值	最小值	平均值	最大值	最小值	平均值
火山熔岩类	安山岩	285	26.4	0.2	9.06	836	0.01	14.47
	玄武岩	262	22.7	0.1	7.89	753	0.01	15.51
	流纹岩	22	20.6	0.9	8.15	1.38	0.01	0.18
	霏细岩	24	25.5	1.5	7.83	42.5	0.01	3.66
	英安岩	17	12	8.5	9.98	196	0.014	11.65
火山碎屑熔岩类	角砾熔岩	3	10.3	2.2	7.07	5.19	0.426	2.12
	凝灰熔岩	1	19.9	19.9	19.9	194	194	194
	熔结角砾岩	10	23.7	12.5	16.47	22.3	0.012	6.72
	熔结凝灰岩	3	21.5	6.6	11.83	0.139	0.082	0.118
火山碎屑岩类	火山角砾岩	195	27.9	0.6	11.49	541	0.01	18.23
	凝灰岩	593	29.5	0.1	9.94	844	0.01	22
沉火山碎屑岩类	沉凝灰岩	36	14.4	0.6	6.11	188	0.01	11.14

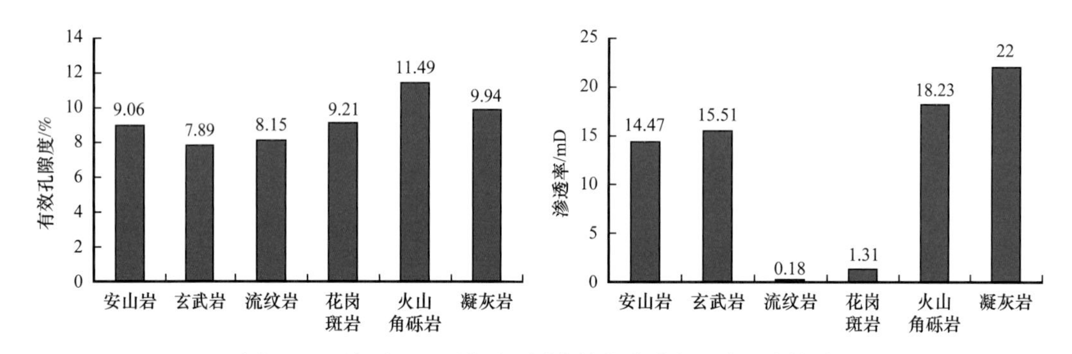

图 7-25 滴西地区石炭系不同岩性的孔隙度和渗透率统计

（1）玄武岩。

滴西地区玄武岩分析测验数据 50 组，孔隙度最大值为 21.9%，最小值为 0.9%，平均值为 7.89%，其中孔隙度大于 10% 的占 32%。该区玄武岩实测渗透率最大值为 753mD，最小值为 0.01mD，平均值为 15.51mD，其中大于 1mD 渗透率玄武岩都发育有裂缝。该地区玄武岩属于中低孔、低渗储层。

（2）安山岩。

滴西地区安山岩分析测验数据 77 组，孔隙度最大值为 20.4%，最小值为 0.2%，平均值为 9.06%，其中孔隙度大于 10% 的占 51%。该区安山岩实测渗透率最大值为 56mD，最小值为 0.01mD，平均值为 14.47mD，其中大于 1mD 渗透率安山岩大多数裂缝发育。该地区安山岩属于中低孔、特低渗储层。

（3）英安岩。

滴西地区英安岩分析测验数据 13 个，孔隙度最大值为 20.3%，最小值为 4.6%，平均值为 9.98%，仅有 2 个样品孔隙度超过 10%。渗透率最大值为 196mD，最小值为 0.01mD，平均值为 11.65mD，高渗透率主要受裂缝影响。该地区英安岩属于中低孔、特低渗储层。

（4）流纹岩。

滴西地区流纹岩分析测验数据 11 组，孔隙度最大值为 11.9%，最小值为 3.6%，平均值为 8.15%，只有一个样品孔隙度大于 10%。该地区流纹岩渗透率最大值为 0.76mD，最小值为 0.01mD，平均值为 0.18mD。该地区流纹岩属于低孔、特低渗储层。

2）火山碎屑岩物性特征

火山碎屑熔岩类中，熔结火山碎屑岩物性好于火山碎屑熔岩，尤其是熔结角砾岩最大有效孔隙度可达 23.7%，平均有效孔隙度值为 16.47%，最大渗透率为 22.3mD，平均渗透率为 6.72mD。

（1）火山角砾岩。

滴西地区火山角砾岩分析测验数据 137 组，孔隙度最大值为 25.6%，最小值为 10%，平均值为 11.49%。其中孔隙度为 10%～15% 的占 33.3%，孔隙度 15%～20% 占 16.2%，孔隙度 20% 以上的占 6%。滴西地区火山角砾岩渗透率最大值为 186mD，最小值为 0.01mD，平均值为 18.23mD，大于 1mD 的占 19.7%，其中超过 10mD 大多与裂缝相关。该区火山角砾岩属于中孔、中渗储层。

（2）凝灰岩。

滴西地区凝灰岩分析测验数据 256 组，孔隙度最大值为 27%，最小值为 0.4%，平均值为 9.94%。其中孔隙度为 10%～20% 的占 38.2%，孔隙度 20% 以上的有 6 组（2.3%）。滴西地区凝灰岩渗透率最大值为 884mD，最小值为 0.01mD，平均值为 22mD，大于 1mD 的占 29.7%，其中超过 10mD 占 14.8%。该区凝灰岩属于中孔、低渗储层。

火山碎屑岩类中，火山角砾岩物性较凝灰岩更好，平均有效孔隙度和平均有效渗透率分别为 11.49% 和 18.23mD，而凝灰岩平均有效孔隙度和平均有效渗透率分别为 9.94% 和 22mD，由于部分样品发育裂缝，导致凝灰岩的平均渗透率偏高。对火山碎屑熔岩类物性统计结果表明，部分熔结火山角砾岩和部分火山碎屑熔岩的物性表现为中—高孔隙度，中—高渗透率，可成为优良的油气储层。沉火山碎屑岩类中，沉凝灰岩平均有效孔隙度和平均有效渗透率分别为 6.11% 和 11.14mD。

2. 五彩湾地区

五彩湾地区石炭系火山岩储层埋深在 2500～3500m 区间内为孔隙发育带，最大孔隙度在20%左右，渗透率最大值在150mD左右（图7-26）。该地区的有效孔隙度0.4%～30.08%之间，平均孔隙度为9.55%；渗透率在0.01～153mD之间，平均渗透率为1.68mD，总体表现为中孔低渗储层。

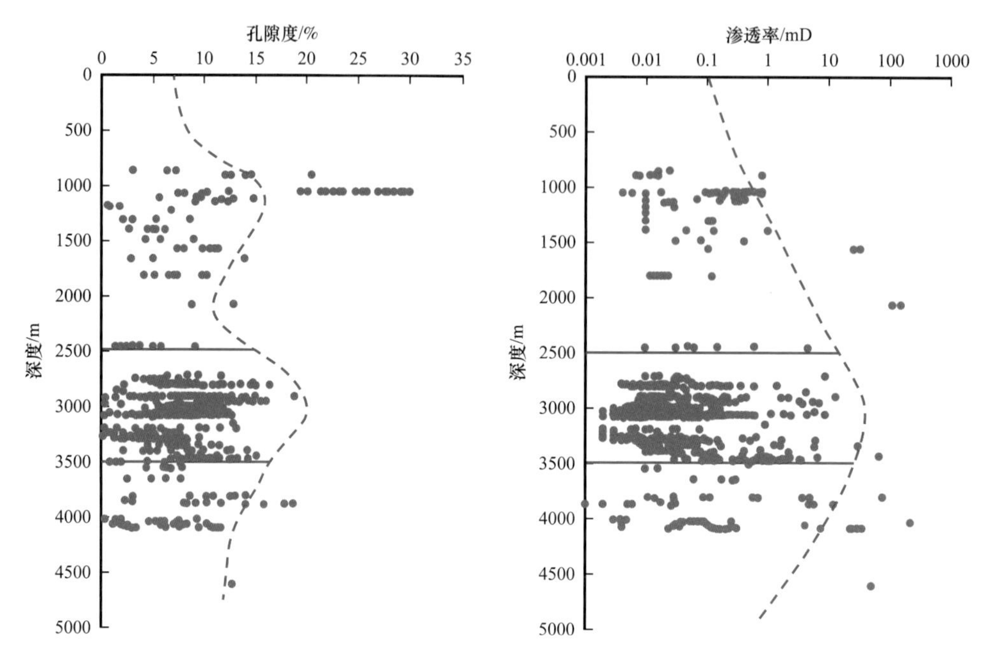

图7-26　五彩湾地区石炭系火山岩孔隙度和渗透率与深度关系

1）火山熔岩物性特征

（1）玄武岩。

五彩湾地区玄武岩分析测验数据47组，孔隙度最大值为30.54%，最小值为0.4%，平均值为4.78%，其中孔隙度大于10%的占17%。该区玄武岩实测渗透率最大值为32.7mD，最小值为0.01mD，平均值为1.94mD，其中大于10mD渗透率的玄武岩都发育有裂缝。该地区玄武岩属于中低孔、低渗储层。

（2）安山岩。

五彩湾地区安山岩分析测验数据175组，孔隙度最大值为19.01%，最小值为0.03%，平均值为7.49%，其中孔隙度大于10%的占25.7%。该区安山岩实测渗透率最大值为67.6mD，最小值为0.01mD，平均值为0.85mD，其中大于10mD渗透率安山岩大多数裂缝发育。该地区安山岩属于中低孔、特低渗储层。

2）火山碎屑岩物性特征

五彩湾地区火山碎屑熔岩类中，熔结火山碎屑岩物性好于火山碎屑熔岩，尤其是熔结角砾岩最大有效孔隙度可达23.7%，平均有效孔隙度值为16.47%，最大渗透率为22.3mD，最小渗透率仅为0.012mD，平均渗透率为6.72mD。

（1）火山角砾岩。

五彩湾地区火山角砾岩分析测验数据285组，孔隙度最大值为30.8%，最小值为

0.5%，平均值为 9.63%。其中孔隙度为 10%～20% 的占 28.7%，孔隙度 20% 以上的占 7%。滴西地区火山角砾岩渗透率最大值为 221mD，最小值为 0.01mD，平均值为 2.66mD，大于 1mD 的占 10%。该区火山角砾岩属于中孔、中低渗储层。

（2）凝灰岩。

五彩湾地区凝灰岩分析测验数据 42 组，孔隙度最大值为 20.6%，最小值为 1.72%，平均值为 8.28%。其中孔隙度为 10%～20% 的占 21.4%。五彩湾地区火山角砾岩渗透率最大值为 1.811mD，最小值为 0.002mD，平均值为 0.16mD，大于 1mD 的仅一个。该区凝灰岩属于中低孔、特低渗储层。

五彩湾地区石炭系火山岩物性统计结果表明（表 7-6，图 7-28）：火山熔岩类中，安山岩物性较玄武岩好，平均有效孔隙度和平均有效渗透率分别为 7.49% 和 0.85mD，而玄武岩平均有效孔隙度和平均有效渗透率分别为 4.78% 和 1.94mD。火山碎屑熔岩类中，熔结角砾岩的储层物性最好，平均有效孔隙度和平均有效渗透率分别为 9.34% 和 0.39mD。火山碎屑岩类中，火山角砾岩物性较凝灰岩更好，平均有效孔隙度和平均有效渗透率分别为 9.63% 和 2.66mD，而凝灰岩平均有效孔隙度和平均有效渗透率分别为 8.28% 和 0.16mD。沉火山碎屑岩类中，物性不稳定，孔隙度和渗透率变化很大，沉火山角砾岩平均有效孔隙度和平均有效渗透率分别为 8.55% 和 0.014mD。

表 7-6 准噶尔盆地五彩湾地区石炭系火山岩物性统计表

岩石大类	岩石类型	样品数 / 个	有效孔隙度 /%			水平渗透率 /mD		
			最大值	最小值	平均值	最大值	最小值	平均值
火山熔岩类	安山岩	174	19.01	0.03	7.49	67.64	0.001	0.85
	玄武岩	46	30.54	0.4	4.78	32.7	0.01	1.94
火山碎屑熔岩类	角砾熔岩	19	12.36	0.4	8.25	0.633	0.005	0.10
	熔结角砾岩	23	12.75	6.11	9.34	4.571	0.004	0.39
火山碎屑岩类	火山角砾岩	284	30.08	0.5	9.63	221	0.003	2.66
	凝灰岩	41	20.61	1.72	8.28	1.811	0.002	0.16
沉火山碎屑岩类	沉火山角砾岩	2	9.8	7.3	8.55	0.016	0.012	0.014

该区大部分样品的物性集中在孔隙度 0～10%、渗透率 0.01～1mD 之间（图 7-27），主要以火山角砾岩为主，其次有安山岩、玄武岩、凝灰岩等，这几种岩石在五彩湾地区广泛分布，质地较为致密，部分发育有溶孔和微裂缝。孔隙度 0～10%、渗透率 1～100mD 区间内，主要有火山角砾岩和角砾熔岩，角砾熔岩主要分布在彩 6 和彩参 1 井；孔隙度 10%～30%、渗透率 0.01～1mD 区间内，发育有火山角砾岩和少量凝灰岩；孔隙度 10%～30%、渗透率 1～100mD 区间内，主要是火山角砾岩和安山岩，该区间样品

物性较好，发育有较多的裂缝。总体来看，五彩湾地区内熔结角砾岩、火山角砾岩和安山岩的储层物性最好，角砾熔岩、凝灰岩、玄武岩次之。

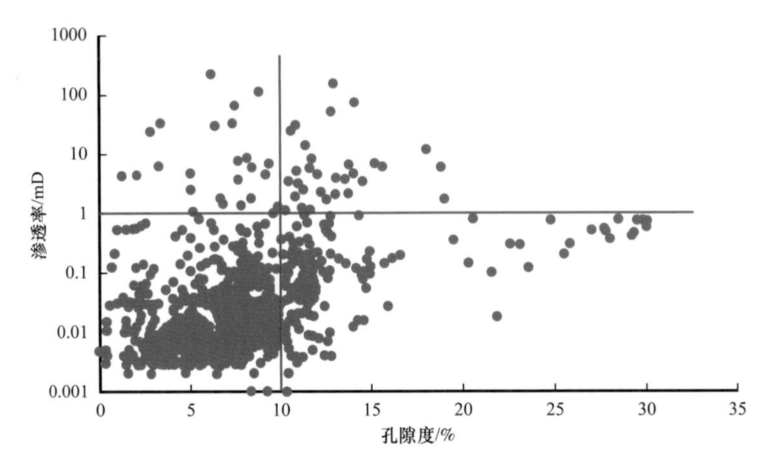

图 7-27 五彩湾地区石炭系火山岩孔隙度和渗透率交会图

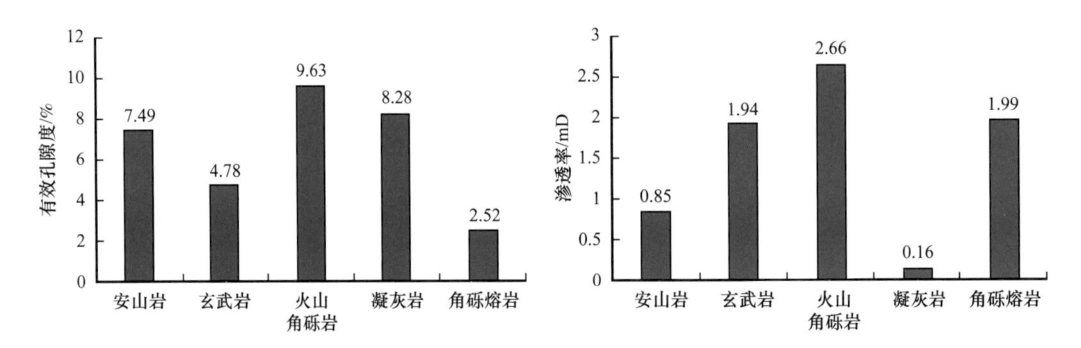

图 7-28 五彩湾地区石炭系不同岩性的孔隙度和渗透率统计

第八章　不同喷发环境火山岩储层物性控制因素及有利储层分布预测

不同喷发环境火山岩的储层物性特征、储积空间类型有较大差异，其储集空间发育和演化的控制因素也有较大的差异，这影响着火山岩储层有利区的分布。研究不同喷发环境火山岩储层物性控制因素对于有利储层分布预测有重要的意义。

第一节　岩性对储层的控制

火山岩储集空间的形成、发展、堵塞、再形成等一系列不同阶段的演化过程是非常复杂的。油田的勘探实践和研究表明，火山岩的岩性、岩相是影响原生储集空间储集性的重要因素。通过上一章对不同喷发环境形成的火山岩储层特征的统计分析，发现水上喷发火山岩的孔隙度和孔隙结构要普遍优于水下喷发火山岩，而渗透率则是水下喷发火山岩相对较高。通过对水上和水下不同环境喷发火山岩的储层物性统计结果分析并结合不同环境的特征火山岩岩石类型，认为不同环境的各种岩石类型，物性存在着明显差异。

一、水下喷发环境

水下喷发环境由于高温喷出产物入水多发生急速的冷凝淬火而碎裂，显示出多原生裂缝，玻璃质含量高的特征，研究区水下喷发岩石的代表为水下侵出形成的珍珠岩，由于珍珠结构非常发育使得其物性最好。其次为水下形成的火山熔岩，再次为爆发形成的凝灰岩（主要受脱玻化作用和溶蚀作用的影响）。单纯火山角砾岩物性较差，通过镜下薄片观察认为，水下形成的火山角砾岩间很容易被水体中更细的火山灰和沉积物等填隙物充填从而物性减弱。

二、水上喷发环境

水上喷发环境中爆发形成的火山岩中以火山岩角砾岩物性最优，但是火山碎屑岩类的岩石会受到后期压实作用的影响，且压实程度越高，储集物性越差。其次是火山熔岩，水上喷发形成的火山熔岩主要受到冷凝收缩、挥发逸散和后期的溶蚀作用的影响，形成原生孔缝和次生孔缝形成的多种储集空间组合类型。

第二节 成岩作用对储层的控制

火山岩形成后经历的各种成岩作用的期次、发生的时间先后及程度在不同盆地中存在较大的差异。但火山岩在这些成岩过程中发生的一些成岩现象或成岩作用类型大体相同。因此前人常将火山岩的成岩作用划分为早期和晚期两大类，早期主要表现为冷凝固结和压实为主，晚期主要表现为受热液、风化淋滤和埋藏作用的影响。这两个时期无论是作用因素、方式、类型，还是引起岩石产生的变化及其对储层发育产生的影响都存在很大差异。火山岩储集空间的形成、发展等演化过程非常复杂。在火山岩孔隙的演化过程中伴随着不同的成岩作用，这些成岩作用作用于孔隙演化的不同阶段，对储层的储集性能有着巨大的影响，既有破坏作用，也有改善作用，不仅对原生孔隙的形成起着重要的作用，而且对于原生孔隙的后期保存、次生孔隙的发育、孔隙的连通性及储层的储集性能等都与成岩作用有关。

准噶尔盆地东部地区石炭系火山岩从岩浆喷出、冷凝再到后期的储层形成，经历了一系列复杂的成岩作用。正是这些成岩作用的改造，火山岩的储集空间及其组合变得更加多元化和复杂化。而且不同的喷发环境其伴随的成岩作用也不相同。研究区火山岩主要成岩作用有：挥发逸散作用、冷凝收缩作用、冷凝淬火作用、脱玻化作用、蚀变作用、溶蚀作用以及充填作用（表 8-1）。

表 8-1 研究区主要成岩作用类型及机理

成岩作用类型	形成储集空间类型	对储集空间的影响	对应火山岩的类型
挥发逸散作用	原生孔隙	有利	中基性熔岩
脱玻化作用	次生孔隙	有利	各类火山岩
冷凝收缩作用	收缩孔缝	有利	凝灰岩
热液充填作用		破坏	各类火山岩
溶蚀作用	溶孔和溶缝	有利	各类火山岩
压实作用		破坏	火山碎屑岩
风化淋滤作用	溶孔和溶缝	有利	各类火山岩
构造作用	构造缝	有利	各类火山岩

一、水下喷发环境主要成岩作用

1. 冷凝淬火作用

由于岩浆遇水冷却而发生的急速收缩和淬碎作用。研究区水下火山喷发，由于喷发产物遇水急速冷却，多发生快速的收缩淬火作用，形成大量急速且不均匀收缩或炸裂形成的裂缝。

2. 蚀变作用

火山岩中的矿物因为温压条件的改变，同时受到热液、海水等液体的作用，旧的矿物中的元素重新组合变成新矿物的作用。研究区水下环境多为海水环境，水下喷发火山岩蚀变普遍，常见钠长石化、绿泥石化、沸石化，且常见弱—中等蚀变。

3. 脱玻化作用

脱玻化作用是由于火山玻璃很不稳定，在温压、物化等条件改变的情况下，向晶体转化的一种作用。主要发育于玻璃质和玻屑含量较高的火山岩中。而水下喷发形成的火山岩由于急速冷凝玻璃质和玻屑含量一般较高，因此脱玻化作用更普遍。而且脱玻化作用形成的脱玻化孔有助于储层储集性能的改善。

4. 溶蚀作用

水下喷发火山岩的溶蚀作用主要发生于埋藏阶段和后期风化淋虑阶段。由于水下环境相比水上环境受到的风化和淋滤程度更低，同时期受到的溶蚀作用相对较弱。但是水下喷发火山岩距离烃源岩更近，一定程度上更容易受到有机酸的影响，为后期油气充注提供良好条件。

5. 充填作用

充填作用是由于岩石溶蚀后，大气淡水、地表水或海水等富含离子的流体进入孔缝，并在孔隙、裂缝等空间中发生沉淀结晶的作用。水下环境中由于水分和各类盐离子相比水上环境更加丰富，充填作用发生的可能性更大。研究区充填矿物主要以硅质、钙质和绿泥石为主，部分可见沸石充填。

二、水上喷发环境主要成岩作用

1. 挥发逸散作用

岩浆中挥发分由于降温释压而发生脱溶的作用。水上喷发环境由于没有静水压力等限制，挥发逸散作用强，火山熔岩和火山碎屑岩中气孔非常发育，但研究区部分地区在后期发生了充填作用，气孔被充填或半充填，多形成气孔杏仁构造。

2. 冷凝收缩作用

水上喷发环境相比水下喷发环境，温度下降速度明显变缓，岩浆冷却收缩更加均匀，利于熔岩节理的发育。在研究区野外的石炭系露头剖面可见安山岩的柱状节理和流纹岩的层状节理。

3. 溶蚀作用

水上喷发环境中溶蚀作用主要发生在风化淋滤阶段，由于火山岩多暴露在大气环境中，更容易受到大气淡水的淋滤，溶蚀作用相对较强。

4. 充填作用

水上喷发环境充填作用一般是大气淡水淋滤溶蚀上部浅层岩石中的矿物，而在周围或者深部岩石的孔缝中发生沉淀结晶作用。在水上喷发火山岩中主要表现为充填气孔的杏仁体及充填裂缝的硅质、钙质等矿物。

三、不同喷发环境下成岩作用对储层物性的控制

1. 挥发逸散作用

在岩浆喷溢出地表过程中随时都伴随着挥发逸散作用，最终形成气孔和石泡。气孔和石泡都是火山岩中重要的油气储集空间。挥发逸散作用发生的范围很广，遍及整个研究区。但总的来说，水上喷发环境受到的挥发逸散作用的影响更加强烈。

水下喷发环境由于存在静水压力，水下喷发产物中的挥发分脱溶逸散受到抑制，并且岩浆入水会急速冷却，从而使得原生气孔形成受到抑制。在酸性岩浆中，当岩浆量较少时，含有挥发分的岩浆和水体接触并发生反应，由于岩浆黏度较大且球体表面张力最小，从而会形成含有较多挥发分的酸性岩浆球，进而冷却形成酸性火山岩中的特殊构造——石泡构造（图 8-1a、b）。研究区酸性岩比例不高，因此石泡构造未见大面积发育。

水上喷发环境相比于水下形成的火山岩，其气孔非常发育。由于没有了水体、静压等的影响，挥发逸散作用较活跃，挥发组分能够很容易地脱溶逸散，能够在熔岩中上部形成更多的原生气孔（图 8-1）。通过对野外露头、岩心和薄片的观察，认为熔岩中上部和部分火山碎屑岩中常发育大量的气孔，有巨大的储层潜力。

以滴西 17 井为例，该井石炭系上部巴塔玛依内山组（C_2b）发育水上喷发形成的玄武岩，气孔非常发育。通过镜下观察可以发现，见气孔、溶蚀孔和裂缝，部分气孔被裂缝连通。气孔和裂缝多被绿泥石、硅质充填或半充填，气孔多变为杏仁体残余孔和收缩孔。部分裂缝充填矿物和杏仁体还可见溶蚀特征（图 8-2），形成以气孔（杏仁体残余孔和收缩孔）为主，溶蚀孔、裂缝为辅的原、次生气孔—溶蚀孔—裂缝型储集空间。

2. 冷凝收缩（淬火）作用

由于高温火山产物的不均匀冷却或淬火，会形成一系列冷凝收缩（淬火）成因的裂缝，是研究区火山岩储层良好的流体通道和储集空间。通过对岩心以及镜下的观察和分析认为，水下喷发环境形成的火山岩更容易产生冷凝收缩裂缝。

水下喷发环境由于高温喷发产物进入水体发生急速冷凝淬火，快速收缩，同时压力骤降，其中的挥发分急速膨胀爆炸，主要产生原生的收缩缝和自碎缝，在研究区以珍珠

(a) 酸性火山岩，石泡构造，松喀尔苏组

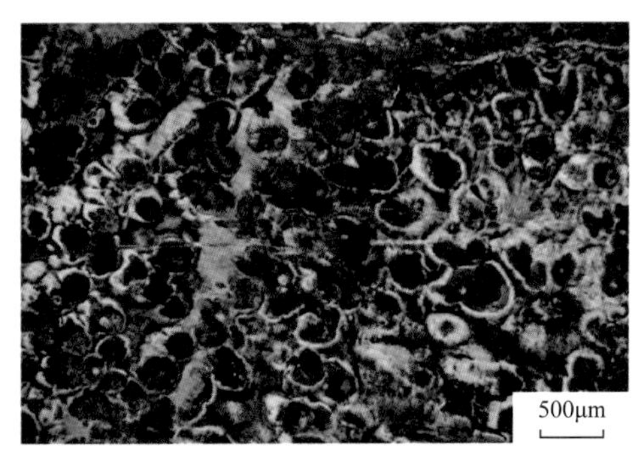

(b) 石泡流纹岩，白碱沟剖面西沟，单偏光

(c) 气孔杏仁构造，北6井，2799.6m

(d) 气孔构造，彩201井，2903.65m

(e) 气孔杏仁构造，滴西17井，3638.7m

(f) 杏仁玄武岩，气孔被方解石充填，彩28井，1141.7m

图 8-1　研究区石炭系挥发逸散作用

岩中的球状弧形裂理为典型代表（图 8-3），这些密集的裂理可以提升岩石的孔隙连通性，进而提高渗透率，同时可以为后期流体的进入提供通道，加速后期溶蚀、蚀变等作用，使得岩石储集空间进一步改善，有利于储集空间的改造。但是在水下喷发环境形成的这些裂缝，大多已经被硅质、钙质、沸石等矿物充填，说明在研究区的部分地区后期发生了较强的热液充填作用，导致了部分地区的原生裂缝对储层物性的贡献有限。

水上喷发环境由于岩浆冷凝速度比水下喷发环境明显放慢，冷凝相对均匀，由急速冷缩形成的原生裂缝相对较少，主要发育节理缝。在研究区中基性火山熔岩中可见典型

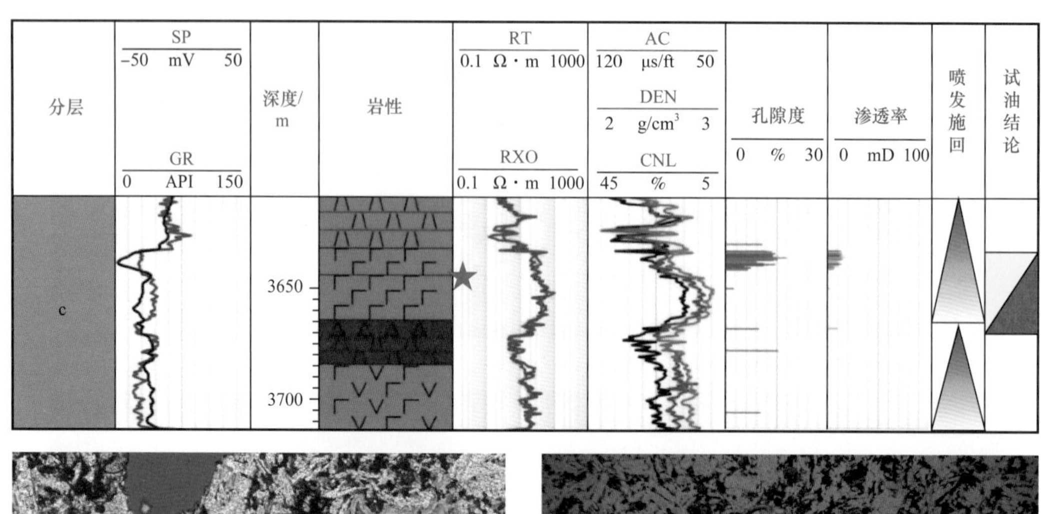

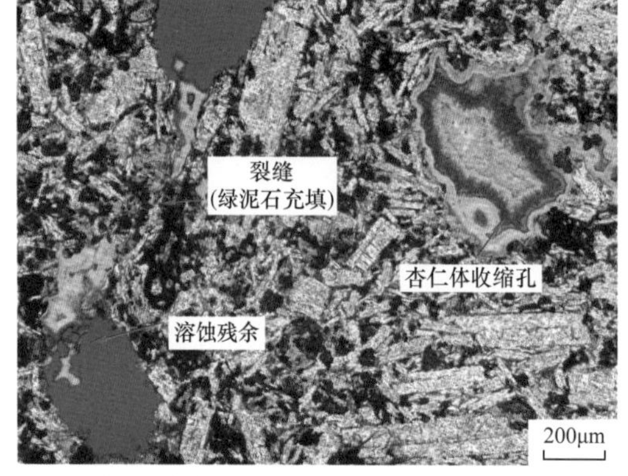

(a) 气孔—溶蚀孔—裂缝，滴西17井，3633.4m，C_2b

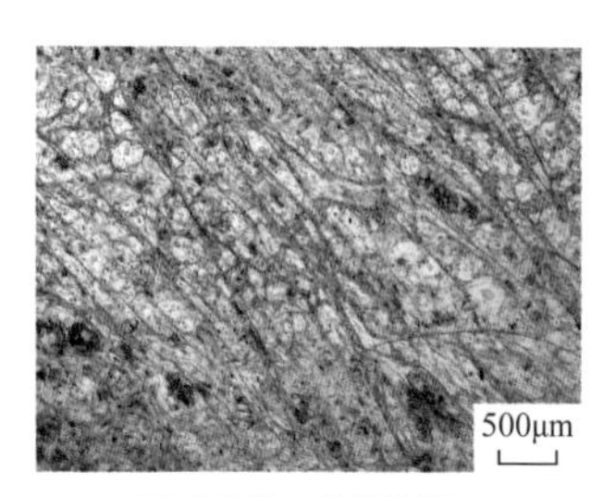

(b) 气孔充填，滴西17井，3637m，C_2b

图 8-2　滴西 17 井 3633～3670m 段测井及镜下特征

(a) 珍珠岩，球状裂理(-)
滴西21井，3277.11m

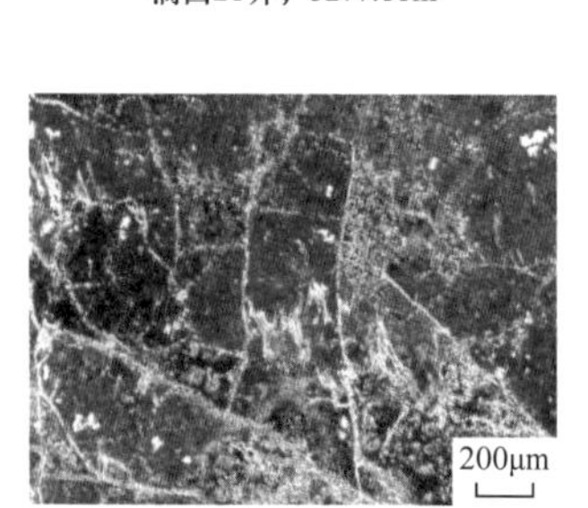

(b) 珍珠岩，球状裂理(-)
滴西22井，3636.2m

(c) 珍珠岩，球状裂理滴西21井，3293～3296m

(d) 凝灰岩，网状裂缝
滴西14井，3959.9m

(e) 凝灰岩，网状裂缝(-)
滴西14井，3959.9m

图 8-3　准东地区石炭系水下喷发火山岩裂缝

的柱状节理（图 8-4a）及酸性火山熔岩中的层状节理（图 8-4b）。由缓慢冷凝收缩形成的节理缝，不仅为火山岩储集性能做出贡献，还为后期火山岩的风化淋滤提供了通道，加速后期改造，但由于研究区该类型裂缝发育范围有限，仅在野外小范围内观察到，所以认为水上喷发环境形成的原生裂缝对火山岩储层影响有限。

(a) 柱状节理，双井子剖面，巴山组

(b) 层面节理，白碱沟剖面，松喀尔苏组

图 8-4　准东地区石炭系水上喷发火山岩冷凝收缩裂缝

3. 溶蚀作用

溶蚀作用在研究区非常常见（图 8-5），形成了各类的溶蚀孔隙，是该地区石炭系火山岩储集空间形成的重要机制之一。特别是火山岩中的碱性矿物（基性斜长石等）遇到酸性流体（无机酸和有机酸），非常容易发生溶蚀。这些溶蚀作用产生的储集空间常常是火山岩优质储层形成的重要原因。

水下喷发环境由于形成的火山岩长期处于水体环境中，环境相对较稳定，孔隙内液体不易发生流动，相比水上喷发环境，其受到的大气淡水淋滤溶蚀作用程度较弱。但通过对研究区石炭系剖面的野外观察发现，准东地区石炭系存在火山岩与暗色泥岩互层的岩性组合（图 8-6），证实了研究区水下喷发环境形成的火山岩具有距烃源岩近的特点。因此水下喷发火山岩相比陆上喷发形成火山岩，具有距离烃源岩近，更容易受到有机酸的溶蚀改造的可能性，不仅增加了储集性能，还能为油气的就近充注和保存提供了良好条件（图 8-6）。

水上喷发环境由于形成的火山岩保存于暴露的地表大气环境中，在受到风化剥蚀的同时受到淡水淋滤溶蚀的机会更大并且程度相比水下更深，发育溶蚀孔缝。

但是有机酸溶蚀受到烃源岩分布的影响，一般大气淋滤的溶蚀效果和规模都强于有机酸溶蚀。整体来说，溶蚀作用有利于储层物性的提升，水上喷发环境形成的火山中的溶蚀孔缝更有机会成为研究区有效的储集空间。

4. 脱玻化作用

研究区中脱玻化作用在水上和水下喷发环境中都有发育，但多数见于水下喷发环境的火山岩中，主要发生于珍珠岩、流纹岩、凝灰岩这类含有大量玻璃质的中酸性火山岩中。由于火山玻璃处于不稳定状态，受到外界温压条件的变化易发生脱玻化，玻璃质逐渐向晶体转化，镜下可见球粒结构、霏细结构等，同时形成许多微孔隙（图 8-7）。脱玻化孔作为火山岩中数量仅次于气孔的孔隙类型，具有数量多，连通性好的特点，同时脱玻化形成的脱玻化孔可以连通孤立的原生孔隙，组成物性较好的储集空间，形成优质储层。

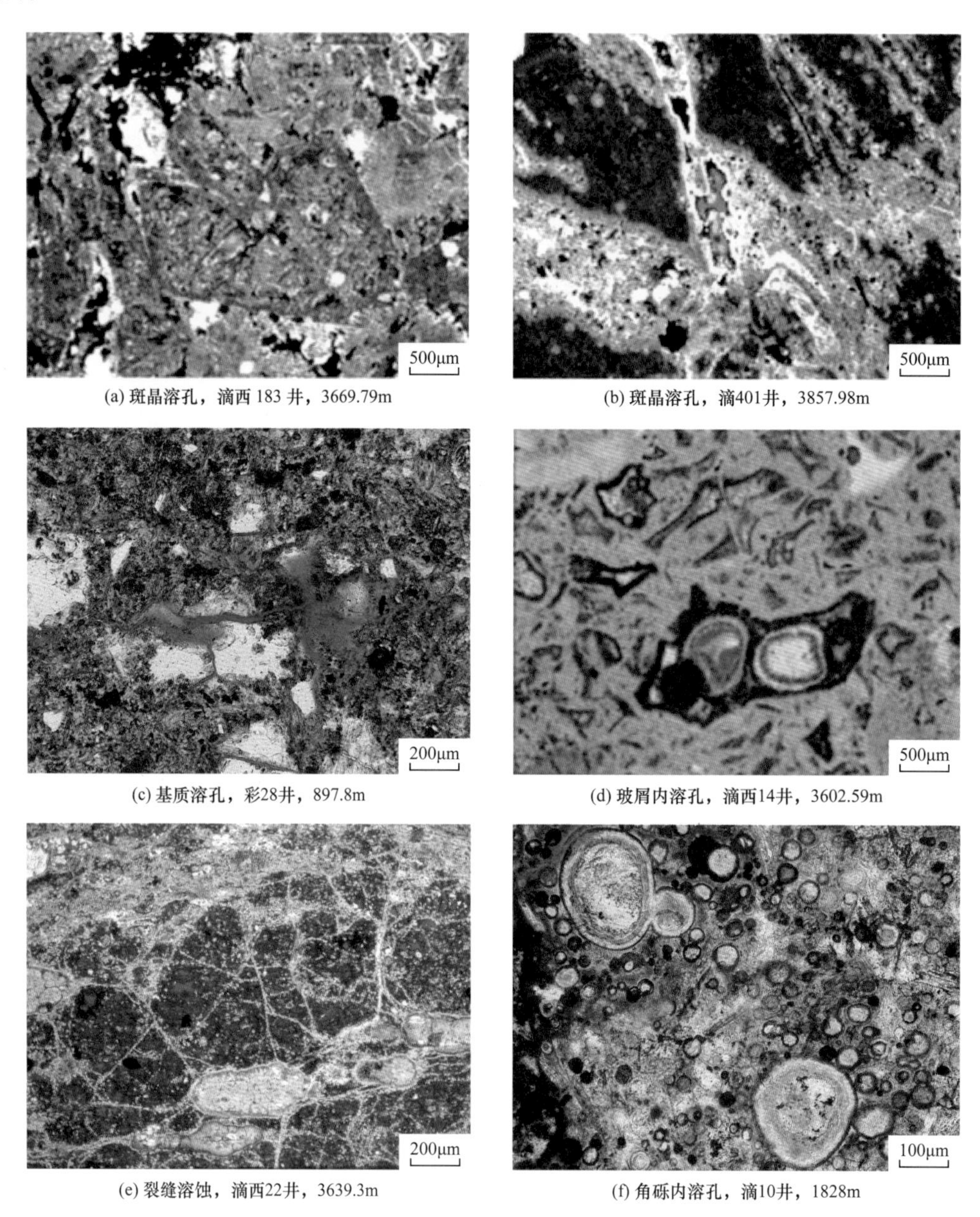

(a) 斑晶溶孔，滴西 183 井，3669.79m　(b) 斑晶溶孔，滴401井，3857.98m

(c) 基质溶孔，彩28井，897.8m　(d) 玻屑内溶孔，滴西14井，3602.59m

(e) 裂缝溶蚀，滴西22井，3639.3m　(f) 角砾内溶孔，滴10井，1828m

图 8-5　研究区石炭系火山岩溶蚀作用

以滴西 14 井为例，通过岩心和薄片的对比观察，发现滴西 14 井 3600～3700m 间有两段（3602.5～3606m 和 3668.5～3670.5m）岩性相同的岩心，都为水上喷发形成的含角砾玻屑凝灰岩（图 8-8a、b）。通过镜下观察发现，对应第一段岩心（3602.5～3606m）的

(a) 熔岩与暗色泥岩互层，白碱沟，野外，C_1s

(b) 火山岩与暗色泥岩互层，白碱沟剖面，C_1s

(c) 珍珠岩中的有机质，滴西 22井，3636.16m

(d) 珍珠岩中的有机质，滴西 21井，3277.11m

图 8-6　研究区石炭系水下喷发火山岩有机质改造

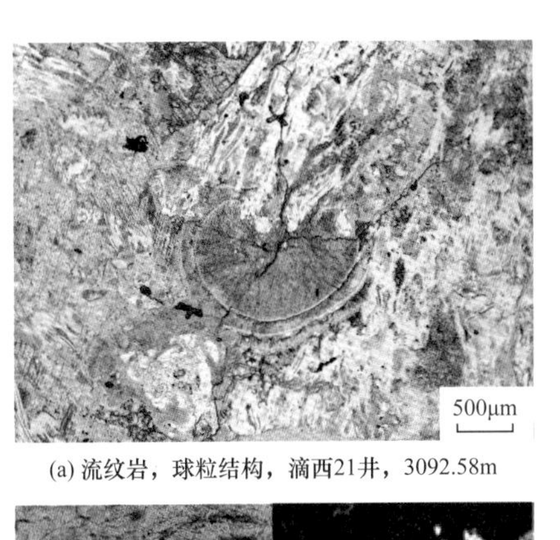

(a) 流纹岩，球粒结构，滴西21井，3092.58m

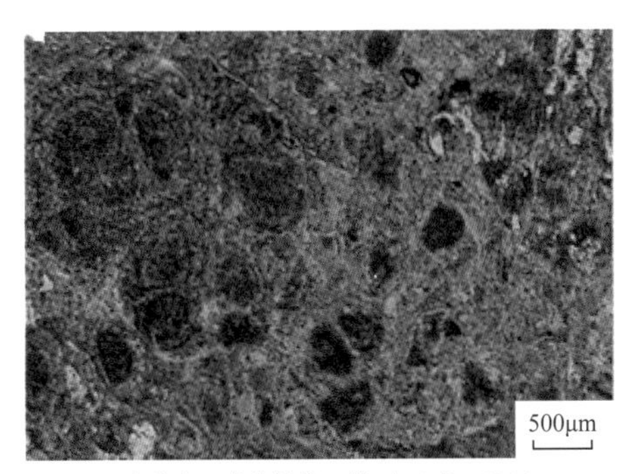

(b) 流纹岩，球粒结构，滴西 10 井，3094m

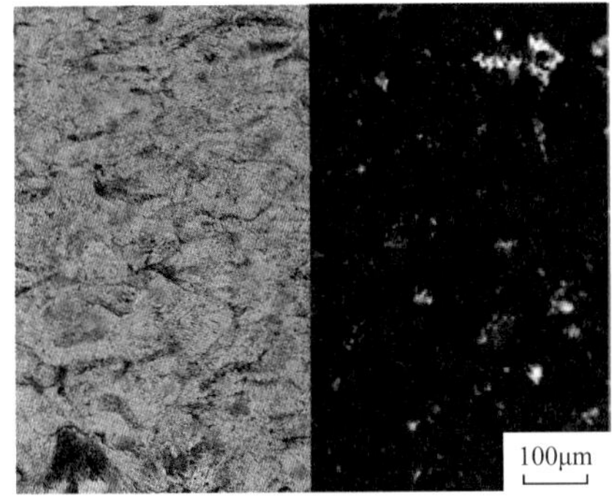

(c)霏细岩，霏细结构，滴西29井，2990m

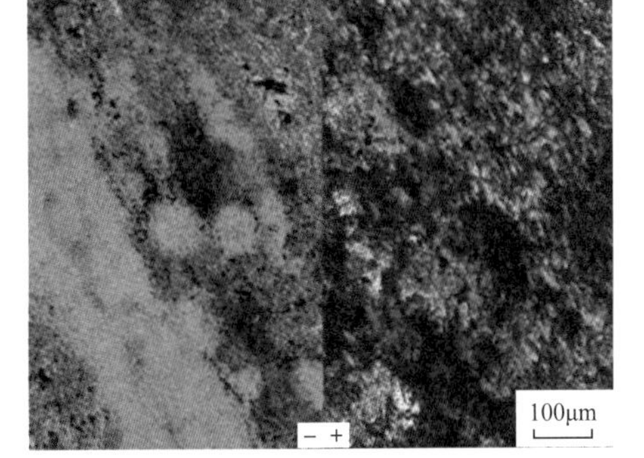

(d) 流纹岩，脱玻化孔白碱沟，野外，C_1s

图 8-7　研究区石炭系火山岩脱玻化作用

薄片中玻屑基本未发生蚀变（图 8-8c），而对应第二段岩心（3668.5～3670.5m）的薄片显示玻屑发生了明显的脱玻化（图 8-8d）。

对上述两段岩心的物性测试数据进行对比发现发生脱玻化的玻屑凝灰岩比未发生脱玻化的玻屑凝灰岩平均孔隙度高 10.4%，平均渗透率高 15.85mD，发生脱玻化的含角砾玻

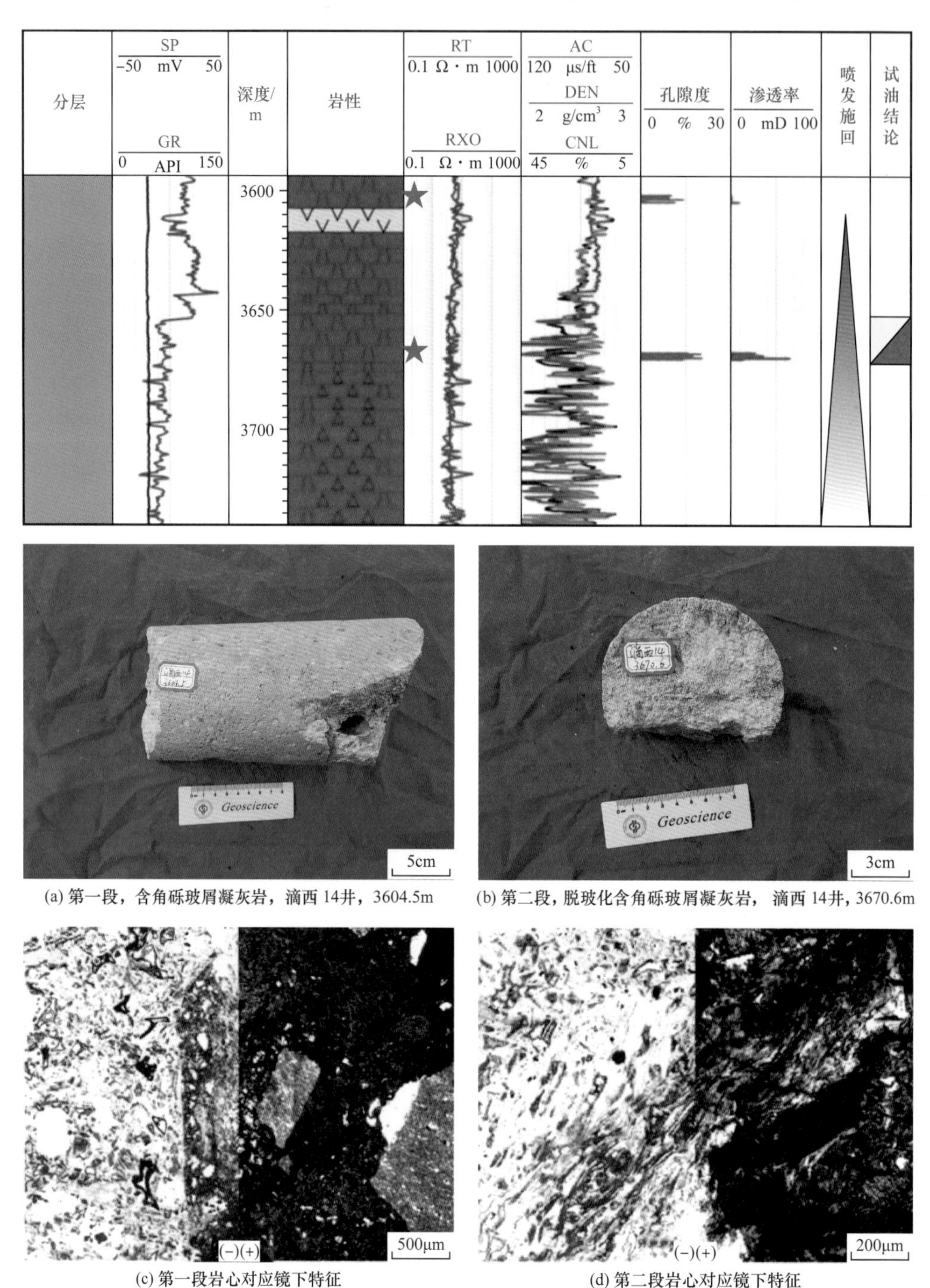

(a) 第一段，含角砾玻屑凝灰岩，滴西 14井，3604.5m

(b) 第二段，脱玻化含角砾玻屑凝灰岩，滴西 14井，3670.6m

(c) 第一段岩心对应镜下特征

(d) 第二段岩心对应镜下特征

图 8-8 滴西 14 井测井、岩心及镜下特征

屑凝灰岩明显物性更好，证明了研究区脱玻化作用对火山岩储层物性有着积极且明显的作用。而水下喷发形成的火山岩由于急速冷凝淬火，玻璃质含量较高，又受到海水的影响，更容易发生脱玻化作用，这也很好地说明了水下喷发环境中凝灰岩比火山角砾岩拥有更好物性的原因。

5. 蚀变作用

前人通过对研究区火山岩蚀变的研究发现，准噶尔盆地东部地区石炭系火山岩中蚀变十分普遍，蚀变程度主要为轻微—中度，同时蚀变作用能使火山物质变得疏松多孔，改善储集物性。但蚀变矿物的过度发育也会对火山岩孔隙产生负面影响，从而降低有效孔隙。通过观察研究，无论是水上喷发还是水下喷发环境形成的火山岩都出现了蚀变现象，研究区常见的蚀变作用为钠长石化、绿泥石化、浊沸石化和碳酸盐化（图 8–9）。

前人通过研究认为准东地区蚀变是在中低温热液条件下发生的，而斜长石在这样环境中既会发生蚀变，同时也伴随着溶蚀。因此当火山岩发生蚀变时，同时可以产生部分孔隙，有利于储层储集性能的提升。但也有人认为，这些低温热液在造成蚀变的同时，也会在原生气孔和裂缝中发生沉淀充填，形成气孔杏仁体或裂缝充填，反而降低了储层物性，减弱储集性能。总的来说，根据前人对准噶尔盆地火山岩蚀变区的研究成果来看，蚀变作用对火山岩储层储集物性的影响主要还是正向的。

由于大部分蚀变作用需要富含矿物元素离子的流体参与，这些流体主要来自深层热液、海水或溶蚀矿物后的大气淡水。相比水上喷发环境，水下喷发环境为蚀变作用的发生提供了更好的条件。

6. 充填作用

充填作用是准东地区形成气孔杏仁体和裂缝充填的主要原因，也是破坏储层性能的主要因素。在准东地区巴山组火山岩中最多可见 6 期次的充填，是研究区石炭系火山岩储层物性降低主要原因之一。充填矿物主要有硅质、方解石、沸石和绿泥石（图 8–10）。

通过镜下观察发现研究区火山岩中的充填矿物包含硅质、钙质、沸石、绿泥石、铁质等，这些物质大多都是来自早期被溶蚀的组分。充填作用是对火山岩储层物性具有重要影响的成岩作用之一，主要是通过矿物充填使得原生孔隙和裂缝的空间变少，从而降低储层物性。

水上喷发环境中，通过镜下观察发现研究区水上喷发火山岩中的气孔基本都出现了充填，但是充填的程度有所差异，存在部分充填（图 8–11a）和全部充填（图 8–11b）。根据前人研究统计结果显示，准东地区石炭系重点勘探开发层位巴山组的火山岩中气孔具有明显的高充填率，如果不经过风化淋滤、造缝等作用的改造，这些气孔就很难成为有效的储集空间。

水下喷发环境中，由于研究区水下喷发环境多为海相环境。该环境能够源源不断地提供水分和各种盐离子，容易在火山岩的孔缝中发生溶蚀和沉淀，进而对储集空间进行充填。

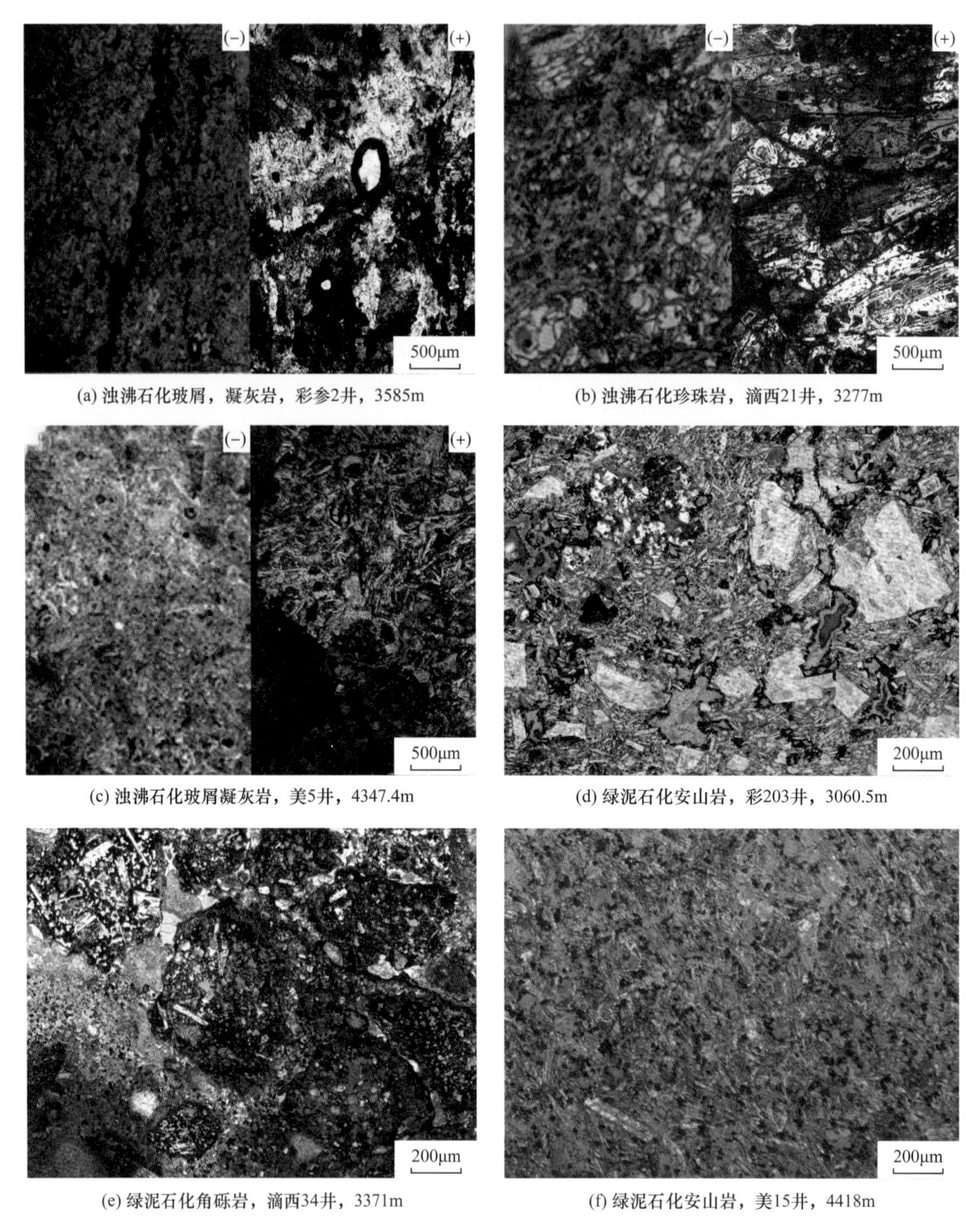

(a) 浊沸石化玻屑，凝灰岩，彩参2井，3585m
(b) 浊沸石化珍珠岩，滴西21井，3277m
(c) 浊沸石化玻屑凝灰岩，美5井，4347.4m
(d) 绿泥石化安山岩，彩203井，3060.5m
(e) 绿泥石化角砾岩，滴西34井，3371m
(f) 绿泥石化安山岩，美15井，4418m

图 8-9　研究区石炭系蚀变作用图版

水上喷发环境形成的火山岩更多的是由于受到淡水淋滤发生矿物成分的溶蚀转移并在其他的孔缝里发生新矿物的沉淀，进而充填。相比水下环境，其更受外界流体的影响，充填发生的机会和程度较弱。

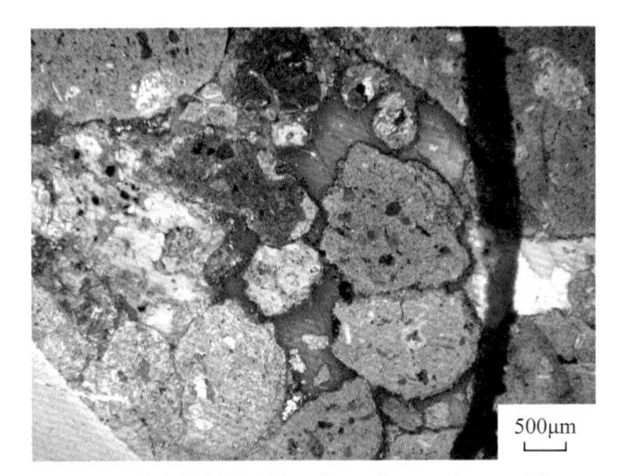

(a) 孔隙充填钙质矿物，彩203井，3062.6m，C_2b

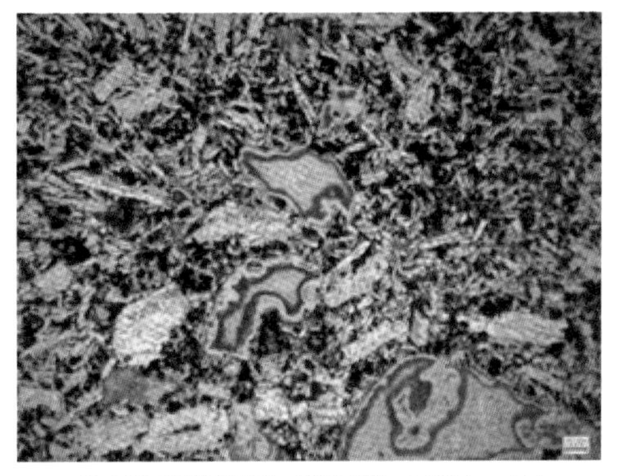

(b) 气孔充填绿泥石，滴西17井，3633.4m，C_2b

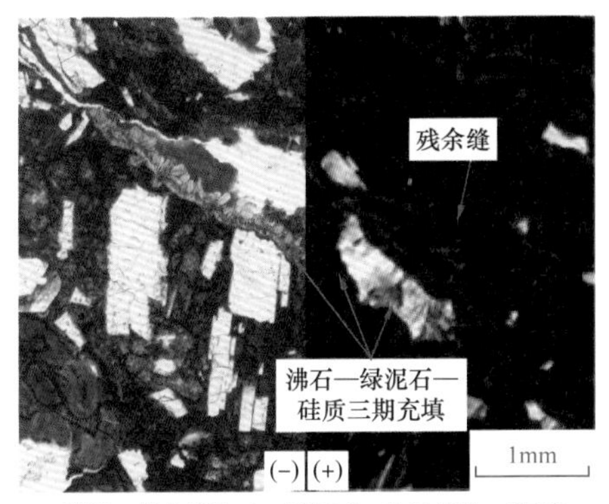

(c) 裂缝三期充填沸石、绿泥石、硅质矿物，彩6井，1781.45m，C_2b

图 8-10　研究区石炭系火山岩充填作用

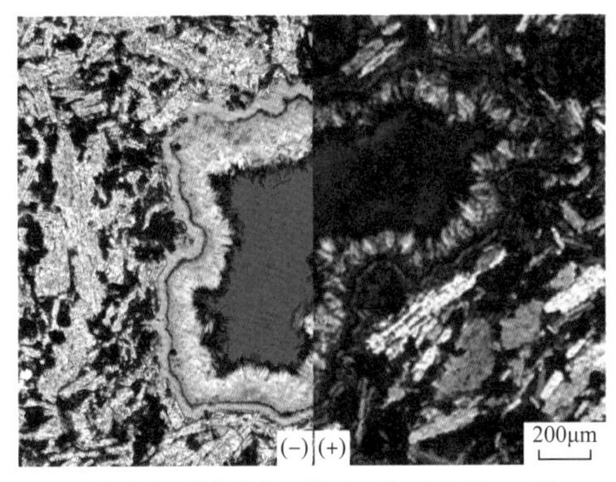

(a) 玄武岩，部分充填，滴西 17井，3636.2m，C_2b

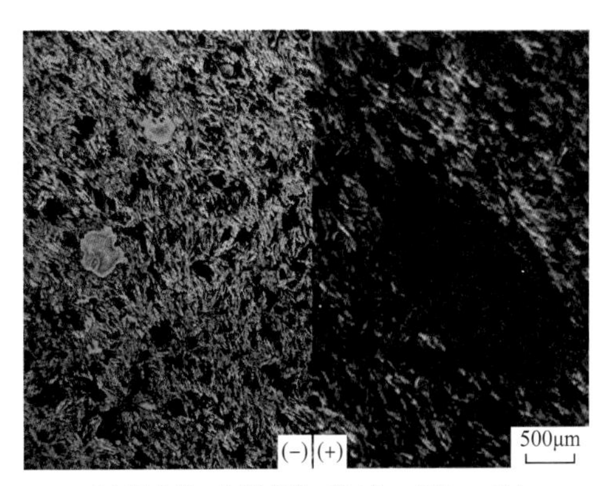

(b) 安山岩，全部充填，美 6井，4081m，C_2b

图 8-11　研究区石炭系火山岩充填作用

第三节　构造作用对火山岩储层的控制

构造运动中产生的断裂和大量构造裂缝对火山岩储层的质量有直接影响。构造裂缝既是沟通孔隙重要渗流通道也是主要的储集空间，同时还可为后期大气淡水或酸性流体进入火山岩提供了有利途径。

研究区石炭系受到了多期构造运动的影响，过程复杂，导致了全区大断裂发育。同时通过试油资料可知，区内许多产液的井位置都靠近大断裂（图 8-12）。根据对研究区岩心、成像测井资料的观察分析，发现靠近大断裂的火山岩内均发育有大量的构造裂缝，同时通过对滴西井区部分井裂缝发育火山岩层段及其上下未发育裂缝层段的物性对比显示：裂缝发育的火山岩物性明显更好（图 8-13、图 8-14）。无论是水上还是水下喷发环

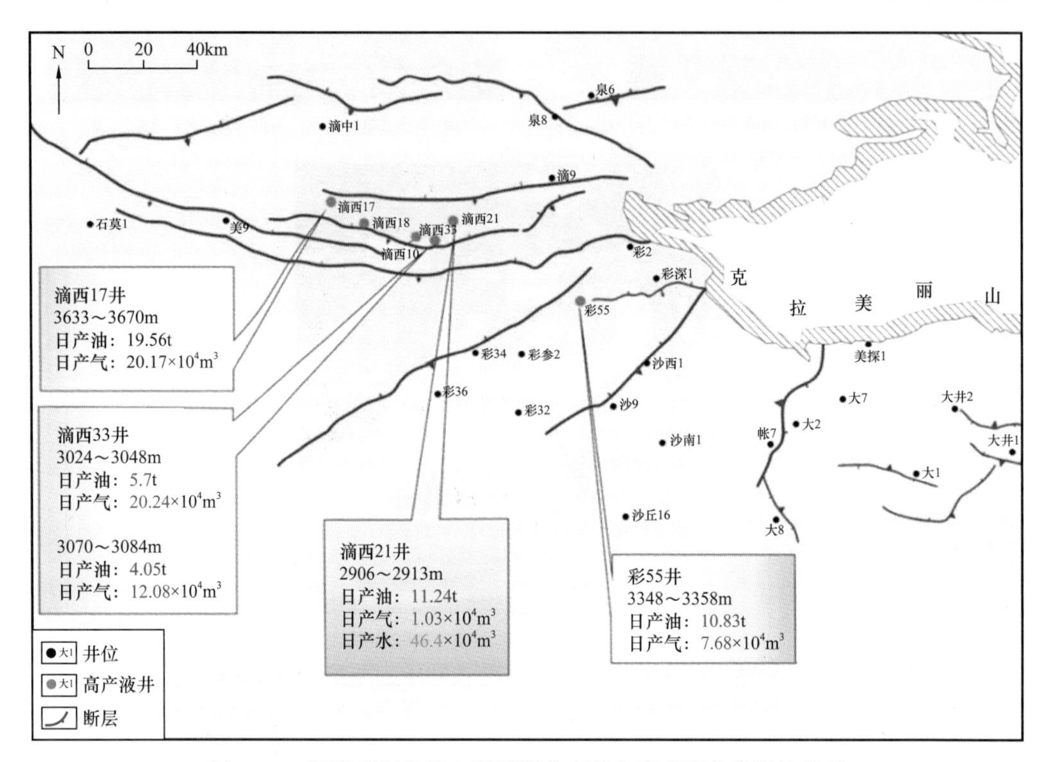

图 8-12 研究区石炭系主要断裂分布及与高产液井位置的关系

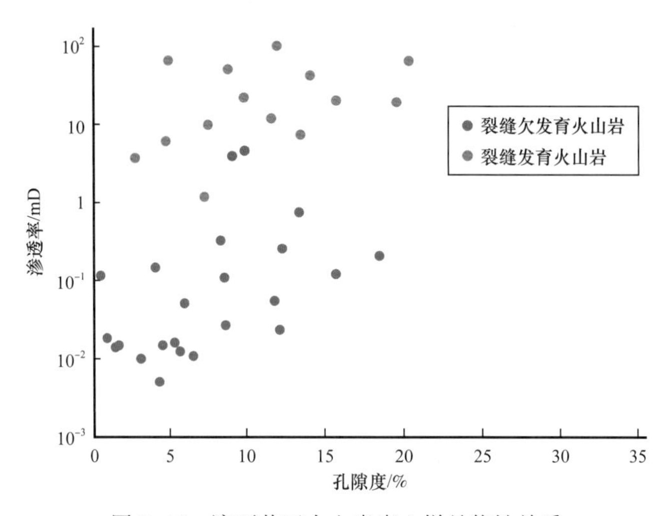

图 8-13 滴西井区火山岩岩心样品物性关系

境形成的火山岩，后期均可以受到构造作用的改造生成构造裂缝。但在水下喷发环境中，火山岩由于急速淬火冷凝，导致内部原生裂缝发育，同时整体韧性降低，质地变脆。前人通过对火山岩的造缝机制研究认为：火山岩内部原生裂缝越发育，且质地较脆的火山岩，受到外力则更容易形成破裂产生新的裂缝。因此水下喷发形成的火山岩在受到后期构造作用时更容易产生裂缝。

(a) 直劈缝、网状缝，滴西21井，3293～3296m　(b) 直劈缝，滴西18井，3445～3447m　(c) 斜交缝，滴西14井，3598～3600m

图 8-14　研究区石炭系火山岩裂缝成像测井特征

第四节　准东石炭系火山岩有利储层预测

通过对水上和水下不同环境的火山岩储层物性、控制因素的统计分析结果并结合岩石类型，认为不同环境不同岩性火山岩，在物性上存在明显差异。在分析了准噶尔盆地东部石炭系火山岩储层储集物性和控制因素的基础下，结合收集到的数据资料，对准东地区石炭系火山岩优质储层进行综合评价，并在此基础上开展储层有利区预测。

一、准东石炭系火山岩储层分类

根据研究区石炭系不同喷发环境火山岩的岩石类型、储集空间特征、储集物性特征、成岩作用和构造断裂影响等作为分类依据，对准东地区石炭系火山岩储层开展分类，如表 8-2 所示。

1. I_1 类储层

研究区 I_1 类储层岩石类型为水下喷发环境侵出形成的珍珠岩，这类储层发育于火山口周围。珍珠岩由于受到冷凝淬火作用，急速冷缩会形成珍珠结构（球状弧形裂理），使得珍珠岩原始物性较好。再由于珍珠岩玻璃质含量高，后期经脱玻化作用可进一步形成脱玻化孔，改善物性。同时非常发育的原生裂隙可以作为流体的良好通道，为后期溶蚀提供条件，进一步提升了储层的储集性能。经过统计，研究区珍珠岩平均孔隙度大于15%，平均渗透率一般大于1mD，是研究区储集物性最好的火山岩，因此作为$Ⅰ_1$类最有利储层。

表8-2　准东石炭系火山岩储层分类标准

储层分类	孔隙度/%	渗透率/mD	环境	火山岩类型	成岩作用	构造作用
$Ⅰ_1$类	>15	>1	水下	珍珠岩	冷凝淬火、脱玻化、蚀变、溶蚀	构造裂缝发育
$Ⅰ_2$类	>15	>0.1	水上	火山角砾岩	挥发逸散、冷凝收缩、溶蚀、压实、充填	构造裂缝发育
Ⅱ类	5～15	0.01～1	水上 水下 水上	火山熔岩	挥发逸散、冷凝收缩、蚀变、脱玻化、溶蚀、充填	构造裂缝发育
Ⅲ类	2.5～10	<0.1	水下	凝灰岩	脱玻化、溶蚀	构造裂缝发育
Ⅳ类	<7	<0.1	水下	火山角砾岩	冷凝淬火、压实、充填	构造裂缝发育

2. $Ⅰ_2$类储层

研究区$Ⅰ_2$类储层岩石类型为水上喷发形成的火山角砾岩。研究区这类储层孔隙度非常高，平均值达到了15%以上，渗透率大多都大于0.1mD。水上喷发在火山口附近形成的火山角砾岩，具有良好的原生砾间缝、粒间孔隙。而且水上喷发的熔岩质角砾本身由于挥发逸散作用也容易形成气孔。虽然后期受到压实、充填等作用会破坏部分储集空间，但物性测试数据表明，研究区水上喷发形成的火山角砾岩物性较好，因此作为$Ⅰ_2$类有利储层。

3. Ⅱ类储层

水下喷发形成的火山熔岩孔隙度区间主要集中于2.5%～10%，而水上喷发形成的火山熔岩孔隙度分布区间主要集中于5%～15%。虽然火山熔岩渗透率普遍都集中在0.01～1mD区间内，但水下喷发形成的高渗透熔岩比例更高。研究区火山熔岩以气孔—溶蚀孔—裂缝型为主要储集空间组合类型，储层质量受孔隙和裂缝双重控制，同时研究区构造作用造缝的影响对其储集性能的影响显著。物性相比$Ⅰ_1$和$Ⅰ_2$类储层差，但是分布较广，具有较大的潜力。

4. Ⅲ类储层

Ⅲ类储层的岩石类型为凝灰岩。孔隙度主要分布区间为2.5%～10%，渗透率一般小于0.1mD，物性条件较差。该类储层原生孔隙非常差，主要受后期脱玻化作用、溶蚀作用、构造作用等形成次生孔隙和裂缝从而改善储集性能成为储层。该类储层分布范围非常广，但是原生孔隙差，储集性能受成岩作用和构造作用控制，整体物性相对较差，难以成为研究区有利储层。

5.Ⅳ类储层

Ⅳ类储层岩石类型主要为水下喷发形成的火山角砾岩。孔隙度一般小于7%，渗透率一般低于0.1mD，物性差。该类储层以火山角砾为主，主要分布水下火山口附近。砾间常被细粒沉积物、火山灰充填，而且后期受充填、压实作用，储集空间损失严重，一般难以形成有效的储层。

二、下石炭统有利储层预测

下石炭统主要为水下喷发环境，以溢流相中的玄武岩和安山岩为主，气孔不太发育，主要是靠后期构造、成岩等作用进一步改造成为良好的储层，可划分为Ⅱ类储层。该地区在滴西21井和滴西22井发育厚层的侵出相珍珠岩，与爆发相形成爆发相—侵出相的水下近火山口的岩相组合，可作为较好的储集空间，因此可划分为$Ⅰ_1$类储层。水上爆发相中的火山角砾岩中原生孔隙常发育气孔和砾间缝，通过后期改造，其储集性能可能会成为火山岩中较好的，可划分为$Ⅰ_2$储层，但由于其分布范围有限，不能成为研究区最优储层。在滴西33井、彩34井、大1井发育厚层的爆发相和溢流相，形成爆发相—溢流相的近火山口岩相组合，其中爆发相多发育凝灰岩，根据岩心镜下观察，角砾含量较高，分选和磨圆较差，气孔和裂缝较为发育，经过后期的改造形成较好的储集空间，可划分为Ⅲ类储层储层。

在岩相的平面分布基础上，结合研究区早石炭世环境、断层及风化壳的分布情况，对研究区下石炭统火山岩有利储层进行预测（图8-15）。如图所示，下石炭统有利的火山岩区带主要分布在滴西地区、五彩湾地区和东部大井地区。

三、上石炭系有利储层预测

上石炭统主要的环境类型为水上喷发，而研究区水上喷发火山岩中的储层，以溢流相中的玄武和安山岩为主，在全区都有分布。其次为爆发相中的火山角砾岩和凝灰岩，分布也十分广泛。因此研究区以Ⅱ类储层为主，$Ⅰ_2$类储层和Ⅲ类储层次之，$Ⅰ_1$类储层则基本不发育，仅在滴12井出现。玄武岩和安山岩的储集空间组合类型主要以原生气孔和节理缝为主。经观察统计，研究区水上喷发玄武岩和安山岩普遍发育原生气孔，可以通过后期构造、成岩的改造进一步进化为气孔—裂缝型、气孔—溶蚀孔型、裂缝型等类型，成为研究区主要的火山岩储层。而爆发相中的火山角砾岩和凝灰岩，其储集性能后期改造与水下喷发类似。

在岩相的平面分布基础上，结合研究区晚石炭世环境、断层以及风化壳的分布情况，对研究区上石炭统火山岩有利储层进行预测（图8-16）。结果如图，上石炭统继承了下石炭统火山岩分布特征，并且范围进一步扩大，有利的火山岩区依旧主要分布在滴西地区、五彩湾地区和东部大井地区。

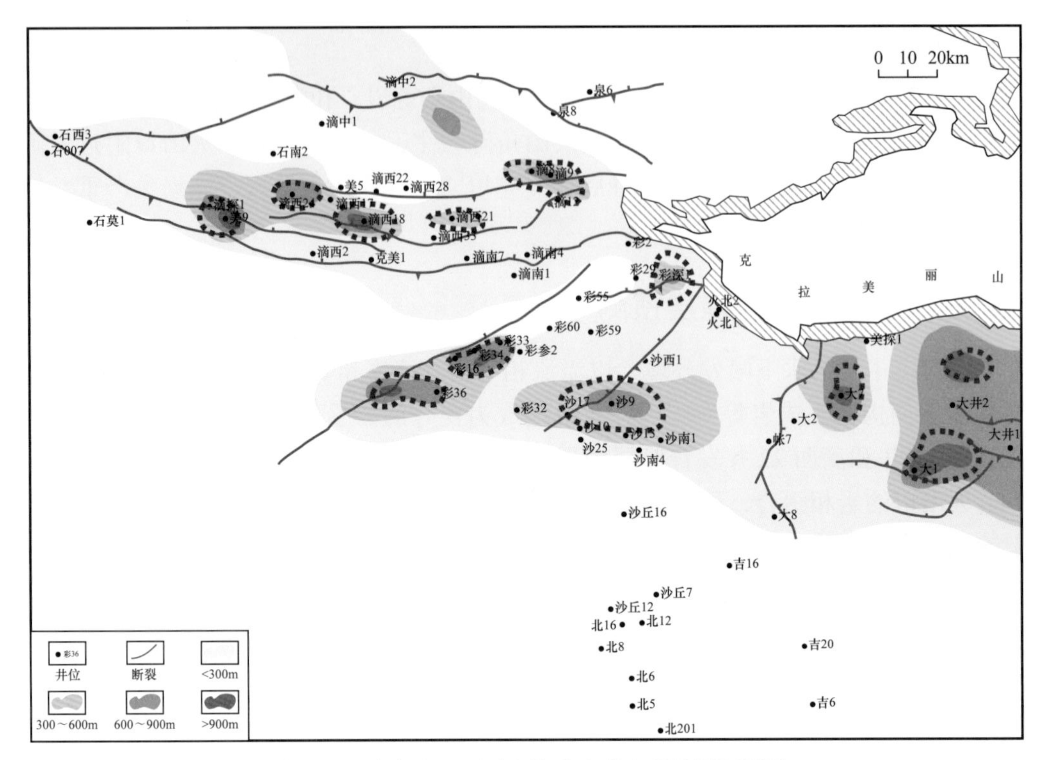

图 8-15 准东地区下石炭统火山岩有利储层预测图

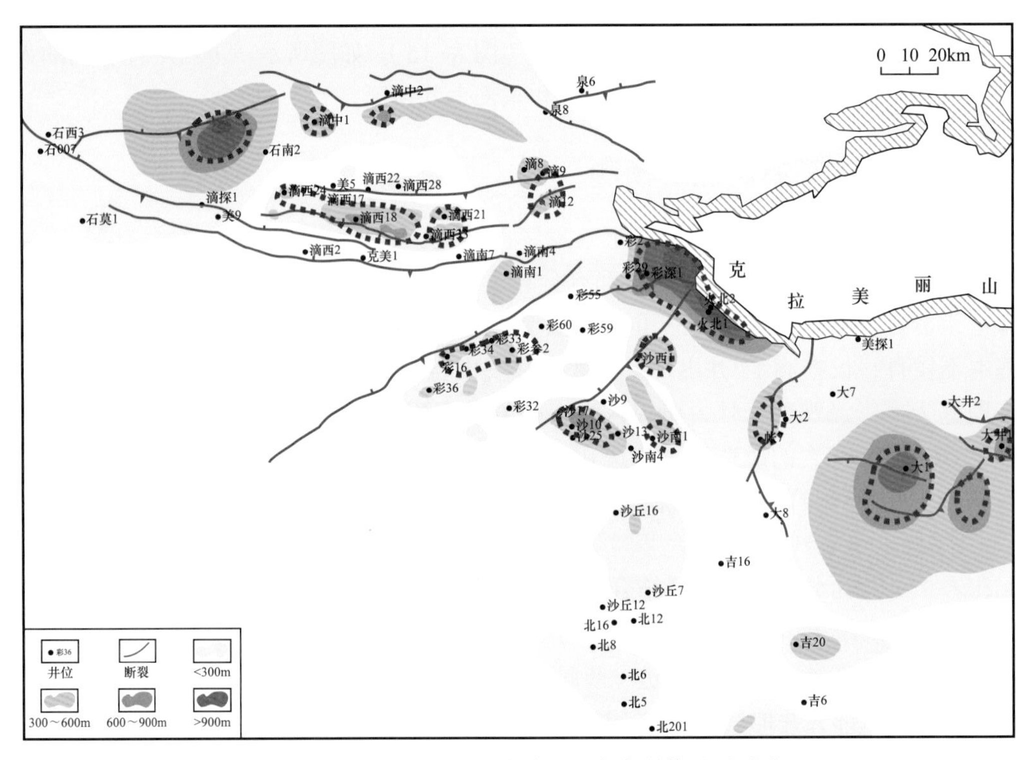

图 8-16 准东地区上石炭统火山岩有利储层预测图

结束语

本书以火山岩石学基础理论和前人研究成果为指导，系统地分析了准东地区石炭系火山岩岩性、岩相特征、分布规律及喷发环境，建立了火山岩喷发模式，阐明了不同喷发环境下火山岩储层储集空间类型与控制因素，有效预测了不同喷发环境火山岩储层的分布，为整个准噶尔盆地的火山岩油气勘探和生产提供了重要的理论依据，也丰富了火山岩储层地质理论。

通过本书的全面系统总结，在准噶尔盆地东部石炭系火山岩喷发环境及储层成因分析方面形成了如下认识和成果：

（1）准东石炭系发育 2 大类火山岩，岩石类型以中—基性熔岩为主。共识别出了 5 种岩相类型和 5 种喷发旋回组合。储集空间类型主要为气孔、气孔和溶孔、溶孔和裂缝、裂缝 4 种主要类型。爆发相、溢流相为最有利储层发育带，储层物性最好。

（2）建立了不同喷发环境岩石学及地球化学判别标志。研究认为岩石学标志分为宏观和微观两方面，在宏观上，水上喷发火山岩具有柱状节理、气孔杏仁构造发育、常与陆相化石相伴等特征，水下喷发火山岩表现为珍珠岩和细碧岩等典型岩性发育、与海相或湖相泥岩频繁互层、发育冻鱼层构造、变形流纹构造、石泡构造、枕状构造等特殊构造。

（3）早石炭世喷发环境以水下环境为主，自西向东水体盐度增大，水体深度增加。晚石炭世喷发环境以水上环境为主，局部地区出现水下环境，水体盐度自西向东略有升高但整体变化不大，水体深度自西向东逐渐变浅。

研究区自早石炭世至晚石炭世，研究区火山活动具有自水下向水上、深水向浅水、陆缘向陆内转换的变化趋势；自西向东、自北向南由淡水经半咸水过渡至咸水，盐度逐渐增高。

（4）研究区存在水下喷发近火山口、水下喷发远火山口、陆上喷发近火山口、陆上喷发远火山口 4 种喷发旋回。其中下石炭统主要发育水下喷发的两种喷发旋回，水上喷发两种旋回在滴西井区和五彩湾井区零星分布；上石炭统主要发育水上喷发的两种喷发。

（5）研究区发育水下喷发和水上喷发两种模式，其中水上喷发又分为水上喷发水下沉积与水上喷发水上沉积两种模式。分布特征与喷发旋回分布特征一致。

（6）火山爆发期次控制储层韵律式展布，爆发相、溢流相为最有利储层发育带。发育 5 种孔隙空间组合类型：气孔型、气孔 + 裂缝型、气孔 + 溶孔型、溶孔 + 裂缝型和裂缝型。

（7）水上喷发环境形成火山岩原生气孔较为发育，后期淋滤溶蚀改造较为强烈；水下喷发环境形成火山岩原生裂缝发育、脱玻化微孔隙发育，尤其与沉积泥岩互层发育的水下火山岩后期易于受有机酸溶蚀改造，进一步改善储集性能。

参考文献

边伟华，2011. 准噶尔盆地巴塔玛依内山组火山岩储层地质学研究［D］. 长春：吉林大学.

卞德智，1987. 克拉玛依油田一区石炭系玄武岩储层测井解释研究［J］. 新疆石油地质（2）：46-56.

陈建文，魏斌，李长山，等，2000. 火山岩岩性的测井识别［J］. 地学前缘（4）：458.

陈庆春，朱东亚，胡文瑄，等，2003. 试论火山岩储层的类型及其成因特征［J］. 地质论评（3）：286-291.

陈万峰，郭刚，苗秀全，等，2016. 新疆卡拉麦里地区早石炭世火山岩地球化学特征及构造意义［J］. 地球科学进展，31（2）：180-191.

陈新发，曲国胜，马宗晋，2008. 准噶尔盆地构造格局与油气区带预测［J］. 新疆石油地质（4）：425-430.

杜添添，2018. 大兴安岭西部晚古生代地层岩相古地理特征及烃源岩评价［D］. 长春：吉林大学.

高斌，2013. 乌夏地区二叠系风城组火山岩储层特征及预测［D］. 青岛：中国石油大学（华东）.

高有峰，刘万洙，纪学雁，等，2007. 松辽盆地营城组火山岩成岩作用类型、特征及其对储层物性的影响［J］. 吉林大学学报（地球科学版）（6）：1251-1258.

韩成，张日供，李留中，等，2008. 吐哈盆地台北凹陷低电阻率油气层测井评价［J］. 测井技术（1）：49-52.

何登发，陈新发，况军，等，2010. 准噶尔盆地石炭系油气成藏组合特征及勘探前景［J］. 石油学报，31（1）：1-11.

何登发，张磊，吴松涛，等，2018. 准噶尔盆地构造演化阶段及其特征［J］. 石油与天然气地质，39（5）：845-861.

何衍鑫，2018. 准噶尔盆地西北缘下二叠统火山岩形成环境及其油气意义［D］. 北京：中国石油大学（北京）.

何衍鑫，鲜本忠，牛花朋，等，2017. 基于氧化系数的火山喷发环境判别：以准噶尔盆地西北缘下二叠统为例［J］. 高校地质学报，23（4）：737-749.

何衍鑫，鲜本忠，牛花朋，等，2018. 古地理环境对火山喷发样式的影响：以准噶尔盆地玛湖凹陷东部下二叠统风城组为例［J］. 古地理学报，20（2）：245-262.

贺凯，2009. 准噶尔盆地东部石炭系火山岩油气成藏规律研究［D］. 北京：中国地质大学（北京）.

侯连华，罗霞，王京红，等，2013. 火山岩风化壳及油气地质意义——以新疆北部石炭系火山岩风化壳为例［J］. 石油勘探与开发，40（3）：257-265.

黄亮，彭军，周康，等，2009. 火山岩储层形成机制研究综述［J］. 特种油气藏，16（1）：1-5+12+106.

黄玉龙，2010. 松辽盆地白垩系营城组火山岩有效储层研究［D］. 长春：吉林大学.

黄芸，石星，陈勇，等，2011. 准噶尔盆地石炭系火山岩（相）识别技术——以五彩湾凹陷石炭系勘探为例［J］. 特种油气藏（2）：18-21.

冀冬生，徐亚楠，黄芸，等，2018. 准噶尔盆地滴水泉凹陷石炭系火山机构识别［C］//CPS/SEG 北京 2018 国际地球物理会议.

贾祖冰，夏群科，田真真，2014. 火山喷发形式与挥发分含量［J］. 岩石学报，30（12）：3701-3708.

靳军，张朝军，刘洛夫，等，2009. 准噶尔盆地石炭系构造沉积环境与生烃潜力［J］. 新疆石油地质，30（2）：211-214.

孔垂显，邱子刚，卢志远，等，2017. 准噶尔盆地东部石炭系火山岩岩体划分［J］. 岩性油气藏，29（6）：15-22.

匡立春，1990. 克拉玛依油田 5—8 区二叠系佳木河组火成岩岩性识别［J］. 石油与天然气地质（2）：

195–201.
李涤，2016. 准噶尔盆地及邻区石炭纪构造格架与沉积充填演化［D］. 北京：中国地质大学（北京）.
李涤，何登发，樊春，等，2012. 准噶尔盆地克拉美丽气田石炭系玄武岩的地球化学特征及构造意义［J］. 岩石学报（3）：981–992.
李涤，何登发，唐勇，等，2012. 准噶尔盆地滴南凸起早石炭世火山岩的成因及其对克拉美丽洋闭合时限的约束［J］. 岩石学报，28（8）：2340–2354.
李军，薛培华，张爱卿，刘小燕，2008. 准噶尔盆地西北缘中段石炭系火山岩油藏储层特征及其控制因素［J］. 石油学报（3）：329–335.
李明连，蓝恒春,2014. 岩浆冷凝成岩阶段的氧逸度与华南热液型铀矿的成矿类型［J］. 铀矿地质,30（3）：168–171+186.
李石，1980. 湖北庙垭碳酸岩地球化学特征及岩石成因探讨［J］. 地球化学（4）：345–355.
刘俊田，张代生，黄卫东，等，2009. 三塘湖盆地马朗凹陷火山岩岩性测井识别技术及应用［J］. 岩性油气藏，21（4）：87–91.
刘文灿，孙善平，李家振，1997. 大别山北麓晚侏罗世金刚台组火山岩地质及岩相构造特征［J］. 现代地质（2）：108–114.
刘英俊，1984. 国外火山学及地球内部化学的进展和现状［J］. 地质地球化学（8）：61–63.
卢志远，张晓黎，蒋庆平，等，2017. 准噶尔盆地东部石炭系火山岩储层特征［J］. 科学技术与工程，17（35）：217–221.
吕焕通，夏惠平，陈中红，等，2013. 准噶尔盆地石炭系的划分、对比及分布［J］. 地层学杂志（3）：353–360.
栾锡武，邵珠福，潘军，等，2016. 川东石炭系岩相古地理与天然气资源预测［C］// 第十四界全国古地理学及沉积学学术会议.
毛翔，李江海，张华添，等，2012. 准噶尔盆地及其周缘地区晚古生代火山机构分布与发育环境分析［J］. 岩石学报，28（8）：2381–2391.
毛治国，朱如凯，王京红，等，2015. 中国沉积盆地火山岩储层特征与油气聚集［J］. 特种油气藏，22（5）：1–8+151.
蒙启安，门广田，赵洪文，等，2002. 松辽盆地中生界火山岩储层特征及对气藏的控制作用［J］. 石油与天然气地质（3）：285–288+292.
潘建国，郝芳，谭开俊，等，2007. 准噶尔盆地红车地区火山岩储层特征及主控因素［J］. 石油地质与工程（5）：1–3.
秦志军，魏璞，张顺存，等，2016. 滴西—五彩湾地区石炭系火山岩岩相特征研究［J］. 西南石油大学学报（自然科学版），38（5）：9–21.
曲江秀，高长海，查明，等，2014. 准噶尔盆地克拉美丽气田滴西 10 井区石炭系火山机构识别及空间模式［J］. 西安石油大学学报（自然科学版）（4）：31–36.
单玄龙，李吉焱，陈树民，等，2014. 陆相水下火山喷发作用及其对优质烃源岩形成的影响：以松辽盆地徐家围子断陷营城组为例［J］. 中国科学：地球科学，44（12）：2637–2644.
单玄龙，刘青帝，任利军，等，2007. 松辽盆地三台地区下白垩统营城组珍珠岩地质特征与成因［J］. 吉林大学学报（地球科学版）（6）：1146–1151.
邵维志，梁巧峰，李俊国，邓林，2006. 黄骅凹陷火成岩储层测井响应特征研究［J］. 测井技术（2）：149–153+194.
石好果，孟凡超，林会喜，2017. 准噶尔盆地车排子凸起石炭系火山活动期次及期次约束下的岩相分布规律［J］. 西安石油大学学报（自然科学版），32（2）：1–9.

石磊，李书兵，黄亮，等，2009. 火山岩储层研究现状与存在的问题［J］. 西南石油大学学报（自然科学版），31（5）：68–72+198–199.

石新朴，胡清雄，解志薇，等，2016. 火山岩岩性、岩相识别方法——以准噶尔盆地滴南凸起火山岩为例［J］. 天然气地球科学，27（10）：1808–1816.

孙国强，赵竞雪，纪宏涛，等，2010. 准噶尔盆地陆西地区石炭系火山岩岩相［J］. 天然气工业（2）：16–20.

孙玉凯，罗权生，何国貌，2009. 三塘湖盆地马朗凹陷石炭系火山岩储集层特征及影响因素［J］. 大庆石油学院学报，33（3）：36–42+132.

孙中春，蒋宜勤，查明，等，2013. 准噶尔盆地石炭系火山岩储层岩性岩相模式［J］. 中国矿业大学学报（5）：782–789.

谭佳奕，王淑芳，吴润江，等，2010. 新疆东准噶尔石炭纪火山机构类型与时限［J］. 岩石学报，26（2）：440–448.

唐勇，王刚，郑孟林，等，2015. 新疆北部石炭纪盆地构造演化与油气成藏［J］. 地学前缘，22（3）：241–253.

汪冲，罗静兰，张成立，2017. 准噶尔盆地西泉地区石炭系火山岩的锆石 U–Pb 年代学、地球化学研究及其构造意义［C］// 中国矿物岩石地球化学学会第 16 届学术年会论文集 .

王方正，杨梅珍，郑建平，2002. 准噶尔盆地岛弧火山岩地体拼合基底的地球化学证据［J］. 岩石矿物学杂志（1）：1–10.

王富明，廖群安，樊光明，等，2013. 新疆东准噶尔滴水泉一带早石炭世火山岩年龄及地球化学特征［J］. 地质通报，32（10）：1584–1595.

王利磊，杨迪生，宋元威，等，2013. 准噶尔盆地东部克拉美丽山白碱沟石炭系火山岩露头研究［J］. 内蒙古石油化工（11）：134–136.

王林涛，2017. 准噶尔盆地晚古生代火山岩喷发就位环境及储层意义［D］. 长春：吉林大学 .

王洛，李江海，师永民，等，2010. 准噶尔盆地滴西地区石炭系火山岩识别与预测［J］. 岩石学报，26（1）：242–254.

王鹏，严小鳙，谭开俊，2013. 沉积地球化学在准东石炭系沉积环境分析中的应用［J］. 延安大学学报（自然科学版），32（2）：70–73.

王璞珺，缴洋洋，杨凯凯，等，2016. 准噶尔盆地火山岩分类研究与应用［J］. 吉林大学学报（地球科学版），46（4）：1056–1070.

王璞珺，吴河勇，庞颜明，等，2006. 松辽盆地火山岩相：相序、相模式与储层物性的定量关系［J］. 吉林大学学报（地球科学版）（5）：805–812.

王启宇，牟传龙，陈小炜，等，2014. 准噶尔盆地及周缘地区石炭系岩相古地理特征及油气基本地质条件［J］，古地理学报，16（5）：655–671.

王贤，唐建华，2018. 准噶尔盆地滴南凸起石炭系火山岩岩性识别方法研究［J］. 新疆石油天然气，14（1）：14–19.

王绪龙，唐勇，陈中红，等，2013. 新疆北部石炭纪岩相古地理［J］. 沉积学报，31（4）：571–579.

王泽华，朱筱敏，孙中春，等，2015. 测井资料用于盆地中火成岩岩性识别及岩相划分：以准噶尔盆地为例［J］. 地学前缘，22（3）：254–268.

吴小奇，刘德良，魏国齐，等，2009. 准噶尔盆地陆东—五彩湾地区石炭系火山岩地球化学特征及其构造背景［J］. 岩石学报，25（1）：55–66.

吴晓智，李建忠，杨迪生，等，2011. 准噶尔盆地陆东—五彩湾地区石炭系火山岩电性与地震响应特征［J］. 地球物理学报（2）：481–490.

吴晓智，齐雪峰，唐勇，等，2008. 新疆北部石炭纪地层、岩相古地理与烃源岩［J］. 现代地质（4）：549–557.

谢家莹，蓝善先，张德宝，等，2000. 运用火山地质学理论研究竹田头火山机构［J］. 火山地质与矿产（2）：87–95.

谢家莹，陶奎元，黄光昭，1994. 中国东南大陆中生代火山岩带的火山岩相类型［J］. 火山地质与矿产（4）：45–51.

熊益学，郗爱华，冉启全，等，2011. 滴南凸起区石炭系火山岩岩性特征及其意义［J］. 岩性油气藏，23（6）：62–68.

徐松年，1986. 玄武岩柱状节理构造研究的进展与动向［J］. 地质科技情报（3）：16–23.

闫林，2007. 徐深气田兴城开发区营一段火山岩气藏岩性岩相研究［J］. 新疆石油天然气（1）：5–7+33+101.

杨立民，邹才能，冉启全，2007. 大港枣园油田火山岩裂缝性储层特征及其控制因素［J］. 沉积与特提斯地质（1）：86–91.

杨申谷，刘笑翠，胡志华，等，2007. 储层分析中火山岩岩性的测井识别［J］. 石油天然气学报（6）：33–37+169.

杨永恒，2010. 准噶尔盆地东部石炭系火山岩油气成藏有利条件分析［J］. 内蒙古石油化工，36（14）：142–146.

于宝利，刘新利，范素芳，等，2009. 火山岩相地震研究方法及应用［J］. 新疆石油地质，30（2）：264–266.

余淳梅，郑建平，唐勇，等，2004. 准噶尔盆地五彩湾凹陷基底火山岩储集性能及影响因素［J］. 地球科学（3）：303–308.

喻高明，李金珍，刘德华，1998. 火山岩油气藏储层地质及开发特征［J］. 特种油气藏（2）：62–66.

张关龙，林会喜，张奎华，等，2018. 准噶尔盆地陆西地区石炭纪火山岩岩石学特征及其地质意义［J］. 地质论评，64（1）：77–90.

张丽华，张国斌，齐艳萍，等，2017. 准噶尔盆地西泉地区石炭系火山岩岩性测井识别［J］. 新疆石油地质，38（4）：427–431.

张美玲，邵阳，高柏原，等，2009. 海拉尔盆地含火山岩地层主要岩性分布及测井响应分析［J］. 中国石油勘探，14（2）：50–54+7.

张顺存，牛斌，汪学华，等，2015. 准噶尔盆地滴西地区石炭系火山岩地球化学特征［J］. 天然气地球科学，26（S2）：138–147.

张顺存，石新璞，孔玉华，等，2008. 准噶尔盆地腹部陆西地区二叠系—石炭系火山岩地球化学特征及构造背景分析［J］. 矿物岩石（2）：71–75.

张艳，舒萍，王璞珺，等，2007. 陆上与水下喷发火山岩的区别及其对储层的影响——以松辽盆地营城组为例［J］. 吉林大学学报（地球科学版）（6）：1259–1265.

张义杰，齐雪峰，程显胜，等，2007. 准噶尔盆地晚石炭世和二叠纪沉积环境［J］. 新疆石油地质（6）：673–675.

赵海玲，黄微，王成，等，2009. 火山岩中脱玻化孔及其对储层的贡献［J］. 石油与天然气地质，30（1）：47–52+58.

赵霞，贾承造，张光亚，等，2008. 准噶尔盆地陆东—五彩湾地区石炭系中、基性火山岩地球化学及其形成环境［J］. 地学前缘（2）：272–279.

郑孟林，田爱军，杨彤远，等，2018. 准噶尔盆地东部地区构造演化与油气聚集［J］. 石油与天然气地质，39（5）：907–917.

朱卡，李兰斌，梁浩，等，2012. 三塘湖盆地石炭系火山岩喷发环境及储层特征研究［J］. 石油天然气学报，34（3）：49–54+165.

邹才能，赵文智，贾承造，等，2008. 中国沉积盆地火山岩油气藏形成与分布［J］. 石油勘探与开发（3）：257–271.

Khatchikian，1982. Log evaluation of oil–bearing igneous rocks［J］. World Oil（United States），7（7）：197.

Pelech S，Cohen P，Fisher M J，et al.，1984. The protein phosphatases involved in cellular regulation［J］. European Journal of Biochemistry，156.

Schutter S R，2003. Occurrences of hydrocarbons in and arround igneous rocks［J］. Geological Society，214：35–68.

Sruoga P，Rubinstein N，Hinterwimmer G，2004 . Porosity and permeability in volcanic rocks：a case study on the Serie Tobifera，South Patagonia，Argentina［J］. Journal of Volcanology and Geothermal Research.

Surdam R C，Macgowan D B，1987 . Oilfield waters and sandstone diagenesis［J］. Applied Geochemistry，2（5）：613–619.

附　　图

附图 1　白碱沟东沟野外剖面典型岩性图版

树纹状流纹岩，巴山组

玄武岩，松喀尔苏组

砾岩，松喀尔苏组

火山角砾岩，松喀尔苏组

酸性岩，杏仁构造，松喀尔苏组

流纹岩，流纹构造，松喀尔苏组

附图 2　白碱沟西沟野外剖面典型岩性图版

底部致密玄武岩，松喀尔苏组

火山沉积岩，松喀尔苏组

火山角砾岩，松喀尔苏组

火山岩夹煤层，松喀尔苏组

气孔杏仁构造玄武岩，松喀尔苏组

泥岩，松喀尔苏组

附图 3　滴水泉野外剖面典型岩性图版

灰色泥岩，球状分化，滴水泉组

泥灰岩，生物扰动，滴水泉组

凝灰质砂岩，滴水泉组

砂岩，羽状层理，滴水泉组

海百合化石，滴水泉组

腕足类化石，滴水泉组

附图 4　祁家沟野外剖面典型岩性图版

安山岩，柳树沟组

火山岩和角砾岩的分界线，树沟组

角砾岩和凝灰岩互层，柳树沟组

沉凝灰岩，祁家沟组

火山碎屑岩，祁家沟组

生物碎屑灰岩，祁家沟组

附图 5　双井子野外剖面典型岩性图版

火山岩，巴山组

火山岩层中夹的隐爆角砾岩，巴山组

火山岩冻鱼层，巴山组

泥灰岩，石钱滩组

生物化石，石钱滩组

生物碎屑灰岩，石钱滩组

砂砾互层，松喀尔苏组

岩脉，松喀尔苏组

附图 6 准东地区石炭系火山岩原生孔隙图版

原生气孔，玄武岩
白碱沟剖面，松喀尔苏组，野外照片

晶间孔，玄武岩
滴西17井，3636.2m，铸体薄片

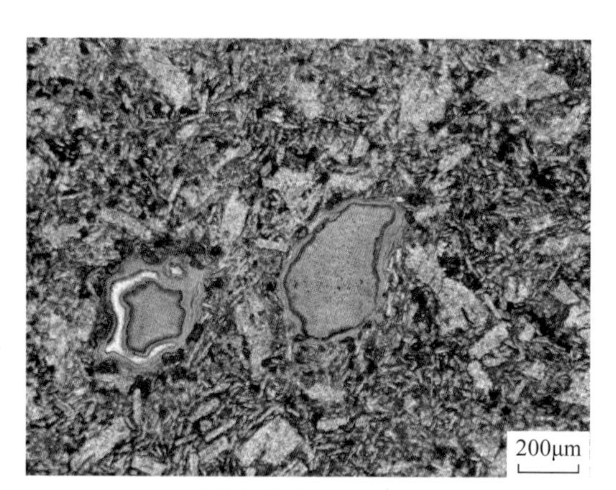

杏仁体收缩孔，玄武岩
彩参1井，3064.4m，铸体薄片

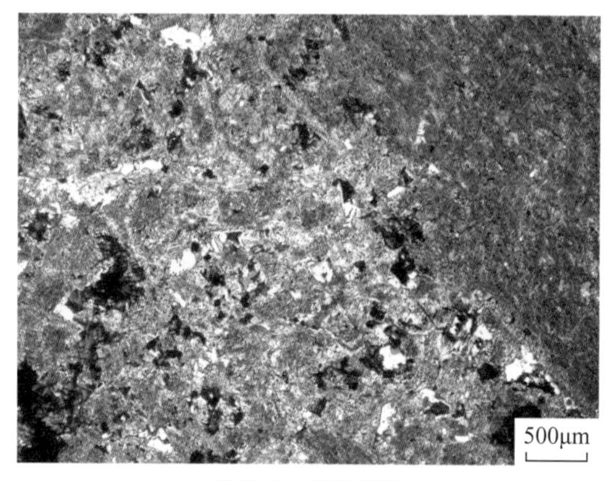

晶间孔，花岗斑岩
滴西18井，3448.5m，铸体薄片

石英晶间孔
彩25井，3039.2m，扫描电镜

长石晶间孔
滴西18井，3444.57m，扫描电镜

附图 7　准东地区石炭系火山岩次生孔隙图版

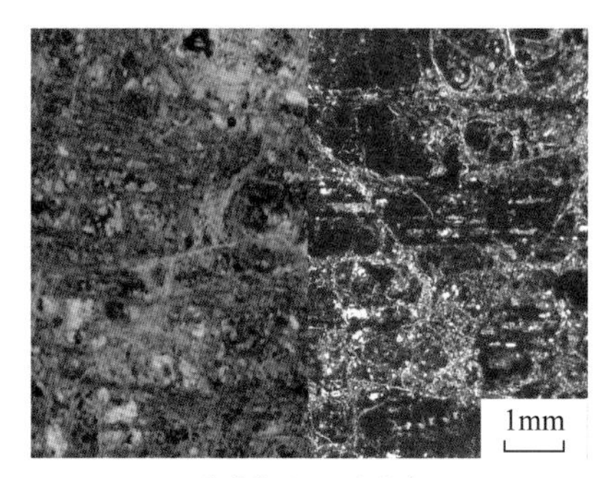

脱玻化孔，珍珠岩
滴9井，1412.3m，左单偏光，右正交光

基质溶孔，砂岩
滴西123井，2635.2m，铸体薄片

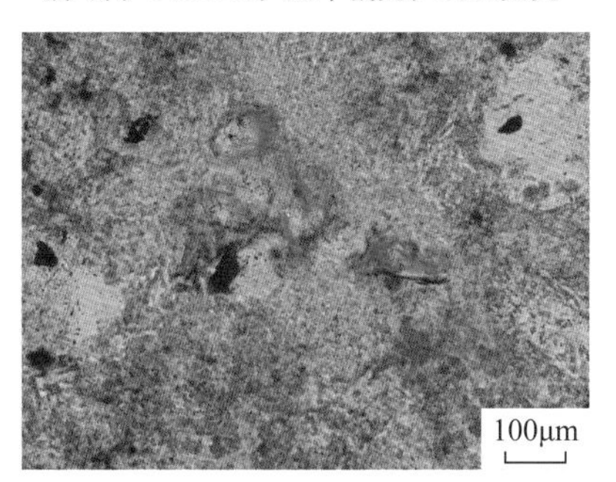

基质溶孔，凝灰岩
白碱沟剖面，松喀尔苏组，铸体薄片

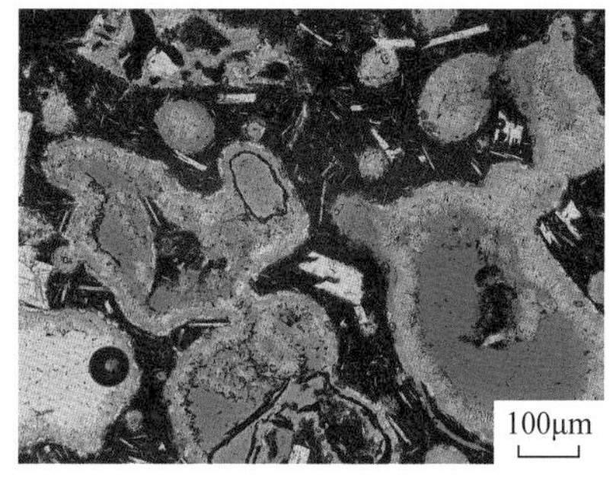

杏仁体内溶孔，安山岩
彩28井，1052.47m，铸体薄片

杏仁体内溶孔，玄武岩
滴西17井，3636.2m，铸体薄片

斑晶溶孔，花岗斑岩
滴西20井，3377.4m，铸体薄片

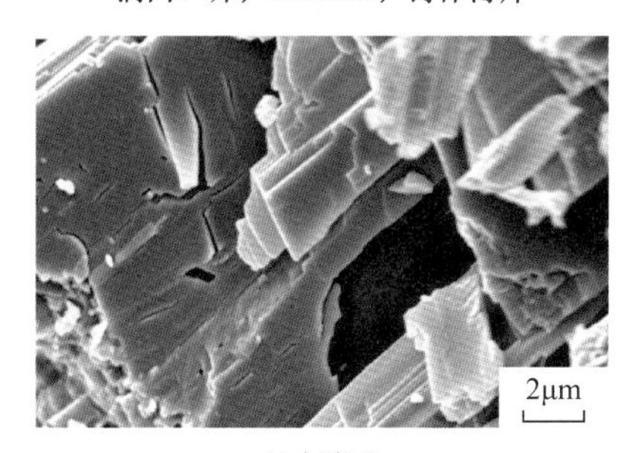

晶内溶孔
滴西14井，3602.5m，扫描电镜

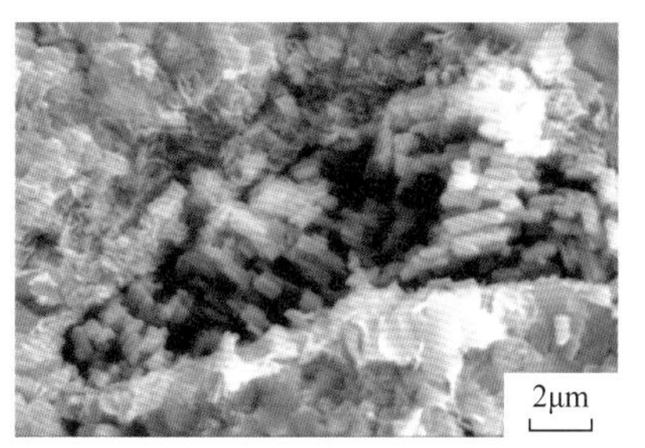

粒内溶孔
美004井，4618.87m，扫描电镜

附图 8　准东地区石炭系火山岩原生裂缝图版

收缩缝，沉凝灰岩
滴西14井，3959.9m，岩心照片

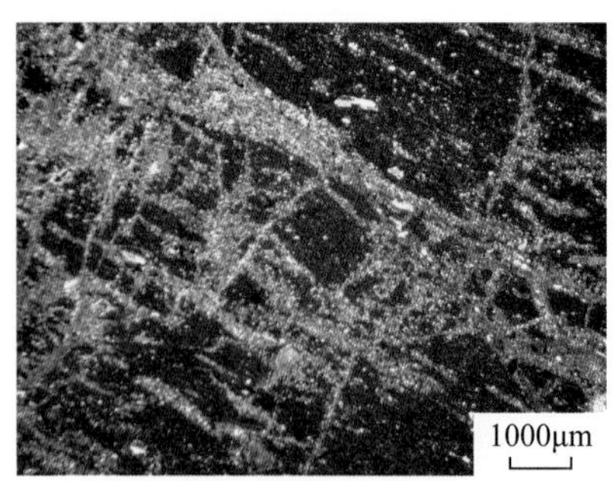

网状收缩缝，流纹岩
滴西10井，3027.4m，正交光

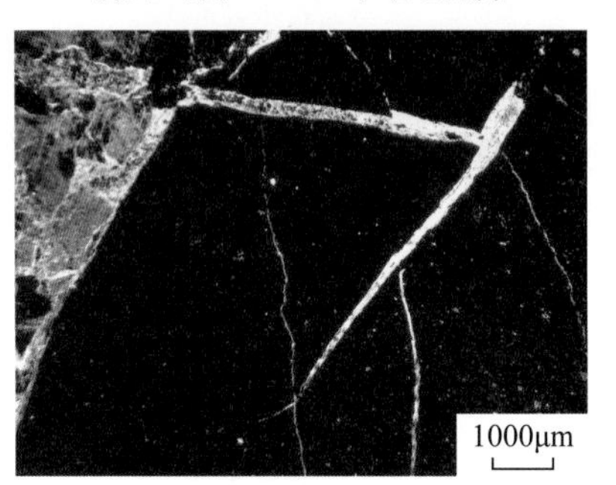

收缩缝，沉凝灰岩
滴西14井，3960.66m，正交光

层状节理缝，流纹岩
白碱沟剖面，松喀尔苏组，野外照片

球状解理缝，珍珠岩
滴西21井，3277m，单偏光

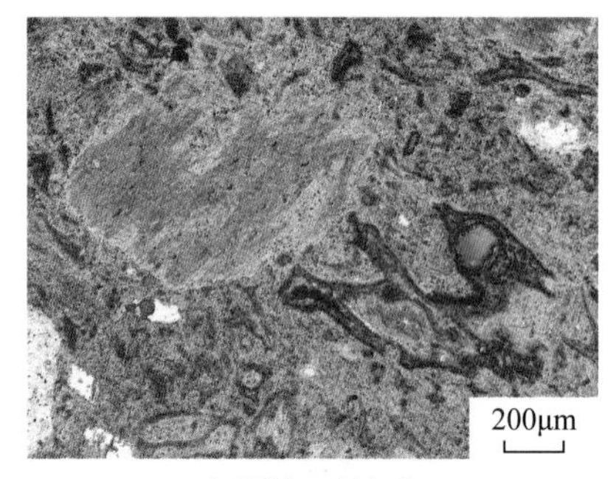

解理缝，凝灰岩
滴西14井，3603.9m，铸体薄片

自碎缝，凝灰岩
滴西14井，3840.6m，左单偏光右正交光

砾间缝，火山角砾岩
彩2井，2167.2m，单偏光

附图 9　准东地区石炭系火山岩次生裂缝图版

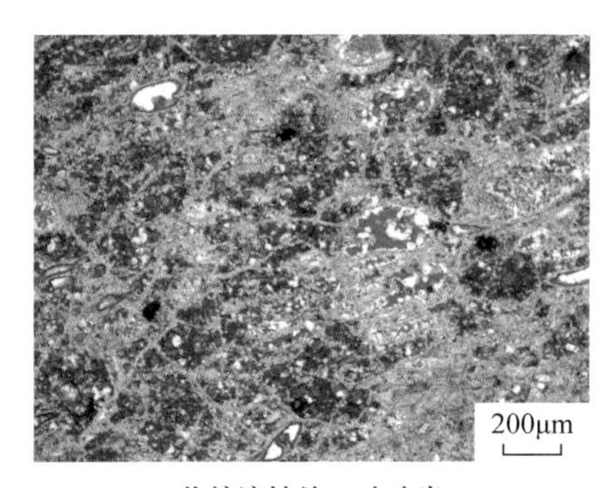

收缩溶蚀缝，珍珠岩
滴西22井，3639.3m，铸体薄片

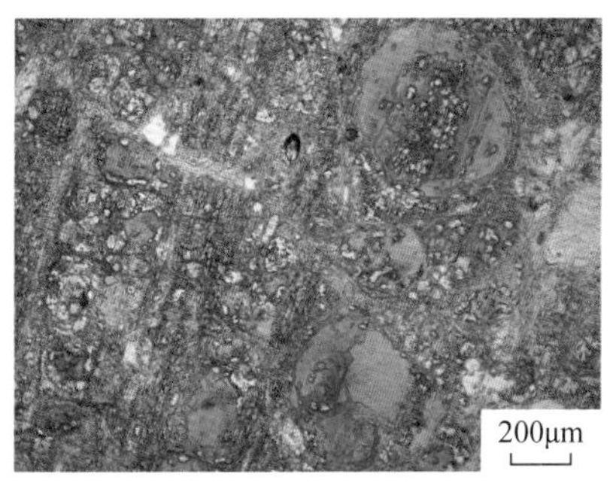

收缩溶蚀缝，珍珠岩
滴9井，1412.3m，铸体薄片

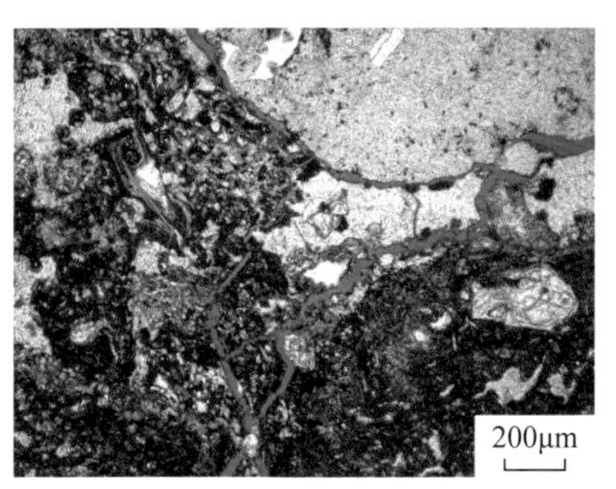

收缩溶蚀缝，熔岩
滴10井，1827.5m，铸体薄片

充填溶蚀构造缝，玄武岩
彩28井，859.56m，铸体薄片

构造缝，砂岩
滴水泉剖面，滴水泉组，铸体薄片

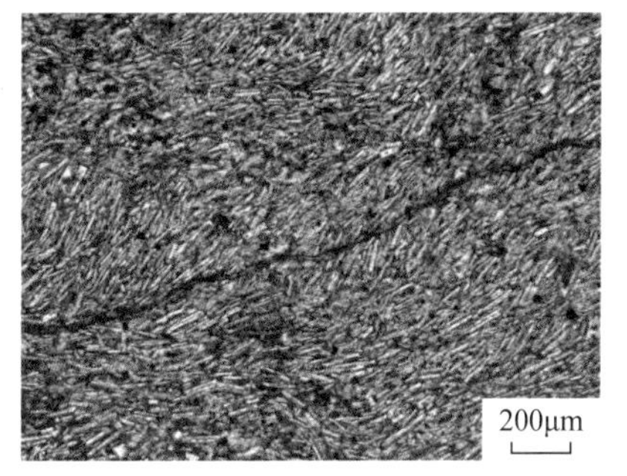

构造缝，玄武安山岩
双井子剖面，巴山组，铸体薄片

构造缝，玄武岩
白碱沟剖面，松喀尔苏组，野外照片

充填残余构造缝，玄武岩
白碱沟剖面，松喀尔苏组，野外照片